STUDIO BERANN-VIELKIND
Panoramakarte von Deutschland

Autoren

Peter Amtsfeld
Wolfgang Englert
Albrecht Gehrke
Anja Hebel
Franz-Peter Mager
Marianne Schmidt
Irmgard Werb
Jürgen Wetzel

SEYDLITZ Geographie 1

Baden-Württemberg

GWG Fächerverbund
Geographie · Wirtschaft
Gemeinschaftskunde

Schroedel

ISBN 3-507-52656-5

Druck A 5 4 3 2 1 / Jahr 2007 2006 2005 2004

Alle Drucke der Serie A sind im Unterricht parallel verwendbar, da bis auf die Behebung von Druckfehlern untereinander unverändert. Die letzte Zahl bezeichnet das Jahr dieses Druckes.

Titel: Janssen Kahlert Design & Kommunikation GmbH, Hannover

Satz: klr mediapartner GmbH & Co. KG, Lengerich
Druck: klr mediapartner GmbH & Co. KG, Lengerich

3.1: Im Geographieunterricht ...

Geographie – dein neues Fach

Mit ‚geographia' (Γεωγραφια), der Wissenschaft von der Erdbeschreibung, haben sich die Griechen schon vor über 2000 Jahren beschäftigt.
In der Schule erfährst du bei der Erkundung der Erde beispielsweise, wo bestimmte Orte liegen oder wie die verschiedenen Landschaften entstanden sind. Du lernst deinen Heimatraum genauer kennen und bekommst einen Einblick in unsere Nachbarländer sowie in von uns weit entfernte Teile der Welt. Du erfährst auch, wie die Menschen bei uns und anderswo leben, wie sie ihr Land nutzen und dabei verändern.

Um das wirtschaftliche, politische und soziale (gemeinschaftliches) Handeln des Menschen in seinen Zusammenhängen besser zu verstehen, sind die Unterrichtsfächer **G**eographie, **W**irtschaft und **G**emeinschaftskunde zu dem **Fächerverbund** mit der Abkürzung **GWG** zusammengeschlossen.

Tipps zur Arbeit mit diesem Buch

Alle Seiten eines **Kapitels** sind einheitlich gekennzeichnet.

Fächerübergreifende Themen, so genannte integrative Module, stellen inhaltliche Zusammenhänge der Geographie, Wirtschaft und Gemeinschaftskunde dar.

Seiten, die sich mit **Wirtschaftsthemen** befassen, sind gesondert ausgewiesen.

Auf den Geo-Praxis-Seiten lernst du **Arbeitsmethoden** kennen, die dir das Sammeln, Ordnen und Auswerten von Informationen erleichtern sowie das Präsentieren deiner Arbeitsergebnisse ermöglichen. Dabei kannst du selbst aktiv werden.

Am Ende jedes Kapitels kannst du mithilfe der Geo-Wissen-Seiten dein **Wissen vertiefen** und **überprüfen**.

Halbfett gedruckte Begriffe kannst du im **Geo-Lexikon** (S. 172–175) nachschlagen.

Orientierung auf der Erde

Der Natur auf der Spur

Natur- und Lebensräume in Deutschland

Lebens- und Wirtschaftsräume in Deutschland

* geeignet für einen Schulcurriculum

Jupiter – der Gasriese
Der größte aller Planeten (Durchmesser 143 000 km) im Sonnensystem ist ein Gasriese ohne feste Oberfläche. Auffällig ist der „Große Rote Fleck“, ein riesiger Wirbelsturm von doppelter Erdgröße mit Windgeschwindigkeiten bis zu 400 km/h.
In den letzten Jahren wurden ständig neue Monde des Jupiter entdeckt, zurzeit (2003) sind es 58.

Die Erde – der blaue Planet
Auf unserem Heimatplaneten „wimmelt“ es von Leben. Er ist deshalb in unserem Sonnensystem einzigartig. Entscheidend für die Entwicklung des Lebens war der Abstand der Erde zur Sonne, der eine günstige Oberflächentemperatur und das häufige Vorkommen von flüssigem Wasser ermöglichte.
Der Erdmond, der bisher von zwölf Menschen besucht wurde, formte sich wahrscheinlich aus den Trümmern eines Zusammenstoßes der Erde mit einem anderen riesigen Himmelskörper.

Die Venus – der Abend- und Morgenstern
Sie ist der hellste Planet und deshalb auch mit dem bloßen Auge gut zu erkennen. Obwohl sie nach der Liebesgöttin benannt ist, könnte sie eher die „unfreundliche“ Schwester der Erde sein. Unter dichten Schwefel-Wolken erreichen die Temperaturen auf der lebensfeindlichen Oberfläche bis zu 450 °C.

Mars – der rote Planet
Der erdnächste Planet mit seinen roten Gesteinen ist seit langem das Objekt zahlreicher Werke der Sciencefiction und wissenschaftlicher Untersuchungen, die sich mit der Möglichkeit von Leben auf dem Mars befassen. Lebensspuren konnten bisher aber weder die Viking-Sonden noch die Mars-Mission „Pathfinder“ nachweisen.

Merkur – der schnelle Planet
Er ist der innerste und schnellste Planet im Sonnensystem. Der Sonne am nächsten, umrundet er sie in 88 Tagen. Für eine Umdrehung um seine Achse benötigt er 59 Tage. Die Tageshöchsttemperaturen erreichen bis zu 427 °C. Nachts fällt die Temperatur bis auf minus 183 °C ab.

Uranus – der blauweiße Planet
Die Durchschnittstemperatur an der Oberfläche des Uranus beträgt minus 200 °C. Von der Sonne ist er fast 3 Mrd. km entfernt. Mit einem Formel-1-Rennwagen würde man für diese Strecke ca. 1000 Jahre benötigen (ohne Boxenstopp).

Neptun – der stürmische Planet
Der Gasplanet besitzt vermutlich geschmolzenes Gestein und Eis in seinem Inneren. Der tiefblau gefärbte Neptun wurde erst 1846 anhand von astronomischen Berechnungen entdeckt. Die Atmosphäre des Neptun wird von den stärksten Winden im ganzen Sonnensystem aufgewühlt (bis zu 2500 km/h).

Pluto – der kleinste Planet
Der mit 2250 km Durchmesser kleinste Planet ist auch am weitesten von der Sonne entfernt. So braucht das Licht der Sonne über 7 Stunden um Pluto – dann auch nur noch als trübes Dämmerlicht – zu erreichen. Der erst 1930 entdeckte Planet benötigt 251 Erdenjahre für eine Umrundung der Sonne.

Saturn – ein Planet mit Ringen
Das auffällige Ringsystem des Saturn hat einen Durchmesser von über 270 000 km. Die einzelnen Ringe sind mehrere 100 Meter dick und bestehen aus zahllosen Gesteinsbrocken und Staub. Einige Forscher nehmen an, dass die Ringe aus einem zerrissenen Mond entstanden sind. Titan, der größte der 23 Monde des Saturn, ist größer als der Planet Merkur.

Orientierung auf der Erde

Die Sonne – unser Lebensspender
Ohne das Licht und die Wärme dieser riesigen heißen Gaskugel wäre die Erde ein kalter, dunkler Himmelskörper ohne Atmosphäre, Wasser und Leben. Die Sonne ist vergleichbar mit den Sternen, die wir zu Tausenden in einer sternenklaren Nacht sehen. Ihre Oberflächentemperatur erreicht knapp 6000 °C, die Temperatur im Sonneninneren unvorstellbare 16 Mio. °C. Die Lebensdauer der Sonne beträgt rund 10 Mrd. Jahre, von denen bisher etwa die Hälfte vergangen ist.

Die Größenverhältnisse zwischen der Sonne und den Planeten sind richtig dargestellt. Die Abstände zwischen den Himmelskörpern sind dagegen viel zu klein. Bei einer maßstabsgetreuen Darstellung wären die Erde ca. 51 m und Pluto über 2 km von der Sonne entfernt.

geboren als
Christophoro Colombo
im Jahr 1451
in Genua (Italien)
als Sohn eines
Wollwebers

gestorben
im Jahr 1506
in Valladolid
(Spanien)

8.1: Kolumbus

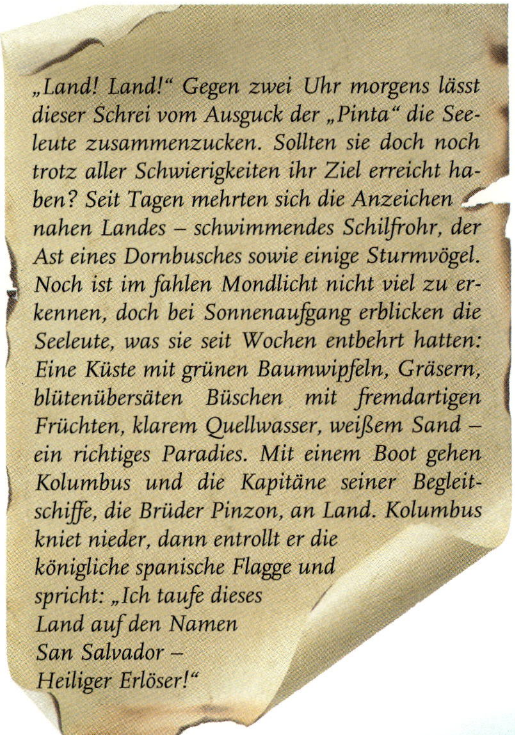

„Land! Land!“ Gegen zwei Uhr morgens lässt dieser Schrei vom Ausguck der „Pinta“ die Seeleute zusammenzucken. Sollten sie doch noch trotz aller Schwierigkeiten ihr Ziel erreicht haben? Seit Tagen mehrten sich die Anzeichen nahen Landes – schwimmendes Schilfrohr, der Ast eines Dornbusches sowie einige Sturmvögel. Noch ist im fahlen Mondlicht nicht viel zu erkennen, doch bei Sonnenaufgang erblicken die Seeleute, was sie seit Wochen entbehrt hatten: Eine Küste mit grünen Baumwipfeln, Gräsern, blütenübersäten Büschen mit fremdartigen Früchten, klarem Quellwasser, weißem Sand – ein richtiges Paradies. Mit einem Boot gehen Kolumbus und die Kapitäne seiner Begleitschiffe, die Brüder Pinzon, an Land. Kolumbus kniet nieder, dann entrollt er die königliche spanische Flagge und spricht: „Ich taufe dieses Land auf den Namen San Salvador – Heiliger Erlöser!“

8.3: Bericht eines Seemanns

Ein „fruchtbarer“ Irrtum

Man schrieb das Jahr 1492, als Christoph **Kolumbus** mit drei Segelschiffen zu einer abenteuerlichen Reise mit ungewissem Ausgang in See stach. Er wollte Indien auf dem Seeweg erreichen. Die unermesslichen Reichtümer der asiatischen Länder wie Gold, Edelsteine, Seide und Gewürze, die Verbreitung des christlichen Glaubens und die Vorstellung, etwas völlig Neues zu wagen, trieben ihn zu seinem Plan.

Er segelte nach Westen, wollte aber im Osten ankommen. Für die meisten Menschen seiner Zeit kam diese Fahrt einem Todesurteil gleich, denn sie konnten sich nicht vorstellen, dass die Erde eine Kugel ist, die man umfahren kann.

Nach entbehrungsreicher Fahrt von neun Wochen landete Kolumbus an einer Küste, die er San Salvador nannte. Da er annahm, er sei in Indien angekommen, nannte er die Eingeborenen Indianer. Auf drei weiteren Fahrten in dasselbe Gebiet, bestätigte sich für ihn sein Glaube, Indien erreicht zu haben. Erst viel später und nach weiteren Entdeckungsfahrten wurde offenbar, dass Kolumbus sich geirrt hatte. Er hatte nicht Indien erreicht, sondern einen neuen Erdteil entdeckt,

8.2: Route der ersten Reise von Kolumbus

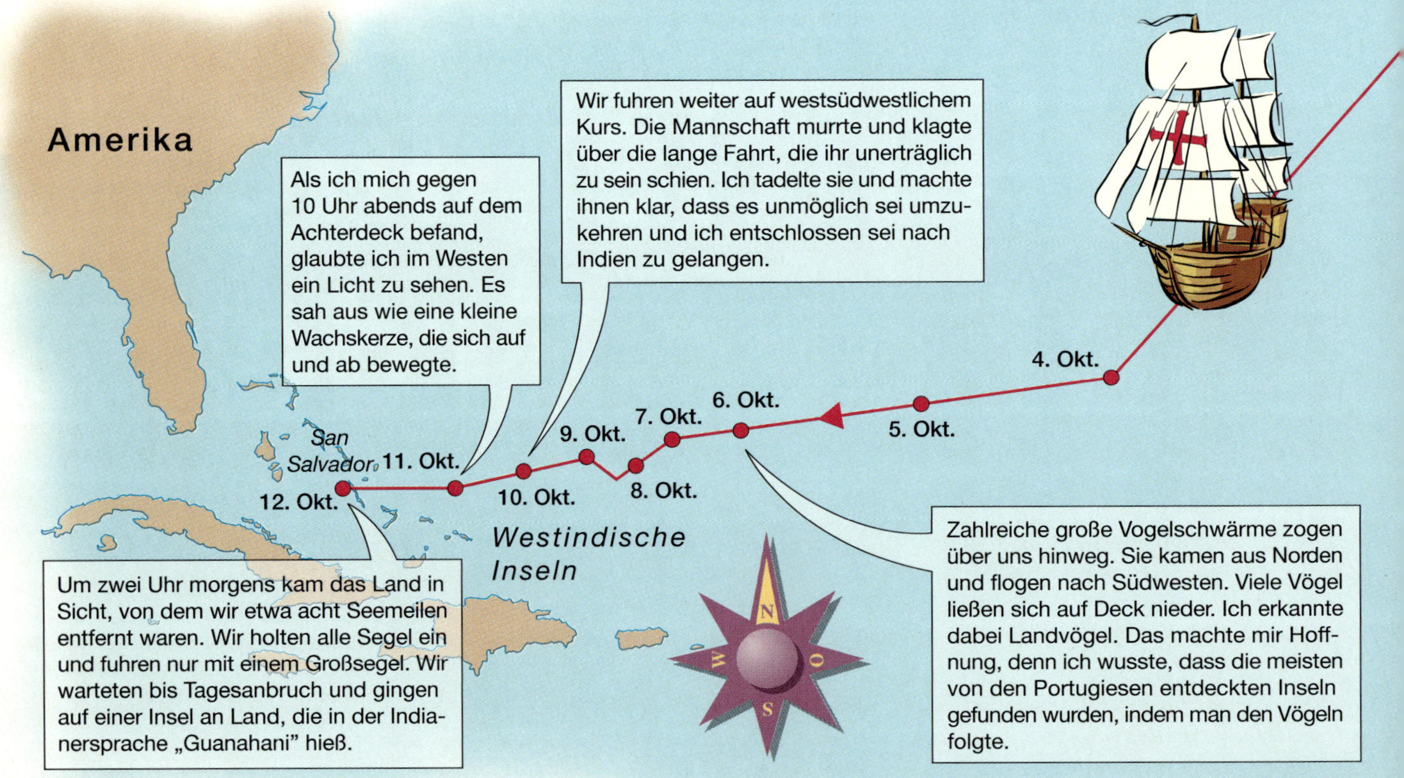

9.1: Die Beladung eines Schiffes für eine Entdeckungsreise

der zwischen Europa und Asien liegt: Amerika. Kolumbus war überzeugt, dass die Erde eine Kugel ist. Diese Erkenntnis hatte er durch das Studium der Werke von bedeutenden Gelehrten gewonnen. Der Grieche Ptolemäus hatte bereits um 160 n. Chr. das damalige Wissen über die Erde in seiner „Geographia“ zusammengefasst. Allerdings war dieses Werk wieder in Vergessenheit geraten.

Erst der Portugiese **Magellan** konnte mit seiner Erdumsegelung beweisen, dass die Erde eine Kugel ist. Er stach mit fünf Schiffen am 20. September 1519 von Spanien aus in Richtung Südamerika in See. Er folgte der südamerikanischen Küste bis zur Durchfahrt in den Pazifischen Ozean. Sie wurde später Magellanstraße genannt. Nach einer entbehrungsreichen, 110 Tage dauernden Pazifik-Überquerung landete er am 16. März 1521 auf den Philippinen. Nach insgesamt 1100 Tagen kehrte nur eines der fünf ausgelaufenen Segelschiffe ohne Magellan nach Spanien zurück. „Nach Westen sind sie gesegelt, aus dem Osten kamen sie zurück.“ Damit war der Beweis erbracht: Die Erde ist eine Kugel.

AUFGABEN

1. *Warum glaubte Kolumbus, dass er Indien auf Westkurs erreichen würde?*
2. *Erkläre, weshalb Kolumbus Indien auf seiner Fahrtroute nicht erreichen konnte (Atlas).*
3. *Verfolge in deinem Atlas die Entdeckungsreisen von Kolumbus und Magellan.*
4. *Versuche jetzt den „fruchtbaren“ Irrtum in der Überschrift zu erklären.*
5. *Vielleicht kannst du weitere Beweise für die Kugelgestalt der Erde nennen.*

geboren als
Fernão de Magalhães
im Jahr 1480
in Salroas (Portugal)
als Sohn einer
Adelsfamilie

gestorben
im Jahr 1521
auf den Philippinen

9.2: Magellan

10.1: Globus

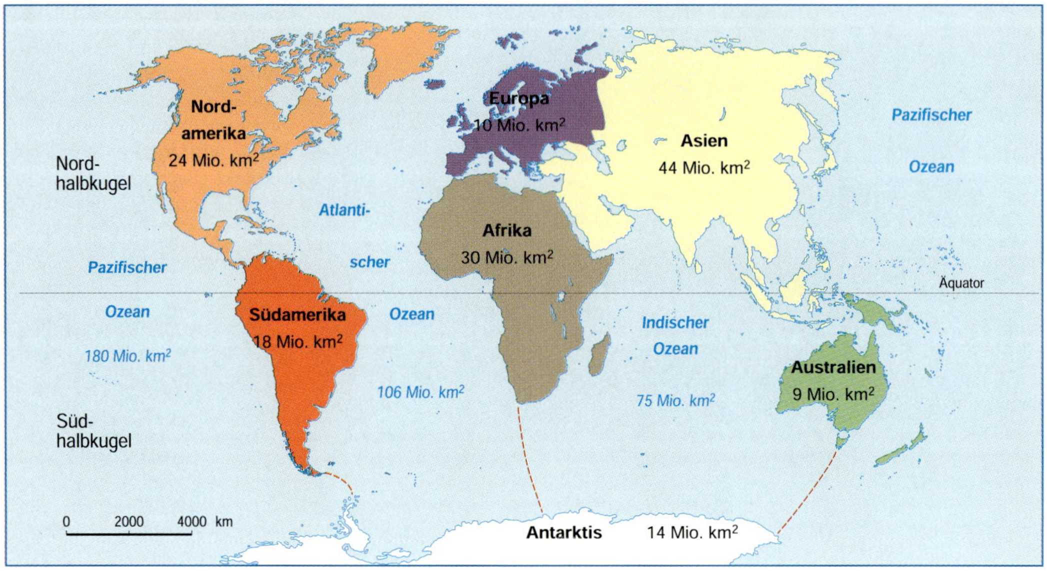

10.3: Kontinente und Ozeane

Kontinente und Ozeane

Betrachtet man einen **Globus** (Abb. 10.1), so erkennt man große zusammenhängende Landmassen, die wir Erdteile oder **Kontinente** nennen.

Wir unterscheiden heute sieben Kontinente: Asien, Afrika, Nordamerika, Südamerika, Antarktis, Europa und Australien. Europa und Asien bilden eine geschlossene Landfläche. Als Abgrenzung der beiden Kontinente hat man das Uralgebirge festgelegt.
Die übrigen Erdteile werden durch große Weltmeere, die **Ozeane**, voneinander getrennt. Es sind der Pazifische Ozean, der Atlantische Ozean und der Indische Ozean. Land und Wasser sind auf der Erde unterschiedlich verteilt. Die meisten Landflächen liegen auf der Nordhalbkugel der Erde, die größten Wasserflächen besitzt die Südhalbkugel der Erde.

Neben dieser groben Gliederung springen weitere Einzelheiten ins Auge: Mehrere große und eine Vielzahl von kleinen Inseln liegen unregelmäßig verstreut in den Meeren oder bilden Inselgruppen. Halbinseln und Landbrücken sowie Meerengen, Binnenmeere und große Seen gliedern die Erdoberfläche weiter auf.
Die Landoberfläche ist in mehrere „Höhenstockwerke" unterteilt. Als Tiefländer werden Landesteile bezeichnet, die bis 200 m über dem Meeresspiegel liegen. Über 2000 m hoch liegen die Hochländer, die meistens aus Gebirgen aufgebaut sind. Dazwischen liegen die Mittelgebirge.

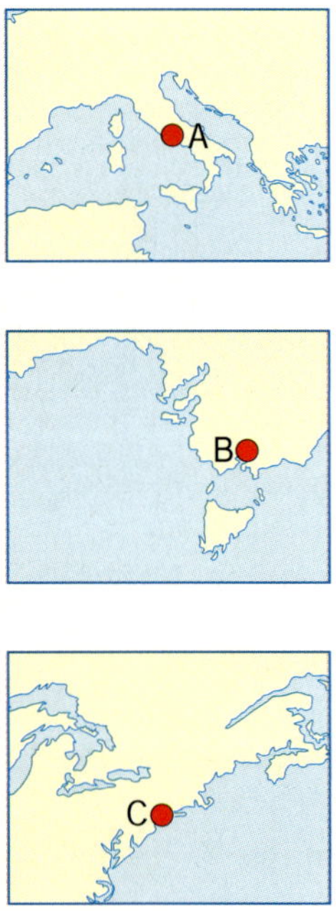

10.2: Kartenausschnitte

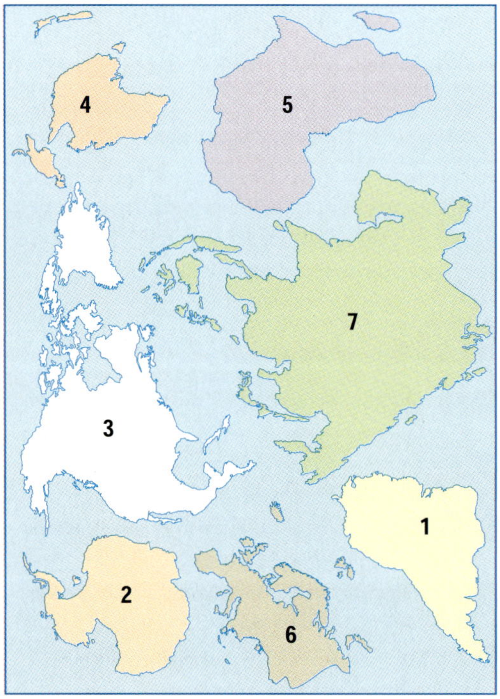

10.4: Die sieben Kontinente gedreht

11.1: Bild der Erde (Computerdarstellung)

AUFGABEN

1. *Ordne jeweils die Kontinente und Ozeane nach ihrer Größe (Abb. 10.3). Schreibe dazu eine Tabelle in dein Heft.*
2. *Rechne die Fläche der sieben Kontinente zusammen. Errechne dann die Gesamtfläche der Ozeane und vergleiche beide Summen miteinander.*
3. *Benenne die sieben Kontinente in Abb. 10.4.*
4. *Bestimme, welche Kontinente ganz oder überwiegend auf der Nordhalbkugel und welche Kontinente auf der Südhalbkugel liegen (Abb. 10.3).*
5. *Ordne die vergrößerten Kartenausschnitte 1–6 (Abb. 10.2 und 11.4) den entsprechenden Kontinenten (Abb. 10.3) zu und benenne die gesuchten Städte (Atlas).*

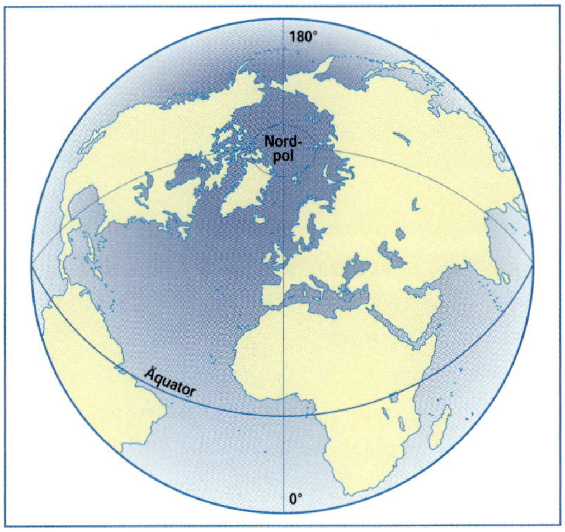

11.2: Landhalbkugel der Erde

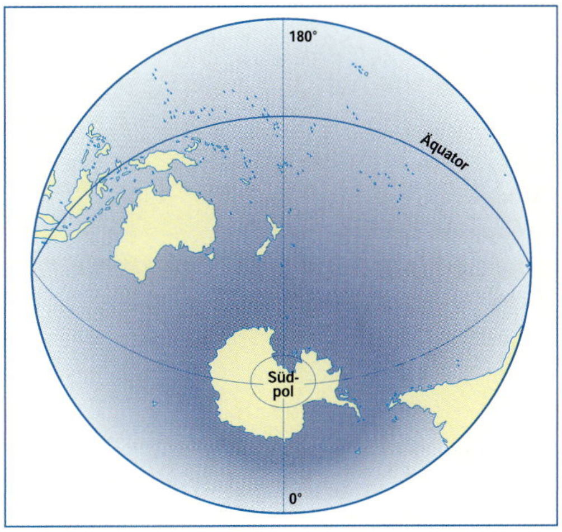

11.3: Wasserhalbkugel der Erde

11.4: Kartenausschnitte

12.1: Wetterhahn

GEO Praxis | Wir bestimmen Himmelsrichtungen

12.2: Bestimmung der Himmelsrichtung nach Punkten im Gelände

„Endlich geschafft“, mit diesem Seufzer lassen sich die Schülerinnen und Schüler ins Gras fallen und beginnen Getränke, Brote und Obst aus ihren Rucksäcken auszupacken. Der Aufstieg zum Schauinsland ist doch recht anstrengend gewesen, aber die Mühe hat sich gelohnt!
„Dort drüben im Westen, die Berge, die ihr am Horizont seht, sind die Vogesen, die schon zu Frankreich gehören“, antwortet der Lehrer auf die Frage eines Schülers. „Woher wissen Sie denn, dass dort Westen ist?“ fragt Kerstin, und Stephan will wissen, was der Horizont ist.
Wenn man rundum blickt, ist das Gebiet, das man dabei überschaut, das Gesichtsfeld. Dort, wo sich die Erdoberfläche und der Himmel scheinbar berühren, das ist der **Horizont**.
Schon in früheren Zeiten haben sich die Menschen nach der scheinbaren Bahn der Sonne am Himmel orientiert und **Himmelsrichtungen** festgelegt: Im Osten geht die Sonne auf, im Süden steht sie zur Mittagszeit am höchsten und im Westen geht sie unter. Entgegengesetzt zur Südrichtung ist Norden.

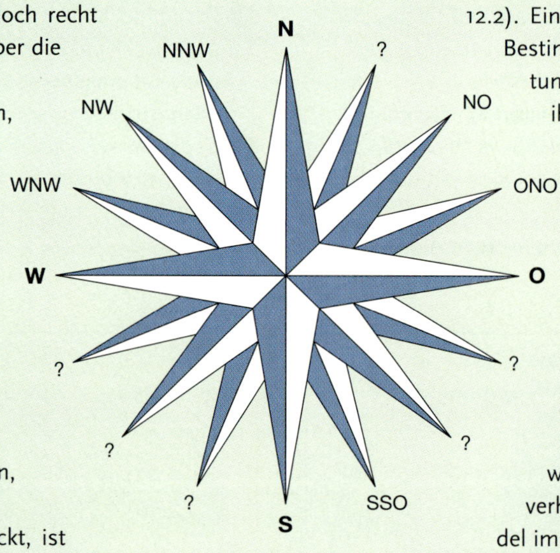

12.3: Windrose

In einer **Windrose** sind die Himmelsrichtungen mit ihren Abkürzungen eingetragen (Abb. 12.2). Ein genaues Hilfsmittel zur Bestimmung der Himmelsrichtungen ist der Kompass. Mit ihm kann man unabhängig vom Wetter, bei Tag und bei Nacht die Himmelsrichtungen bestimmen.
Ein **Kompass** besteht aus einer Magnetnadel, die sich auf einer Spitze über einer Windrose frei drehen kann. Weil sich die Erde wie ein riesiger Magnet verhält, zeigt die Magnetnadel immer genau in die magnetische Nordrichtung. Die Abbildung 13.1 zeigt dir, wie man mit dem Kompass eine Karte „einnordet“.
Aber auch ohne Kompass lassen sich näherungsweise die Himmelsrichtungen bestimmen.
In einer sternenklaren Nacht kann der Polarstern zur Orientierung herangezogen werden. Schon im Altertum half er den Seefahrern, sich nachts zu orientieren. Er strahlt besonders hell und ist leicht

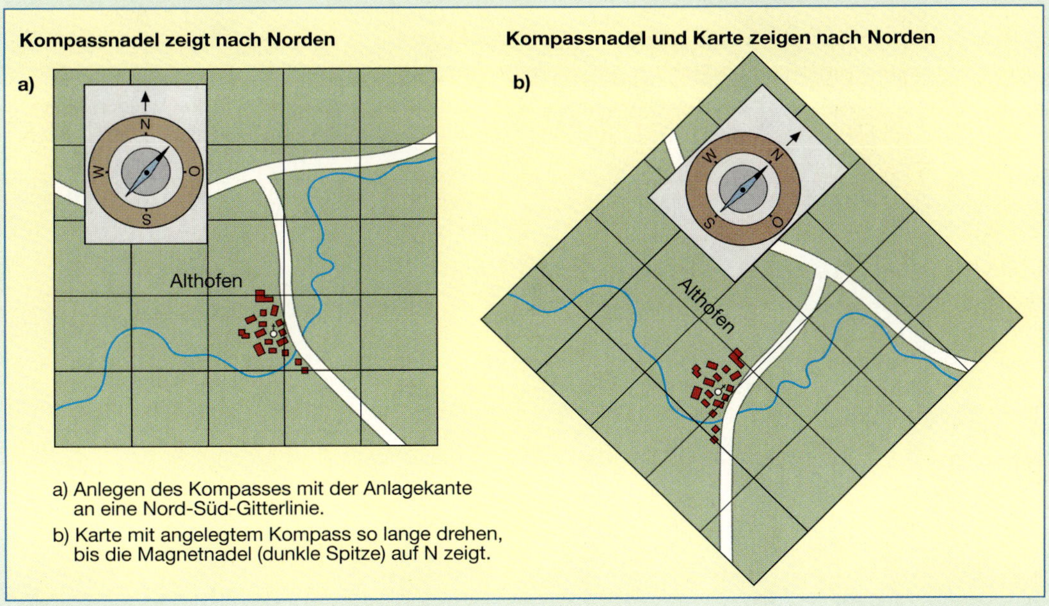

13.1: Einnorden einer Karte mit einem Kompass

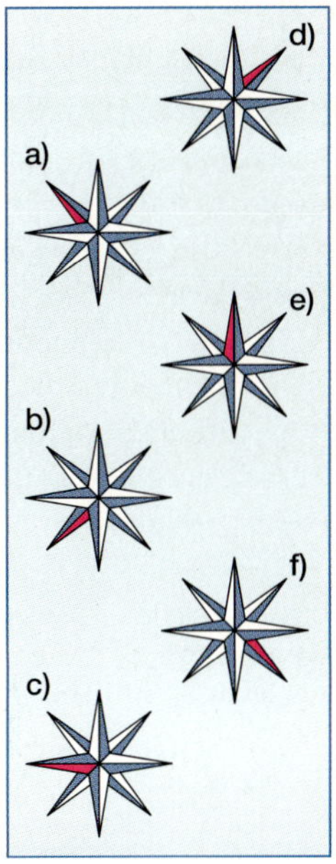

13.3: Himmelsrichtungen

zu finden, wenn man das Sternbild des „Großen Wagens" zur Hilfe nimmt. Sehen wir ihn an, so schauen wir nach Norden.

Auch andere Hinweise helfen uns die Himmelsrichtungen zu erkennen: Bei frei stehenden Bäumen findet man an der feuchteren, sonnenabgewandten Nordostseite häufig einen grünen Überzug aus Moosen und Flechten. Bei Baumstümpfen sind die Jahresringe auf der Südseite meistens stärker ausgebuchtet als auf der Nordseite.

Einen recht genauen Hinweis geben auch alte Kirchen. Sie sind so gebaut, dass der Altarraum nach Osten gerichtet ist. Der Turm und die Eingangshalle befinden sich im Westen. Zu den letztgenannten Orientierungshilfen gibt es jedoch viele Ausnahmen und Unsicherheiten.

1. Auf einer Karte ist Norden oben, Süden unten, Osten rechts und Westen links. Erkläre mithilfe der Abb. 12.2, wie man eine Karte nach Geländepunkten einnordet und die Nordrichtung bestimmt.
2. In einer Windrose (Abb. 12.3) sind die Himmelsrichtungen mit ihren Abkürzungen eingetragen. Zeichne die Abbildung vereinfacht in dein Heft und ergänze die fehlenden Himmelsrichtungen.
3. Welche Himmelsrichtungen zeigen die Windrosen in Abb. 13.3 an?
4. Ein Forscher berichtet: „An dem Ort, an dem ich mich befand, gab es nur eine Himmelsrichtung: Norden." Wo war er?

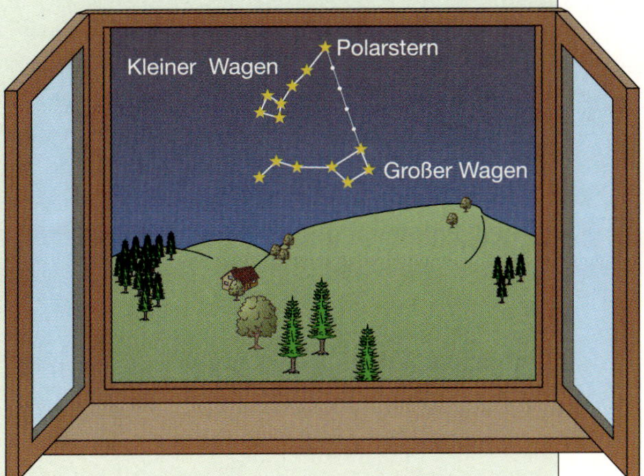

13.2: Sternbilder als Orientierungshilfe

Steckbrief der Erde
Durchmesser
am Äquator: 12756 km
Durchmesser
von Pol zu Pol: 12714 km
(die Erde ist an beiden Polen abgeflacht)
Umfang am Äquator: 40077 km
Umlaufzeit der Erde um die Sonne:
365 Tage, 5 Stunden, 48 Minuten, 46 Sekunden = 1 Jahr
Eine Drehung um ihre Achse (Erdrotation): 23 Stunden, 56 Minuten, 4 Sekunden = 1 Tag

14.2: Satellitenaufnahme der Erde

Die Erde – der blaue Planet

14.1: Juri Gagarin

„Die von der Sonne beschienene Seite der Erde war sehr klar sichtbar. Küsten und Kontinente, Inseln, große Ströme, breite Wasserflächen und Gebirgszüge ließen sich leicht unterscheiden. Ich sah zum ersten Mal die Kugelgestalt der Erde. Ihre Krümmung war erkennbar, wenn man zum Horizont schaute. Besonders eindrucksvoll fand ich den Übergang von der hellen Erdoberfläche zum vollkommen schwarzen Himmel, an dem die Sterne zu sehen waren.“

440 Jahre nachdem Magellan die Erde umsegelt und damit ihre Kugelgestalt bewiesen hatte, konnte erstmals ein Mensch, der russische Kosmonaut Juri Gagarin, die Erde aus dem Weltraum sehen. Nur wenige Menschen haben bisher die Erde auf diese Weise betrachten können.
In jedem ihrer Berichte kommt die Schönheit und die Einmaligkeit unseres **Planeten** zum Ausdruck.
Wie alle Planeten erhält auch die Erde Licht und Wärme von der Sonne. Ihr Abstand von der Sonne ist so, dass sich vielfältiges Leben entwickeln konnte. Leben ist nur dort möglich, wo ausreichend Wasser vorhanden ist. Ein großer Teil der Erdoberfläche ist vom Wasser bedeckt. Es kommt in den Ozeanen vor, in Flüssen, Seen, im Eis der Gletscher, im Untergrund als Grundwasser und in der **Lufthülle (Atmosphäre)** in Form von Wasserdampf und Wolken. Die Atmosphäre schützt uns tagsüber vor der gefährlichen Strahlung des Sonnenlichts und bewahrt uns nachts vor einer zu starken Abkühlung.

GEO Praxis — Wir basteln unseren eigenen Globus

1. Präge dir die Lage der Kontinente auf dem Globus genau ein.
2. Kennzeichne auf deiner Styroporkugel den Nord- und Südpol mit einem schwarzen Punkt.
3. Male deine Styroporkugel mit blauer Wasserfarbe an (Tipp: vor Malbeginn die Kugel auf den Schaschlikspieß aufstecken).
4. Kopiere die Vorlage für den Bastelbogen (Abb. 15.1). Vergrößere diese dabei auf 200 Prozent. Beschrifte die Kontinente.
5. Male die Kontinente mit Buntstiften in verschiedenen Farben an (mit Ausnahme der Antarktis). Verwende dabei nicht die Farbe Blau.
6. Schneide die Kontinente sorgfältig aus.
7. Informiere dich auf Abb. 10.3 über die Lage der Kontinente und befestige die Kontinente lagerichtig mit Stecknadeln auf deiner Kugel. Beschrifte die Ozeane. Achte dabei auf den Verlauf des Äquators.
8. Steche nun die Stricknadel durch die beiden schwarzen Punkte (Pole). Danach ersetzt du die Nadel durch einen Schaschlikspieß.
9. Kennzeichne den Globus mit deinem Namen.
10. Fertige aus Knetmasse einen stabilen Fuß für deinen Globus. Achte beim Befestigen des Globus auf die Schrägstellung der Erdachse.

15.2: Blaue Styroporkugel und Kontinente

15.3: Schulklasse mit Globen

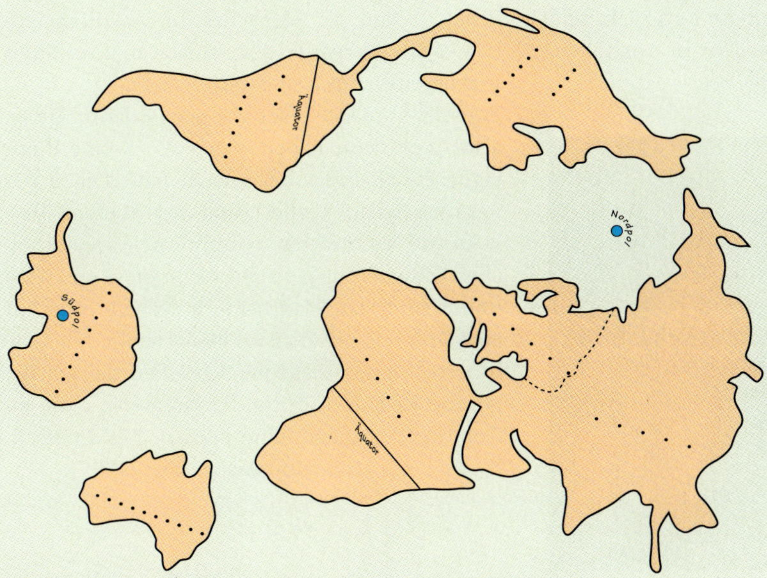

15.1: Vorlage für Bastelbogen (auf 200 Prozent vergrößern)

15.4: Globus von Hans

- Styroporkugel mit einem Durchmesser von 10 cm
- Vergrößerung des Bastelbogens (Abb. 15.1) auf 200 Prozent
- Schere
- Wasserfarben
- Stecknadeln
- Schaschlikspieß
- eine große Stricknadel
- Knetmasse

15.5: Materialliste

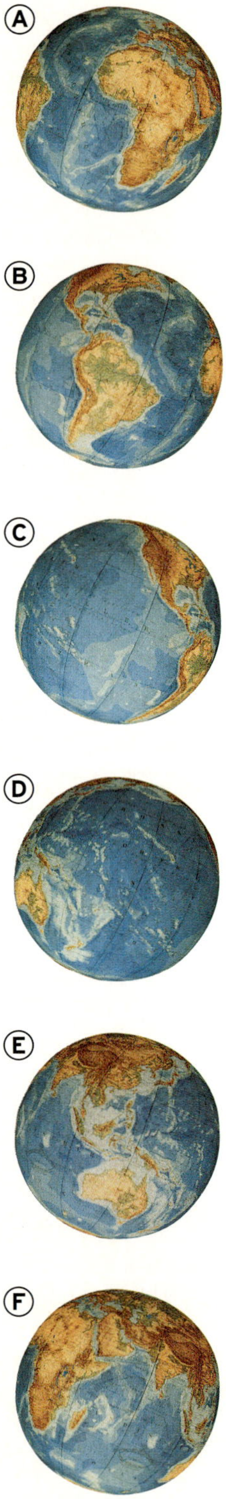

16.1: Der beleuchtete Teil der Erde zu verschiedenen Tageszeiten

16.2: Nacht und Tag auf der Erde

Die Drehung der Erde

„Liebe Zuschauer,
die Spiele der Australien Open beginnen um 14.00 Uhr Ortszeit in Melbourne. Wir werden das Endspiel direkt übertragen."
„Super", ruft Peter, „dieses Spiel darf ich nicht verpassen. Gleich nach dem Mittagessen hab ich dafür noch Zeit." „Daraus wird wohl nichts werden", antwortet seine Mutter, „um 5.00 Uhr morgens beginnt die Übertragung und da liegst du noch im Bett und später musst du in die Schule."
„Ich denke, das Spiel beginnt um 14.00 Uhr und nicht um 5.00 Uhr!" „14.00 Uhr in Australien, aber nicht bei uns", antwortet Peters Mutter.

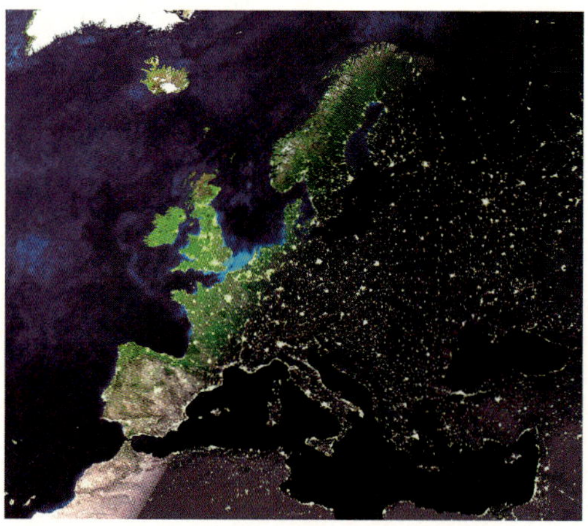

16.3: Tag und Nacht in Europa

Das Problem der verschiedenen Uhrzeiten geht Peter nicht aus dem Kopf. Nachdem er sich im Internet kundig gemacht hatte, weiß er jetzt Bescheid.

Die Erdrotation

Die Erde dreht sich in 24 Stunden von Westen nach Osten um ihre Achse. Diese Drehung nennt man **Erdrotation**. Die Sonne bescheint dabei immer nur eine Hälfte der Erdkugel, dort ist Tag. Die andere Hälfte liegt von der Sonne abgewandt im Schatten, dort ist Nacht. Durch die Drehung der Erde werden immer andere Teile der Erdkugel beleuchtet. Für den Beobachter auf der Erde sieht es jedoch so aus, als ob sich die Sonne am Himmel bewegt. Sie geht (scheinbar) im Osten auf, steht mittags an ihrem höchsten Punkt im Süden und geht abends im Westen unter. In Wirklichkeit bewegt sich aber durch die Erddrehung unser Standort auf die Sonne zu. Wir haben das Gefühl, die Sonne würde über dem Horizont aufsteigen. Ähnlich ist es am Abend, wenn sich unser Standort von der Sonne abwendet. Dann „versinkt" die Sonne unter dem Horizont.
Für Orte auf der Erde, die östlich von unserem Standpunkt liegen, beginnt der Tag früher, an Orten, die westlich von uns liegen, geht die Sonne später auf. An verschiedenen Orten der Erde sind also zur gleichen Zeit verschiedene Tageszeiten. Wenn die Menschen in San Francisco (USA) Silvesterparties feiern, sitzt man in Stuttgart bereits beim Neujahrsfrühstück.
Eigentlich müsste jeder Ort genau dann Mittag, also 12.00 Uhr, haben, wenn die Sonne ihren täglichen Höchststand erreicht hat. Wegen der internationalen Verflechtung von Handel, Verkehr und Nachrichtenübermittlung wäre ein solches System mit genauen Ortszeiten praktisch undurchführbar. Man hat sich deshalb 1920 auf eine Ordnung mit Zonenzeiten geeinigt. Alle Orte innerhalb einer **Zeitzone** schreiben danach die gleiche Zeit. Der Zeitunterschied von Zone zu Zone beträgt genau eine Stunde. Für Deutschland gilt die Mitteleuropäische Zeit (MEZ).

GEO Praxis

Wir arbeiten mit dem Globus – Entstehung von Tag und Nacht

Stellt einen Globus für alle gut sichtbar auf einen Tisch. Dunkelt den Raum ab. Beleuchtet nun den Globus mit einer „künstlichen“ Sonne (starke Taschenlampe, Dia- oder Tageslichtprojektor). Dreht jetzt die Erdkugel des Globus. In welche Richtung müsst ihr drehen? Beobachtet genau, wie sich die von der Sonne beschienenen bzw. abgewandten Bereiche verändern. So könnt ihr die Entstehung von Tag und Nacht klären.

17.2: Globus

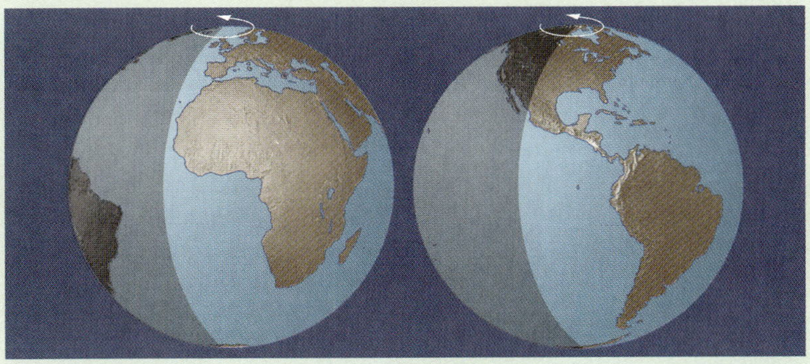

17.1: Erddrehung

17.3: Sonnenuntergang in Baden-Württemberg am 21. Juni (vereinfacht dargestellt)

AUFGABEN

1. *Wodurch wird der Wechsel von Tag und Nacht auf der Erde verursacht?*
2. *Erkläre, warum die Aussage „Die Sonne geht auf!“ eigentlich falsch ist.*
3. *Was wäre, wenn die Erde sich nicht um ihre Achse drehen würde? Erläutere die zu erwartenden Auswirkungen.*
4. *Erkläre die zeitliche Verschiebung des Sonnenuntergangs in Baden-Württemberg (Abb. 17.3a–c) mithilfe der Abb. 17.1.*
5. *Einen Eindruck von der Verteilung von Tag und Nacht auf der Erde findest du im Internet unter der Adresse:*
   www. fourmilab.ch/earthview/vplanet.html
   unter „Map of the Earth“. Beschreibe, wo gerade Tag und wo Nacht ist.
6. *Ordne die sechs Ansichten eines Globus in Abb. 16.1 folgenden mitteleuropäischen Zeiten zu: 4.00 Uhr, 8.00 Uhr, 12.00 Uhr, 16.00 Uhr, 20.00 Uhr und 24.00 Uhr MEZ.*

18.1: Globus

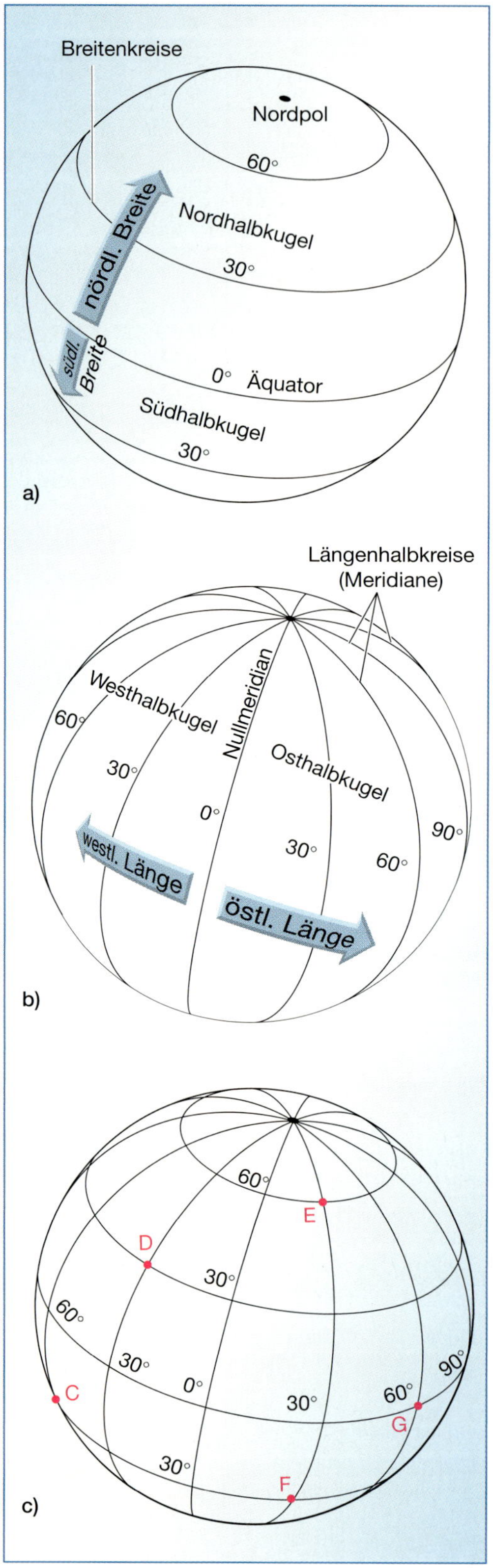

18.2: Das Gradnetz der Erde

Das Gradnetz der Erde

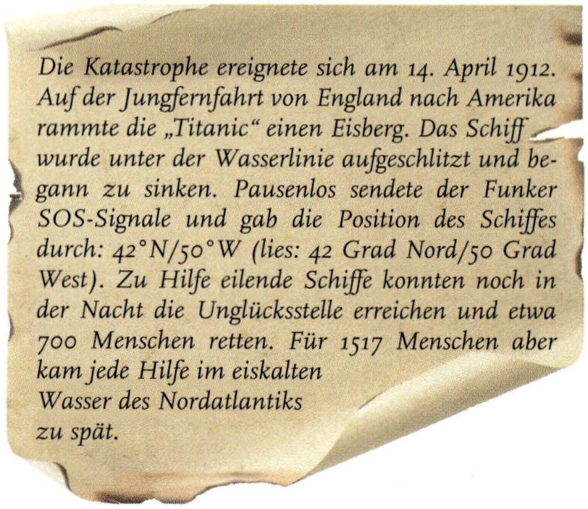

Die Katastrophe ereignete sich am 14. April 1912. Auf der Jungfernfahrt von England nach Amerika rammte die „Titanic" einen Eisberg. Das Schiff wurde unter der Wasserlinie aufgeschlitzt und begann zu sinken. Pausenlos sendete der Funker SOS-Signale und gab die Position des Schiffes durch: 42°N/50°W (lies: 42 Grad Nord/50 Grad West). Zu Hilfe eilende Schiffe konnten noch in der Nacht die Unglücksstelle erreichen und etwa 700 Menschen retten. Für 1517 Menschen aber kam jede Hilfe im eiskalten Wasser des Nordatlantiks zu spät.

18.3: Der Untergang der Titanic

Damit man die geographische Lage eines Ortes auf der Erdkugel eindeutig bestimmen kann, wurden Breitenkreise und Längenkreise festgelegt. Auf einem **Globus**, dem verkleinerten, kugelförmigen Abbild der Erde, kann man sie als Linien erkennen. Sie sind nummeriert, tragen die Bezeichnung Grad und umgeben den Globus wie ein Netz (**Gradnetz**).

In der Mitte zwischen Nord- und Südpol verläuft der **Äquator** (lat. aequus = gleich). Mit 40 077 km Länge ist er der größte Breitenkreis. Er teilt die Erde in eine Nordhalbkugel und in eine Südhalbkugel. Zwischen dem Äquator und dem **Nordpol** bzw. **Südpol** zählt man jeweils 90 **Breitenkreise**. Zwei benachbarte Breitenkreise haben überall den Abstand von 111 km zueinander, sie verlaufen parallel. Zu den Polen hin wird der Umfang der Breitenkreise immer kleiner. Am Pol selbst ist der Breitenkreis nur noch ein Punkt. Der Äquator trägt die Breitenkreisbezeichnung 0° und die Pole die Bezeichnung 90°. Damit klar ist, ob die Nord- oder Südhalbkugel gemeint ist, muss noch die Bezeichnung „nördliche Breite" (n. Br. oder N) oder „südliche Breite" (s. Br. oder S) angegeben werden.

Nord- und Südpol sind durch Halbkreise verbunden. Sie werden **Meridiane** genannt. Zwei Meridiane, die sich gegenüberliegen, bilden einen Längenkreis. Nach einer internationalen Vereinbarung wurde 1911 der Meridian, der durch die Sternwarte von Greenwich, einem Vorort von

London, verläuft, als Nullmeridian festgelegt. Von ihm aus zählt man 180 Meridiane nach Westen und 180 nach Osten. Zur Unterscheidung erhalten sie den Zusatz „westliche Länge" (w. L. oder W) bzw. „östliche Länge" (ö. L. oder O). Der Abstand zwischen den Meridianen wird zu den Polen hin immer geringer. Sie laufen dort in einem Punkt zusammen. Ihren weitesten Abstand voneinander haben sie am Äquator mit 111 km.
Bestimmt man die Lage eines Ortes im Gradnetz, so gibt man seine geographische Breite und Länge an.
Beachte: In Abb. 18.2 ist nur jeder 30. Längenkreis und Breitenkreis eingezeichnet.

Ermittlung der Lage im Gradnetz

In Abb. 18.2c liegt Punkt C auf 30 °S/60 °W. Der Punkt G auf dem Äquator hat die Lage 0°/60°O. Hier ist bei der Angabe der geographischen Breite die Unterscheidung zwischen N und S überflüssig. Der Nordpol ist durch die Angabe 90 °N ebenso eindeutig bestimmt, denn alle Meridiane führen zu diesem Punkt. Auch bei der geographischen Länge 180° ist der Zusatz W oder O entbehrlich, da der 180. westliche und der 180. östliche Meridian zusammenfallen.

AUFGABEN

1. *Bestimme die Lage der Punkte D, E, F im Gradnetz der Erde (Abb. 18.2c).*
2. *Wie verändern sich die Breitenkreise vom Äquator zum Pol (vgl. Abb. 18.2a)?*
3. *Bestimme die Position der in Abb. 19.2 eingetragenen Orte mithilfe ihrer Lage im Gradnetz auf einer Weltkarte im Atlas. Zu welchem Land gehören die jeweils genannten Orte bzw. Inseln?*
4. *Ermittle die geographische Lage von Stuttgart, Köln, München, London und Rom (Abb. 19.1) sowie deines Heimatortes (Atlas).*
5. *Welcher Meridian liegt dem Nullmeridian auf der anderen Erdseite so gegenüber, dass sie zusammen einen Längenkreis bilden (Abb. 18.2)?*
6. *Ein Schiff ist in Seenot und der Funker sendet SOS. Er beschreibt seine Position mit folgenden Angaben: 40° n. Br. und 10° ö. L. Welche Insel ist in der Nähe (Atlas)?*

GEO Praxis

Wir bestimmen die geographische Lage eines Ortes auf der Erde

Oft stehen uns für einen Ort, dessen Lage wir nicht kennen, als Information nur seine Koordinaten (Breiten- und Längengrad) zur Verfügung.
Beispiel: 48° n. Br./8° ö. L.
48° n. Br. heißt, wir suchen den Ort nördlich des Äquators; 8° ö. L. heißt, wir suchen den Ort östlich des Nullmeridians.
Am Schnittpunkt von Breiten- und Längenkreis liegt der gesuchte Ort. Im Beispiel ist es Freiburg.
Meistens liegt der Ort nicht genau auf einem Breiten- oder Längengrad. Für eine genauere Beschreibung wird das Gradnetz in Minuten unterteilt. Dabei entspricht 1° genau 60 Minuten (60'). So bedeutet z. B. die Angabe 5° 30' n. Br., dass der gesuchte Ort genau in der Mitte zwischen dem fünften und sechsten nördlichen Breitengrad liegt.
Wie heißt die Stadt: 48° 47' n. Br./9° 11' ö. L.?

New York	
40° n. Br.	74° w. L.
Ankara	
40° n. Br.	33° ö. L.
Peking	
40° n. Br.	116° ö. L.
Belo Horizonte	
20° s. Br.	44° w. L.
Beira	
20° s. Br.	35° ö. L.
Cook-Inseln	
20° s. Br.	160° w. L.

19.2: Lage einiger Orte im Gradnetz

19.1: Ausschnitt aus einer Europakarte

Auf der Jagd nach „Welt"-Rekorden

Du unternimmst eine Weltreise zu den Rekorden der Erde. Dabei überfliegst du Kontinente, Ozeane, Gebirge, Flüsse und Städte (Abb. 21.1).

a) Benenne die Stationen der Weltreise, deren Namen du kennst. Wenn du nicht sicher bist, schlage in deinem Atlas nach. Schreibe die Lösungen in dein Heft.
Deine Flugreise beginnt in Stuttgart.

1. Die größte Insel der Erde. Sie ist ungefähr sechsmal so groß wie Deutschland.
2. Die größte Stadt Nordamerikas.
3. Der Colorado hat sich hier fast 1800 m tief in das Gestein geschnitten und die größte Schlucht der Erde geschaffen.
4. Mit fast 8000 km das längste Gebirge der Erde.
5. Der wasserreichste Fluss der Erde.
6. Die größte Wüste der Erde.
7. Mit 6671 km der längste Fluss der Erde.
8. Der höchste Berg Afrikas ist ein Vulkan.
9. Das Gebirge mit dem höchsten Berg der Erde (8848 m).
10. Der größte Gesteinsblock der Erde wird von den Eingeborenen Uluru genannt.
11. Hier liegt mit 11 034 m u. NN die größte Meerestiefe der Erde.
12. Die Hauptstadt des bevölkerungsreichsten Landes der Erde.
13. Mit 1637 m der tiefste See der Erde.
14. Der größte See der Erde.
15. Die Hauptstadt des größten Landes der Erde.

b) Ordne die Fotos (D, E, I, L, S, T, Y, Z) deiner Flugroute zu. Wenn du alles richtig gemacht hast, ergeben die Buchstaben in der Reihenfolge der Route ein Lösungswort.

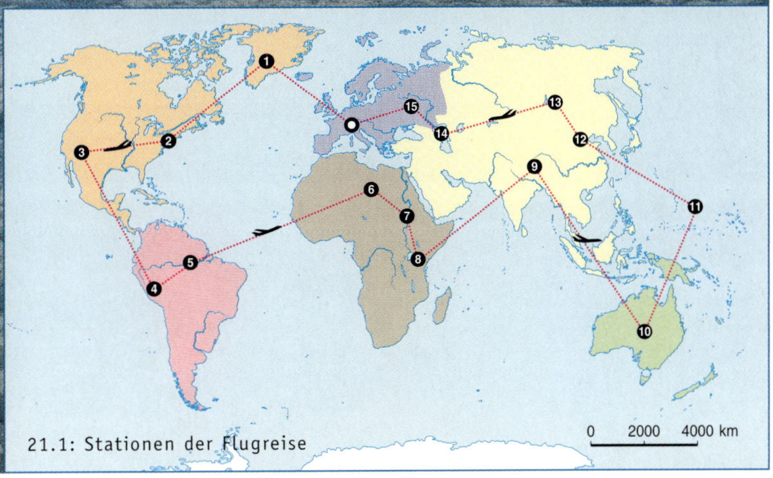

21.1: Stationen der Flugreise

Kinder der Welt

Mein Name ist Uiuka und ich bin 10 Jahre alt. Ich lebe in Bellin im Norden von Kanada. Hier ist es im Winter sehr kalt und die Stürme häufen den Schnee meterhoch an. Dazu ist es im Winter sehr lange dunkel, die Sonne scheint nur wenige Stunden am Tag. Unsere Familie stammt von den Ureinwohnern dieser Region, den Inuit, ab, die noch in Iglus wohnten. Wir leben in einem modernen Holzhaus. Meine Schwester und ich besuchen die Schule in unserer kleinen Stadt. In den Ferien darf ich manchmal meinen Vater auf den Markt begleiten, wo er mit Tierfellen handelt.

Ich heiße Juan und lebe in einem Vorort der brasilianischen Großstadt São Paulo. Meine Eltern und meine sieben Geschwister leben alle zusammen in einer kleinen Hütte, die wir uns selbst gebaut haben. Es gibt hier keine Wasserversorgung, deshalb schleppen wir das Wasser von einer weit entfernten Abgabestelle in Eimern heran. Um die Familie zu ernähren, müssen wir alle arbeiten. Ich verkaufe zum Beispiel Ansichtskarten an die ausländischen Touristen.

Mein Name ist Mahmut und ich wohne in Nara, einem Dorf in Mali. Wir besitzen eine große Schaf- und Ziegenherde. Ich muss auf die Herde aufpassen und sie jeden Tag zur zwei Stunden entfernten Tränke führen. Deshalb habe ich auch keine Zeit, um regelmäßig in die Schule zu gehen. Trotz unserer vielen Tiere wird das Leben hier immer schwieriger. In den letzten Jahren hat es sehr wenig geregnet, sodass wir kaum noch genügend Nahrung für unsere Ziegen und Schafe finden. Wenn das so weitergeht, bricht wieder eine große Hungersnot über unser Dorf herein.

Ich heiße Anna und ich bin 11 Jahre alt. Ich wohne in einem neuen Stadtteil von Stuttgart. Meine Eltern sind berufstätig, sodass ich öfter auf meine kleine Schwester Sara aufpassen muss. Meine beste Freundin heißt Maria. In unserer Freizeit spielen wir in der Theatergruppe mit und verstärken die Handballmannschaft. Vor dem Haus dürfen wir aber nicht spielen, deshalb treffen wir uns auf dem Schulhof. Besonders viel Spaß haben wir im Winter. Dann können wir Schlitten fahren oder eine Schneeballschlacht machen.

Mein Name ist Vy Mi und ich wohne in Peking, der Hauptstadt Chinas. In der Schule lernen wir jeden Tag neue Schriftzeichen, damit wir unsere schwierige Schrift und Sprache genau kennen lernen. Meine Eltern, meine Schwester und ich leben in einer sehr kleinen Wohnung. Jeden Tag fährt mein Vater mit dem Fahrrad zur Arbeit in die Kleiderfabrik und ich muss fast eine Stunde zur Schule laufen. Mein größter Wunsch wäre ein eigenes Fahrrad, aber darauf muss ich noch längere Zeit verzichten. Die Menschen verdienen nicht viel Geld und ein eigenes Fahrrad ist schon etwas Besonderes.

Ich heiße Naomi und lebe mit meiner Familie auf den Salomon-Inseln im Pazifischen Ozean. Wir leben von den Erträgen unserer kleinen Kokospalmenplantage. Kleidungsstücke, Stoffmatten und Haushaltsgegenstände stellen wir aus den Teilen der Kokospalmen her. Das größte Ereignis in unserem Dorf ist die wöchentliche Ankunft des Versorgungsschiffes, das auch unsere Waren mitnimmt. Schlimm für unsere Inseln sind die mächtigen Wirbelstürme, die fast jedes Jahr große Zerstörungen anrichten.

Karten lesen – kein Geheimnis

Überall im täglichen Leben begegnen uns Kartendarstellungen. Autofahrer benutzen Straßenkarten, um schneller ans Ziel zu kommen oder eine landschaftlich schöne Strecke herauszusuchen. Wanderer können sich mithilfe von Wanderkarten im unbekannten Gelände orientieren. Stadtpläne helfen uns, in fremden Orten Straßen und Gebäude zu finden. In Zeitungen und im Fernsehen werden Karten benutzt, damit wir aktuelle Ereignisse besser verstehen können. Weil wir im Erdkundeunterricht verschiedene Landschaften kennen lernen, sind Karten ein unentbehrliches Hilfsmittel. Um alle Informationen, die eine Karte enthält, auswerten zu können, muss man sie sorgfältig „lesen".

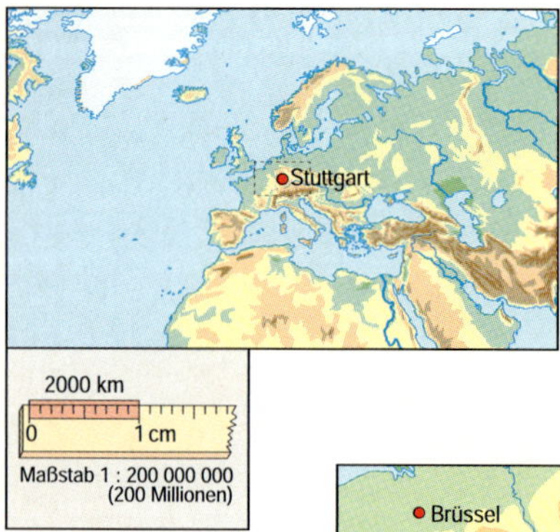

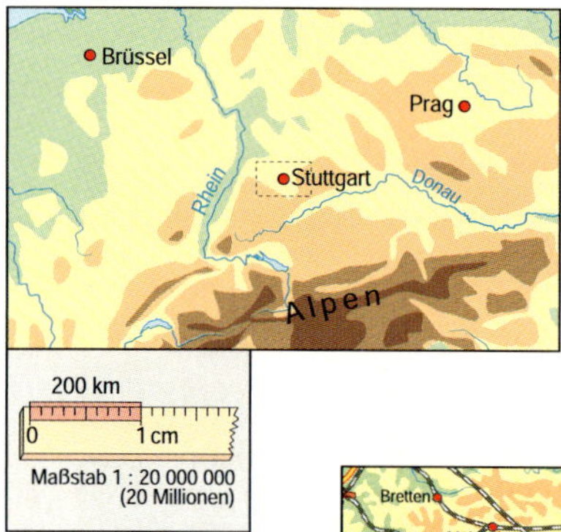

Karten verkleinern die Wirklichkeit

Wer mit einer Karte arbeitet, muss wissen, wie groß die abgebildeten Dinge oder Entfernungen in Wirklichkeit sind. Die Verkleinerung wird durch den **Maßstab** angegeben. So bedeutet der Maßstab 1 : 100 000 (sprich: eins zu hunderttausend), dass 1 cm auf der Karte 100 000 cm in der Wirklichkeit entsprechen. Weil es praktischer ist, rechnet man die Zentimeter in eine größere Maßeinheit um. So entspricht in diesem Fall 1 cm auf der Karte 1 km in der Natur. Statt mit der Maßstabszahl kann man auch mit der Maßstabsleiste arbeiten und dort die entsprechende Größe in Wirklichkeit ablesen. Je kleiner der Maßstab ist, umso weniger Einzelheiten können in der Karte wiedergegeben werden.

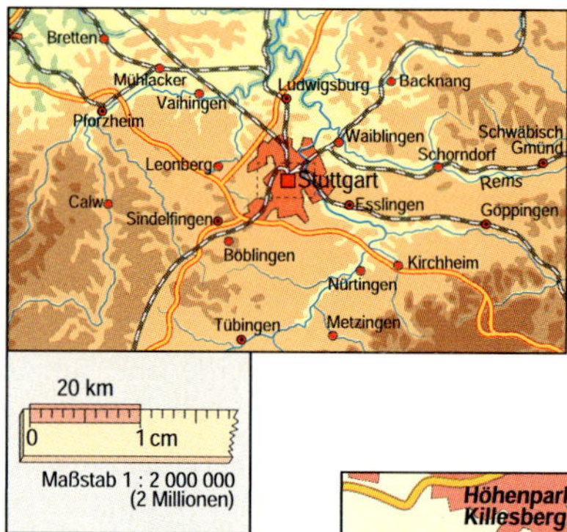

Karten verebnen

Auf dem ebenen Kartenblatt können Berge und Täler nicht räumlich dargestellt werden. Oft ist es jedoch wichtig, Geländehöhen und Höhenunterschiede zu kennen, um z. B. zu wissen, wie steil ein Weg ansteigt. Die Höhen sind auf einer Karte durch Höhenpunkte (mit Meterangabe) oder durch Höhenschichten (unterschiedliche Höhenbereiche werden mit verschiedenen Farben gekennzeichnet) dargestellt. Auf **topographischen Karten** werden die Höhen durch Höhenlinien (Isohypsen) dargestellt. Sie verbinden alle Punkte, die die gleiche Höhe haben.

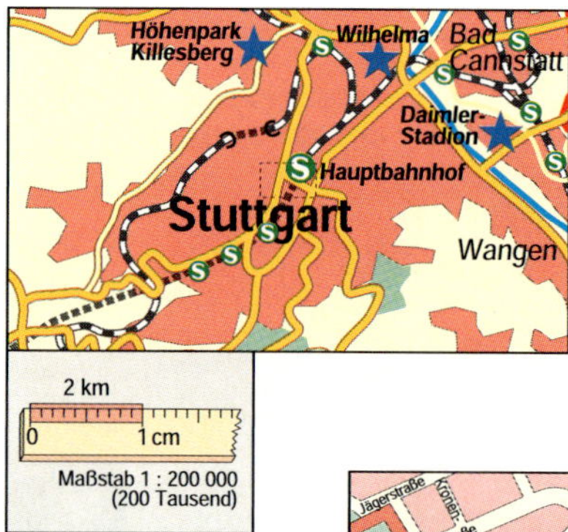

Karten vereinfachen und haben eine Zeichensprache

Auf Karten ist die Wirklichkeit nicht abgemalt, sondern in Farben und Zeichen „übersetzt". Damit jeder die Karte verstehen kann, ist die Bedeutung der Einzelheiten in einer **Legende** (Zeichenerklärung) beigegefügt.

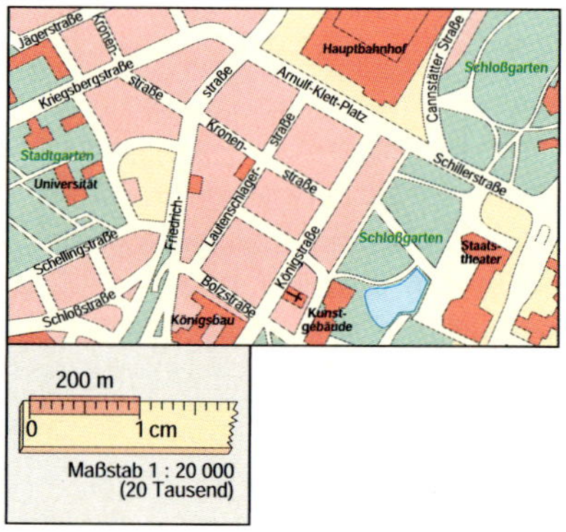

Karten sind „orientiert“

Karten sind nach Norden ausgerichtet, das heißt, der obere Kartenrand zeigt nach Norden. Lagebeziehungen zwischen Orten, Bergen, Kontinenten usw. werden nach den Himmelsrichtungen angegeben, z. B. Freiburg liegt in südwestlicher Richtung von Stuttgart. Flüsse werden von der Quelle bis zur Mündung verfolgt. So kann man rechte und linke Nebenflüsse benennen.

Karten sehen verschieden aus

Wenn wir von Landkarten sprechen, fallen uns zunächst Karten ein, die uns Auskunft über das Aussehen der Erdoberfläche geben können. Diese Karten sind **physische Karten**. Sie geben Grundinformationen zur Verteilung von Land und Meer, zu Gebirgen, Seen, Flüssen, zur Bodenbedeckung, aber auch zu Grenzen, Verkehrswegen und Siedlungen. Viele Länderübersichtskarten im Atlas, aber auch die Schulwandkarten, sind solche physische Karten.
Den physischen Karten steht die Gruppe der **thematischen Karten** gegenüber. Sie verdeutlichen bestimmte Sachverhalte und heben sie im Karteninhalt hervor. Viele Einzelheiten, die auf physischen Karten zu finden sind, müssen vor dem thematischen Karteninhalt zurückweichen. So ist es immer sinnvoll, thematische Karten und physische Karten gleichzeitig zu betrachten. Gerade bei den thematischen Karten ist es wichtig, die Legende genau zu betrachten, da die verschiedenen Farben und Zeichen oft eine ganz andere Bedeutung als auf den physischen Karten haben.

AUFGABEN

1. *Karten sind oft ein unentbehrliches Hilfsmittel. Gib Beispiele.*
2. *Nenne die wichtigsten Merkmale einer Karte.*
3. *Zu jeder Karte gehört eine Legende. Begründe diese Aussage.*

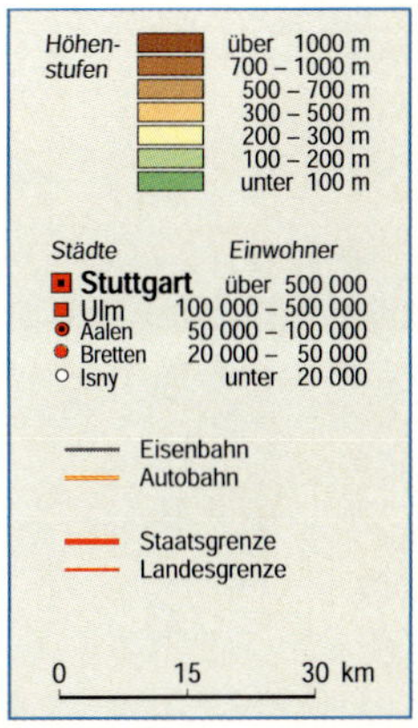

25.1: Physische Karte von Baden-Württemberg

GEO Praxis – Wir zeichnen ein Profil und werten es aus

Letztes Frühjahr plante ich mit meinem Vater eine Radtour. Für meinen Vater war es wichtig, dass die Route keine zu anstrengenden Steigungen aufwies, hatte er doch ein altes 3-Gang-Fahrrad, während ich mit meinem 27-Gang-Fahrrad damit keine Probleme hatte. Um die Fahrtstrecke festzulegen, besorgte mein Vater eine genaue Karte. Beim Betrachten der Karte entdeckte ich eine Vielzahl von Linien, teils mit größerem Abstand voneinander, teils eng zusammen und an manchen Stellen fast wie Kreise ineinander gezeichnet. Ich hatte keine Ahnung, was diese Linien bedeuten. Mein Vater sagte mir dann, dass dies **Höhenlinien** sind, die jeweils alle Punkte auf der Karte verbinden, die die gleiche Höhenlage über dem Meeresspiegel haben. Es war mir aber immer noch nicht klar, wie man mithilfe dieser Höhenlinien oder **Isohypsen** erkennen kann, ob es sich um ein ebenes oder hügeliges Gelände handelt oder ob extreme Steigungen vorhanden sind. Mein Vater nannte mir zwei Regeln, nach denen man die Geländeform anhand der Höhenlinien erkennen kann:

1. Je enger die Höhenlinien beieinander liegen, umso steiler ist das Gelände, je weiter sie auseinander liegen, desto flacher ist es.
2. Mehrere ineinander geschachtelte und geschlossene Höhenlinien zeigen an, dass es sich um einen Berg (Zunahme der Höhenangaben zum Zentrum) oder um eine Mulde (Abnahme der Höhenangaben zum Zentrum) handelt.

Um dies zu überprüfen, erstellten wir ein **Profil**, aus dem die Höhen leichter ablesbar waren als aus der Karte. Wir gingen dabei folgendermaßen vor:

- In die Höhenliniendarstellung zeichneten wir eine waagerechte Strecke von A nach B mitten durch die innerste geschlossene Isohypse ein.
- Unter dem Höhenlinienbild zeichneten wir (etwas nach links versetzt) eine senkrechte Linie und trugen auf ihr in entsprechendem Abstand die oben ablesbaren Höhenwerte ein.
- Von jedem Höhenwert zogen wir dann eine waagerechte Linie bis zum rechten Rand der Darstellung.
- Von den Schnittstellen der Höhenlinien in der Karte mit der eingezeichneten Strecke von A nach B zeichneten wir senkrechte Linien nach unten bis zu den waagerechten Linien mit den entsprechenden Höhenangaben und markierten diese Schnittstellen jeweils mit einem kleinen Kreuz.
- Dann verbanden wir alle Kreuze auf der unteren Darstellung und fertig war das Profil (Abb. 26.1b, unten).

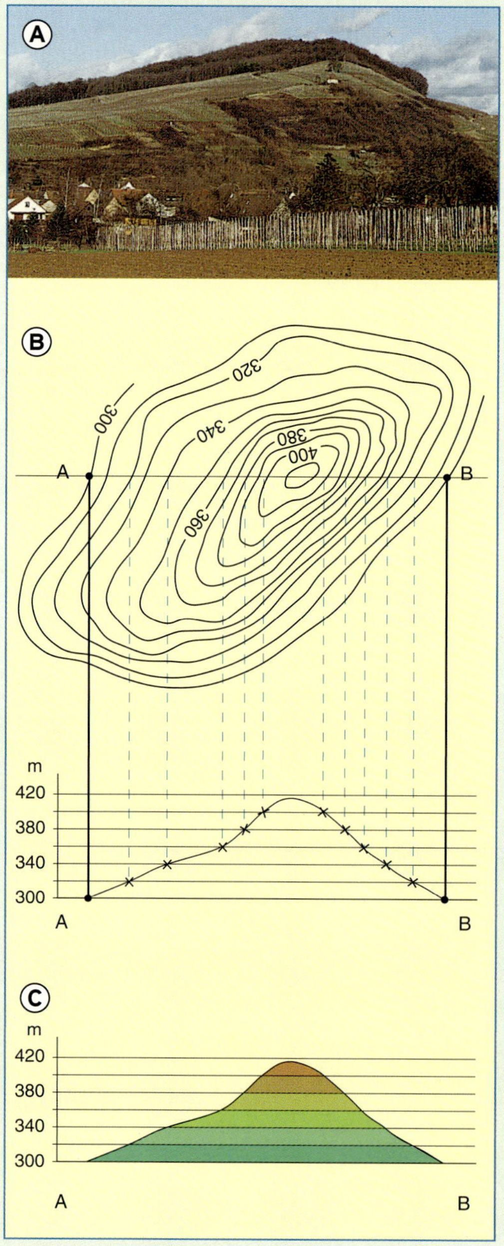

26.1: Verschiedene Abbildungsformen eines Berges

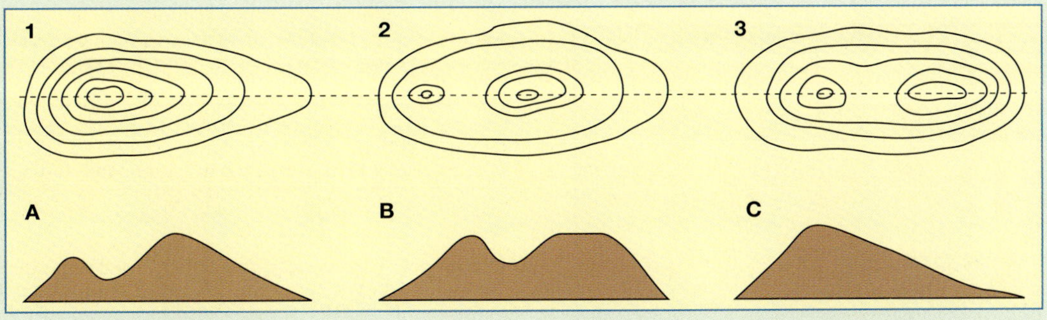

27.1: Höhenliniendarstellungen und Profile

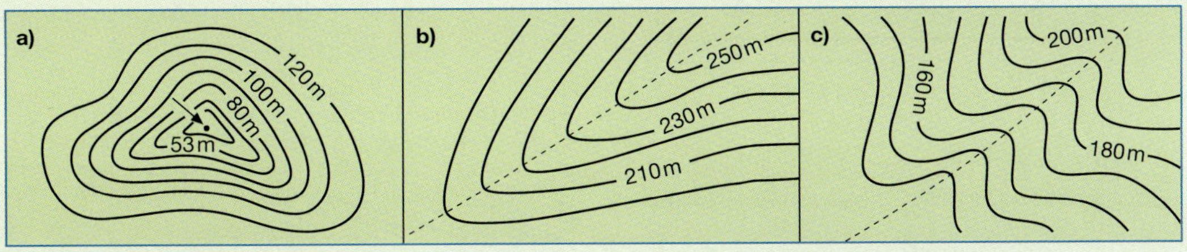

27.2: Höhenlinienmuster

Wenn man einzelne Höhenschichten darstellen möchte, braucht man nur die einzelnen Schichten – im Höhenlinienbild oder im Profil – mit Farben zu kennzeichnen (Abb. 26.1c).
Nach dieser Arbeit war es einfach, die unterschiedlichen Steigungen auf den beiden Bergseiten zu erkennen. Wir wählten auf Wunsch meines Vaters bei der Radtour den Anstieg von Westen.

1. Ordne die Profile A, B und C den Höhenliniendarstellungen 1, 2 und 3 zu (Abb. 27.1).
2. Ordne den Höhenlinienmustern a, b und c die Oberflächenformen Bergrücken, Mulde und Tal zu (Abb. 27.2).
3. Lege ein Transparentpapier auf die Abb. 27.3 und zeichne die vorgegebenen Linien vorsichtig nach. Vervollständige dann mithilfe der Angaben aus dem Profil das Höhenlinienbild.

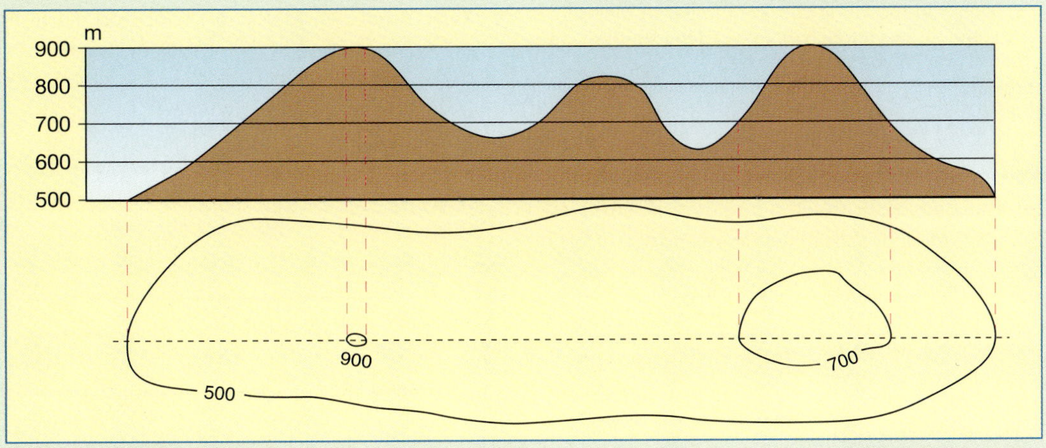

27.3: Vom Profil zur Höhenliniendarstellung

GEO Praxis – Wir rechnen mit dem Maßstab

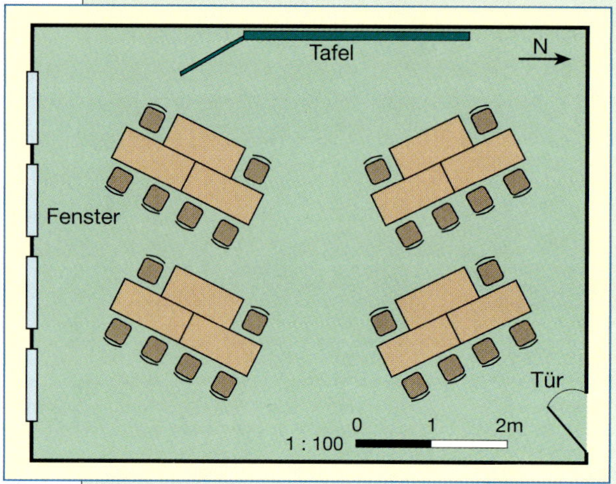

28.1: Plan eines Klassenzimmers

Der **Maßstab** sagt uns, in welchem Verhältnis die Karte gegenüber der Wirklichkeit verkleinert wurde.

Maßstab	Strecke auf der Karte	Strecke in der Wirklichkeit
1:**25000** (großer Maßstab)	1 cm	25000 cm = 250 m
1:**50000**	1 cm	50000 cm = 500 m
1:**1000000** (kleiner Maßstab)	1 cm	1000000 cm = 10000 m = 10 km

Merke: Verwende beim Verhältnis stets die gleiche Längeneinheit (z. B. 1:100 bedeutet 1 cm auf der Karte entspricht 100 cm in Wirklichkeit). Hinweis: Umrechnung von Zentimeter in Meter: zwei Nullen „wegstreichen"; von Meter in Kilometer: drei Nullen „wegstreichen".

28.2: Maßstab und Maßstabszahl

Regel:
Je größer die **Maßstabszahl**, desto stärker die Verkleinerung.

Statt mit der Maßstabszahl kann man auch mit der Maßstabsleiste arbeiten und dort die entsprechende Größe in Wirklichkeit ablesen (Abb. 28.1).

Beispiel 1: Für einen Klassenausflug messt ihr auf einer Karte mit dem Maßstab 1:50000 eine Wanderstrecke mit 20 cm Länge ab. Wie lang ist diese Strecke in Wirklichkeit?

Karte	Wirklichkeit
1 cm	50000 cm = 500 m
20 cm = 20 x 1 cm	20 x 500 m = 10000 m = 10 km

Die Strecke ist in Wirklichkeit 10 km lang.

Beispiel 2: Die Strecke zwischen Stuttgart und Karlsruhe beträgt 60 km. Wie lang ist diese Strecke auf einer Karte mit dem Maßstab 1:300000?

Karte	Wirklichkeit
1 cm	300000 cm = 3000 m = 3 km
? cm	60 km (= 20 x 3 km)
20 x 1 cm	20 x 3 km (= 60 km)

Die Strecke ist auf der Karte 20 cm lang.

Beispiel 3: Eine 8 cm lange Strecke auf der Karte ist in Wirklichkeit 240 km lang. Welchen Maßstab hat die Karte?

Karte	Wirklichkeit
8 cm	240 km
1 cm	240 km : 8 = 30 km
1 cm	30 km = 30000 m = 3000000 cm

Die Karte hat den Maßstab 1:3000000.

28.3: Rechenbeispiele

1. Welcher Maßstab liegt in Abb. 28.4 jeweils vor?
2. Zeichne das Klassenzimmer in Abb. 28.1 im Maßstab 1:200 in dein Heft. Überlege dir für die einzelnen Bankreihen eine Signatur.
3. Auf einer Karte mit dem Maßstab 1:200000 ist die kürzeste Entfernung eines Ortes zum Meer 8 cm. Wie groß ist diese Entfernung in Wirklichkeit?
4. Karte A hat den Maßstab 1:1000000, Karte B 1:200000, Karte C 1:25000 und Karte D 1:500000.
   Welche Karte zeigt das größte Gebiet, welche die meisten Einzelheiten?

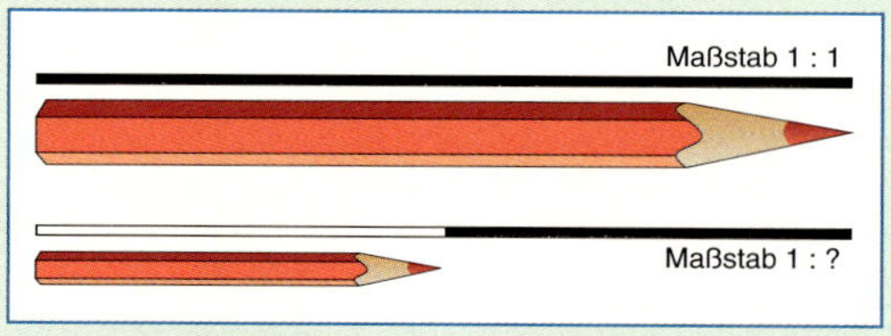

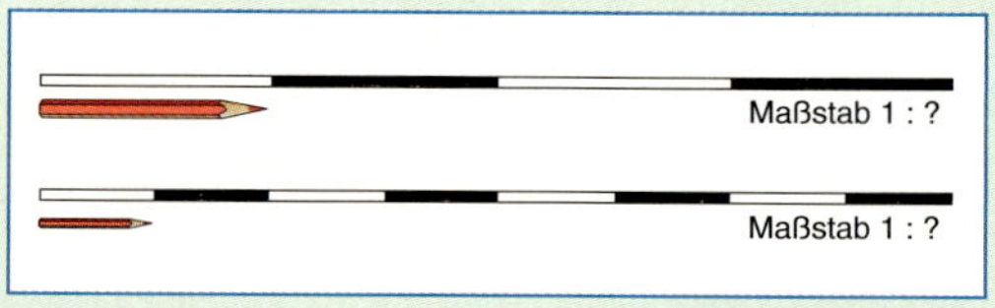

28.4: Ein Bleistift in verschiedenen Maßstäben

GEO Praxis — Wir suchen einen Schatz

Vor mehr als zweihundert Jahren haben Seeräuber einen Schatz auf Maula-Paula versteckt. Jetzt ist eine alte Beschreibung zum Versteck aufgetaucht.

1. Sucht die Stelle, wo der Schatz vergraben ist.
2. Legt ein Transparentpapier über die Karte und zeichnet den Weg zum Schatz und die Fundstelle ein. Um sicher zu sein, ob ihr an der richtigen Stelle grabt, noch ein Hinweis: Genau im Osten seht ihr den Turm des zweiten Forts in 3 km und die NW-Spitze der Insel in 4 km Entfernung.
3. Weil die Schatzkiste schwer ist, sucht einen Rückweg, der bequem, aber auch nicht zu weit ist.
4. Ermittelt den Maßstab der Karte.
5. Zeichnet ein Profil in N-S-Richtung über den höchsten Punkt der Insel. Erklärt anhand des Profils, warum die Südküste unzugänglicher als die Nordküste ist.

„Ankert in der Bucht im NW der Insel, denn die Südküste ist unzugänglich und es ist besser, wenn euch die Inselbewohner nicht zu Gesicht bekommen ... Ihr seid an der richtigen Stelle, wenn ihr den Turm des alten Forts in 3 km Entfernung in nordöstlicher Richtung seht. Vom Ankerplatz geht ihr genau nach Süden, bis ihr an einen kleinen Fluss kommt. Jetzt müsst ihr flussaufwärts gehen, bis von links ein weiterer Fluss einmündet. Ihr nehmt den aus Süden kommenden Fluss, bis der sich verzweigt. An dieser Stelle muss man 1 km nach Osten gehen. Dort liegt der Schatz vergraben."

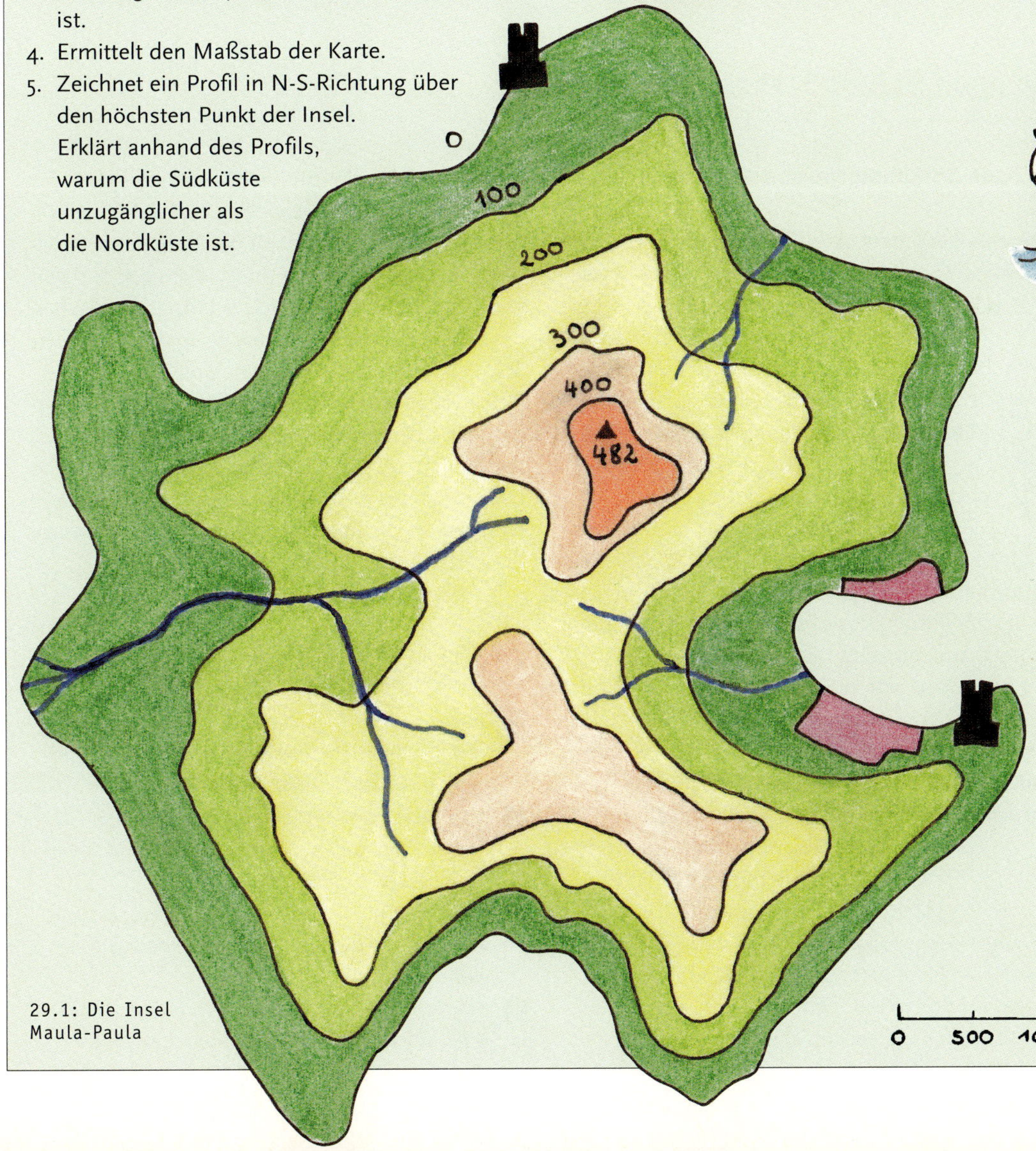

29.1: Die Insel Maula-Paula

30.1: Nick, Katharina, Annik und David

30.3: Friedrich-Gymnasium in Freiburg

Die neue Schule – alles ist anders

Die neue Schulumgebung erkunden

30.2: FG-Logo

Das FG im Internet:
www.friedrich.fr.schule-bw.de

Katharina berichtet: „Annik, David, Nick und ich sind seit Beginn des Schuljahres in der Klasse 5c am Friedrich-Gymnasium in Freiburg. Nick wohnt nah bei der Schule, er kann zu Fuß gehen. Die meisten Schüler unserer Klasse kommen aber aus anderen Stadtteilen, manche auch aus Umlandgemeinden. Sie kommen mit dem Bus oder der Straßenbahn zum FG.
In den ersten Tagen war alles ganz schön aufregend. Viele von uns haben den Schulweg mit den Eltern geübt und die Lehrer haben uns auf Gefahrenstellen in der Schulumgebung aufmerksam gemacht.
Sehr spannend war es auch, in einer Rallye unser FG kennen zu lernen und das Schulgelände zu erkunden. Wir sind stolz darauf, dass wir uns in diesem 100-jährigen Schulschloss mit seinen Türmchen und verborgenen Winkeln schon fast wie zu Hause fühlen. Für den Sportunterricht steht uns übrigens eine ganz moderne Halle auf dem Schulgelände zur Verfügung und ein ‚Käfig' als Außensportanlage. Auf dem Dach der neuen Turnhalle gibt es sogar eine eigene Solaranlage, für deren Anschaffung durch einen Energiemarathon Geld gesammelt wurde.
Manche Mitschüler unserer Klasse sind gleich in die Schulgarten-AG eingetreten. Solch eine Naturoase mitten in der Stadt hat wohl Seltenheitswert. Schnell kapieren hier alle, dass Erbsen nicht in Dosen wachsen. Das körperliche Arbeiten an der frischen Luft macht Spaß und außerdem erfährt man nebenbei von den ‚Großen' viele Geheimnisse über die neue Schule. Draußen im ‚grünen Klassenzimmer' kann auch Lateinunterricht stattfinden oder wir können die Lebewesen im Komposthaufen untersuchen.
Übrigens verbringen wir nachmittags oft unsere Freizeit auf dem Schulgelände."

AUFGABEN

1. *Teresa kommt täglich am Hauptbahnhof an. Verfolge ihren Schulweg mit der Straßenbahn zum Friedrich-Gymnasium.*
2. *Max fährt mit dem Fahrrad vom Bahnhof zur Schule. Beschreibe seinen Schulweg und benenne mögliche Gefahrenstellen.*
3. *Zeichne eine Skizze deines Schulweges und überlege, wo du im Verkehr besonders gut aufpassen musst.*
4. *Markiere auf einer Karte die Wohnorte deiner Mitschüler und beschreibe ihren Schulweg.*

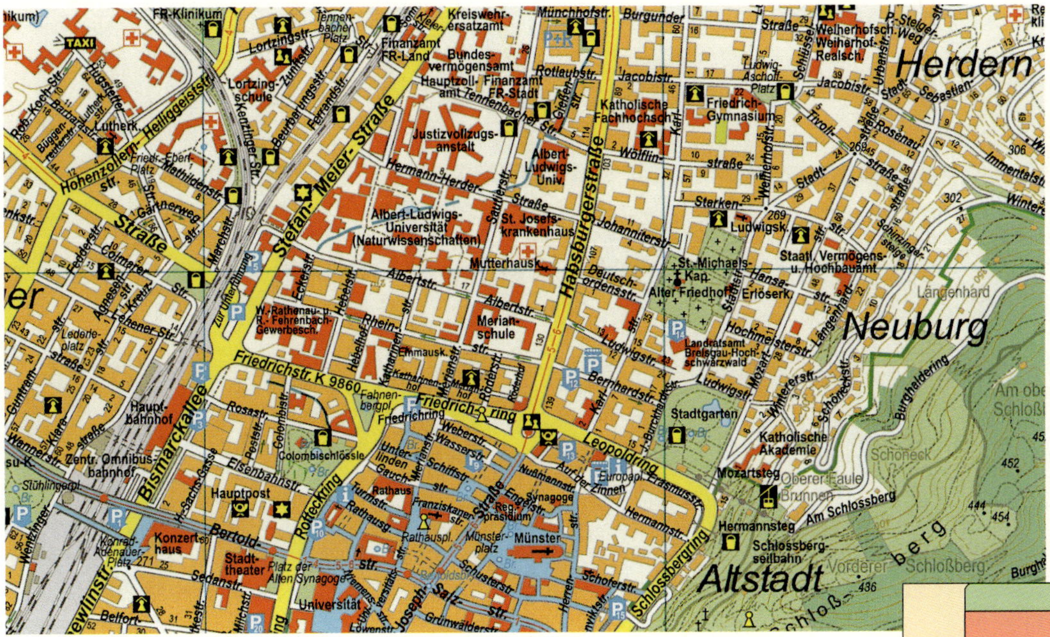

31.1: Ausschnitt aus dem Stadtplan von Freiburg

Der Stadtplan von Freiburg im Internet: *www.freiburg.de*

Mithilfe des Textes und des Plans der Schule (Abb. 31.3) kannst du an der Schulrallye teilnehmen. Reihe die markierten Buchstaben der Lösungswörter aneinander (Abb. 31.4), dann erfährst du, welche Tiere auf dem Dachboden des Friedrich-Gymnasiums wohnen.

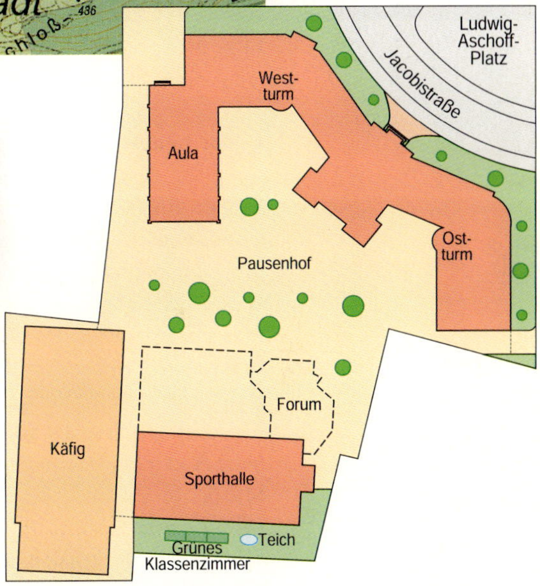

31.3: Plan der Schule
A: Skateboardkurs im Pausenhof,
B: Schulgarten

1. Platz, geeignet für eine Schulversammlung
2. Biotop der Schule
3. Zimmer, wo Klassenbücher zu holen sind und wo man sich krankmelden kann
4. Zahl, mit der alle Zimmernummern im 2. Obergeschoss beginnen
5. Wendeltreppenhaus westlich des Hintereingangs
6. Stadtteil in Freiburg, zu dem das FG gehört
7. Person, die in der Pause etwas zu Essen verkauft bzw. Fundsachen entgegennimmt
8. Außensportanlage
9. Festsaal der Schule
10. Kraftwerk, das die Sonnenenergie nutzt
11. alte Sprache der Römer

31.2: FG-Rallye

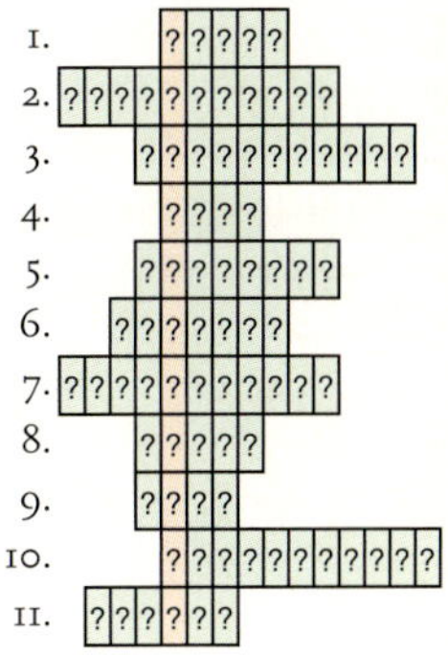

31.4: Lösung

32.2: Die Schulgemeinde am FG

- 480 Schüler
- 17 Klassen
- 50 Lehrer
- 12 Referendare
- 10 ausländische Schüler aus Slowenien, Italien, Österreich, Schweiz, USA
- Sprachen: Latein, Englisch, Französisch oder Griechisch
- AGs: Orchester, Popchor, Unterstufenchor, Theater, Textiles Gestalten, Sport, Informatik, Schulgarten

32.1: FG im Überblick

In der neuen Schulgemeinschaft leben

Fabian aus der Klasse 5a erzählt: „Mit jedem Gong setzen sich Schülerströme durch die Flure und Treppenhäuser der Schule in Bewegung. Wir ‚Neuen' kennen bis jetzt fast nur unsere Klassenkameraden. Die Klassenlehrer haben uns mit vielen Kennenlernspielen den Anfang hier total erleichtert. In der 5a sind wir 30 Schülerinnen und Schüler, die aus sieben Grundschulen hierher kamen. In einem Spiel haben wir uns zu Musik im Zimmer bewegt. Dann stoppte der Lehrer die Musik und wir mussten uns nach verschiedenen Merkmalen in Gruppen ordnen, wie z. B. Größe, Hobbys oder Ähnliches. So gab es immer wieder neue Gruppen. Auch im Fachunterricht arbeiten wir oft in Teams und viele von uns haben schon neue Freunde gefunden."
Bereits nach der ersten Schulwoche werden kleine Ämter in der Klasse verteilt. So werden der Tafeldienst festgelegt und die Klassenbuchordner ausgewählt.
Gegen Ende der zweiten Woche findet die mit Spannung erwartete Klassensprecherwahl statt. Jedem ist klar, dass dies ein verantwortungsvolles Amt ist. Die Klassensprecher helfen, die Probleme einzelner Mitschüler zu lösen, oder tragen die Interessen der Klasse den Lehrern oder der Schülermitverantwortung (SMV) vor.
Als Wahlleiter sammelt der Klassenlehrer die Vorschläge möglicher Kandidaten an der Tafel. Danach erfolgt eine geheime Abstimmung. Jeder Schüler schreibt ein Mädchen und einen Jungen als Lieblingskandidaten auf einen Wahlzettel und gibt ihn ab. Die Auswertung an der Tafel ist dann ein spannendes „Kopf-an-Kopf-Rennen", bis die neue Klassensprecherin und der neue Klassensprecher feststehen.
Anna berichtet: „Ganz toll finde ich, dass es sogar Schülerpaten für uns gibt. Sechs Schülerinnen und Schüler der 9. Klasse betreuen unsere 5a, um uns die Eingewöhnung an der neuen Schule zu erleichtern. Sie werden Ausflüge, Lesenächte und eine Disco mit uns organisieren.
Das Miteinander in der Schule ist eben wie ein Puzzle, bei dem alles nur funktioniert, wenn kein Teil fehlt.

AUFGABEN

1. *Notiere die Schritte bei einer demokratischen Abstimmung und überlege, in welchen Situationen diese in der Schule Anwendung findet.*
2. *Erstellt selbst einen Regelkodex (Abb. 33.1d) für eure Klasse.*
3. *Diskutiert das Puzzle „schulisches Miteinander" (Abb. 33.1) und macht eigene Vorschläge.*

A

Die **Klassensprecherwahl** in der Klasse 5a erfolgt nach richtigen Abstimmungsregeln.

D

Regeln sind gut, doch nur erfolgreich, wenn sich alle daran halten:

- Wir lassen den anderen ausreden!
- Wir respektieren uns gegenseitig und nehmen Rücksicht aufeinander!
- Wir unterstützen uns gegenseitig!
- Wir arbeiten konzentriert!
- Wir sind höflich und pünktlich!
- Wir sind ehrlich und hilfsbereit!
- Wir gehen sorgsam mit unseren Sachen um!
- Wir achten auf Ordnung auf dem Schulgelände!

Der **Schulsanitätsdienst** leistet „erste Hilfe" und kümmert sich um Kranke.

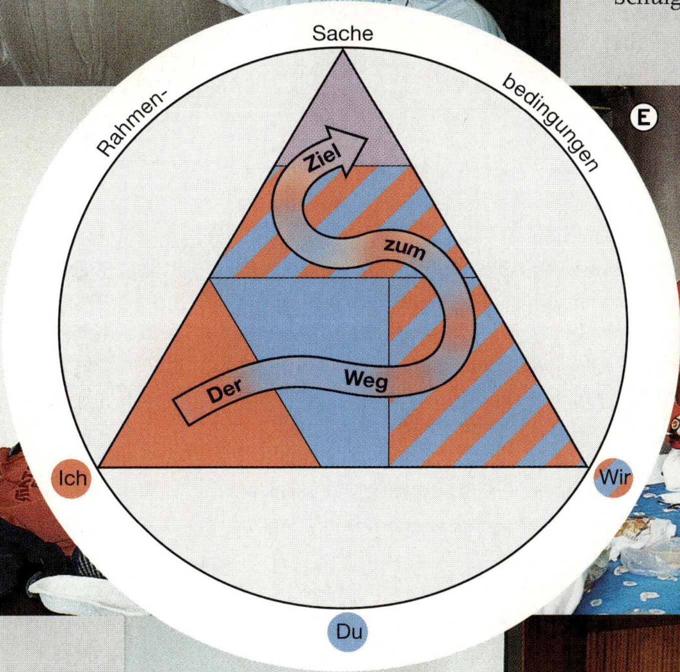

E

Ein Schülerteam ist in der **Cafeteria** zum Ordnungsdienst eingeteilt.

B

C

Durch die Lerntechniken **„Lernen lernen"** werden Wege aufgezeigt, die richtiges Lerntraining ermöglichen:

- Ordnung am Arbeitsplatz halten!
- Hausaufgaben in ein Hausaufgabenheft eintragen!
- Hefte sauber und ordentlich führen!
- Vokabeln mit Lernkarteien lernen!
- Konzentriert den Lernstoff üben und festigen, dabei Entspannungspausen einlegen!
- Sich stets neue Lernziele setzen! Durch Lernerfahrungen in der Gruppe findet jeder seine persönliche Erfolgsstrategie heraus.

Ausgebildete **Schüler-Streitschlichter** helfen Konflikte zu lösen.

F

33.1: Das Puzzle „Schulisches Miteinander"

GEO Wissen — Orientierung auf der Erde

34.1: Planetenrätsel

Unser Sonnensystem

Die Sonne ist ein Fixstern und steht im Mittelpunkt unseres Sonnensystems. Dazu gehören die Planeten, deren Monde sowie Asteroiden, Kometen und Meteoriten. Die Planeten bewegen sich auf fast kreisförmigen (elliptischen) Bahnen auf einer bestimmten Ebene um die Sonne herum. Für einen Umlauf um die Sonne benötigt die Erde 365 Tage, 5 Stunden, 48 Minuten und 46 Sekunden = 1 Jahr. Im Gegensatz zur Sonne, die eine heiße, glühende Gaskugel ist, leuchten die Planeten nicht selbst, sondern reflektieren das Sonnenlicht. So können wir sie am dunklen Nachthimmel sehen.

Unsere Galaxie

Zusammen mit Milliarden anderer Sterne ist unser Sonnensystem ein winziger Teil am Rande einer Galaxie, die wir „Milchstraße" nennen. Sie ist ein spiralförmiges, stark abgeplattetes Gebilde aus Sternen, Gas und Staub. Damit man die unvorstellbar großen Entfernungen begreiflich machen kann, muss man in Lichtjahren rechnen. Die Milchstraße hat einen Durchmesser von 100 000 Lichtjahren. Das Licht, das 300 000 km in einer Sekunde zurücklegt, benötigt also 100 000 Jahre, um unsere Galaxie zu durchqueren.

Unser Kosmos

Aber auch unsere Milchstraße ist nur ein verschwindend kleiner Teil des Weltraums, der auch als Weltall, Kosmos oder Universum bezeichnet wird.

34.2: Sonnensystem, Galaxie, Kosmos

1. Übertrage das Planetenrätsel in dein Heft und löse es (Abb. 34.1). Das Lösungswort ergibt einen Begriff, mit dem du mehr über die Planeten erfahren kannst.
2. Es gibt nicht nur Planeten und Sterne, sondern auch andere Himmelskörper. Was sind Kometen, Meteore, Planetoiden (Asteroiden) und Meteoriten? Informiere dich mithilfe von Astronomiebüchern, Lexika und des Internets.
3. Welche Planeten erkennst du in Abb. 34.3?
4. Gib die neun Planeten des Sonnensystems der Reihenfolge nach an. Beginne mit dem Planeten, der der Sonne am nächsten ist. Folgender Merksatz hilft dir dabei: „Mein Vater erklärt mir jeden Sonntag unsere neun Planeten."
5. Erläutere die beiden Begriffe Erdrotation und Erdrevolution.

34.3: Zwei Planeten des Sonnensystems

1. 30° s. Br./110° w. L. (Treffpunkt aller Hasen im Frühling)
2. 66° n. Br./120° w. L. (Badeplatz von „Meister Petz“)
3. 0°/160° w. L. (Aufenthaltsort des Christkinds)
4. 8° s. Br./40° ö. L. (Tagungsort einer Verbrecherorganisation)
5. 58° n. Br./102° w. L. (Urlaubsort der Weichnachtsschlittenmotoren)
6. 33,5° n. Br./139° ö. L. (Parkplatz für heiße Feuerstühle)
7. 23° s. Br./15° ö. L. (Badebucht für Moby Dick)

35.1 Rätsel zum Gradnetz

1.	Der Äquator teilt die Erdkugel in eine westliche und eine östliche Halbkugel.	O
2.	Die Abstände zweier benachbarter Breitenkreise voneinander sind überall gleich groß.	K
3.	Alle Linien des Gradnetzes sind Kreise. (Dabei gelten Punkte als Kreise!)	A
4.	Der Äquator entspricht dem Breitenkreis 0°.	R
5.	Die Entfernung zweier Längenkreise voneinander ist am Äquator am kleinsten.	N
6.	Alle Längenkreise verlaufen durch die Pole.	T
7.	Der Nullmeridian teilt die Erde in eine nördliche und südliche Halbkugel.	U
8.	Es gibt insgesamt 360 Meridiane.	E
9.	Der Äquator ist der größte Breitenkreis.	N
10.	Auf der Südhalbkugel zählt man 180 Breitenkreise.	S

35.3: Richtige und falsche Aussagen zum Gradnetz

6. Wie heißen die Orte, die in Abb. 35.1 gesucht werden? Benutze deinen Atlas. Hinweis: Suche die Gradnetzangaben zunächst auf einer Weltkarte und verwende dann eine genauere Karte.
7. Welche Aussagen in Abb. 35.3 sind richtig und welche falsch? Die Buchstaben der richtigen Antworten ergeben von oben nach unten ein Lösungswort.
8. Welche Städte werden in Abb. 35.4 gesucht?
9. „Nicht alle Meere auf unserem Planeten sind blau“ (Abb. 35.5). Finde mit dem Atlas heraus, bei welchen Kontinenten diese Meere liegen und welche Länder an sie grenzen.
10. Was versteht man unter der „Datumsgrenze“? In welcher Richtung hat das Schiff von Käpt'n Blaubär die Datumsgrenze überquert (Abb. 35.2)? Von West nach Ost oder von O nach W?

1. 25° N/121° O
2. 0° / 78° W
3. 40° N/ 33° O
4. 5° N/ 4° W
5. 6° S/107° O
6. 42° N/ 87° W

35.4: Koordinaten von sechs großen Städten

a) Rotes Meer
b) Gelbes Meer
c) Weißes Meer
d) Schwarzes Meer

35.5: „Bunte“ Meere

35.2: Käpt'n Blaubär an der Datumsgrenze

Der Natur auf der Spur

Gesteine (Buchstaben A–F):

Magmatisches Tiefengestein

Sediment

Metamorphes Gestein

Magma (Gesteinsschmelze)

Sedimentgestein

Magmatisches Ergussgestein

Vorgänge (Ziffern 1–8):

Erstarrung in der Erdkruste

Aufschmelzung

Verfestigung und Gesteinsbildung

Verwitterung und Abtragung

Erstarrung an der Erdoberfläche

Ablagerung

Umwandlung durch Druck- und Temperaturanstieg

Transport

38.1: Fachbegriffe zum Kreislauf der Gesteine (Abb. 38.2)

Kreislauf der Gesteine

Die feste Erdkruste besteht aus **Gestein**. Es ist das Baumaterial der Landschaft und wird häufig von einer dicken Bodenschicht bedeckt. Manchmal liegt das Gestein auch direkt an der Oberfläche, zum Beispiel an Felswänden und Talhängen, in Steinbrüchen oder Baugruben. Stellen, an denen der Gesteinsuntergrund „aufgeschlossen“, das heißt direkt sichtbar, ist, werden Aufschlüsse genannt. Hier kann man die Gesteine genauer untersuchen. Die einzelnen Bestandteile, aus denen alle Gesteine zusammengesetzt sind, nennt man **Minerale**. Sie liegen oft in Form von Kristallen vor.

Nach ihrer Entstehung unterscheidet man drei verschiedene Gesteinsarten:

- die magmatischen Gesteine
- die sedimentären Gesteine
- die metamorphen Gesteine

Magmatische Gesteine (Erstarrungsgesteine) entstehen aus Magma. So nennt man die glutflüssige, mit Gasen angereicherte Gesteinsschmelze im Inneren der Erde. Gelangt das Magma durch Vulkanausbrüche an die Erdoberfläche, spricht man von Lava. Aus den erstarrten Lavaströmen entstehen die magmatischen Ergussgesteine. Durch die rasche Abkühlung können sich nur kleine Kristalle bilden, die mit dem bloßen Auge kaum zu erkennen sind. Ein typisches magmatisches Ergussgestein ist der Basalt, der manchmal in Säulenform erstarrt.

Wenn das Magma die Erdoberfläche nicht erreicht, erstarrt es in der Erdkruste. Auf diese Weise entstehen magmatische Tiefengesteine. Die langsame Erstarrung führt zur Ausbildung von großen Kristallen, wie zum Beispiel beim hell und dunkel gesprenkelten Granit.

38.2: Kreislauf der Gesteine

An der Erdoberfläche sind die Gesteine Regen, Schnee, Wind, Frost und Hitze ausgesetzt. Durch die **Verwitterung** werden sie immer weiter zerkleinert, bis hin zu Sand und Ton. Dieses Material wird durch Wasser, Wind oder Eis abgetragen, transportiert und als Sediment im Meer abgelagert. Durch den Druck der oberen Sedimentschichten verfestigt sich das tiefer liegende Material zu **Sedimentgestein** (Ablagerungsgestein). Die Schichtung kann man häufig noch erkennen. Oft findet man in Sedimentgesteinen Fossilien (versteinerte Tier- und Pflanzenreste). Zu dieser Gesteinsart gehören zum Beispiel Kalkstein sowie der gelbe bis rötliche Sandstein.

Gelangen die Gesteine in noch größere Tiefen, können sie durch Druck- und Temperaturanstieg zu **metamorphen Gesteinen** (Umwandlungsgesteinen) werden. Das Gestein bleibt zwar fest, verändert aber sein Aussehen. Es enthält Kristalle, diese sind jedoch verformt und häufig in Bändern angeordnet. Der Gneis ist ein typischer Vertreter dieser Gesteinsart. Bei etwa 900 °C werden die metamorphen Gesteine wieder zu Magma aufgeschmolzen. Der Kreislauf hat sich geschlossen.

Durch Hebungs- und Abtragungsvorgänge können die verschiedenen Gesteine wieder an die Erdoberfläche gelangen. Daher findet man oft unterschiedliche Gesteinsarten direkt nebeneinander.

AUFGABEN

1. *Ordne die Fachbegriffe in Abb. 38.1 den verschiedenen Buchstaben (= Gesteine) und Ziffern (= Vorgänge) in Abb. 38.2 zu.*
2. *Beschreibe die Reise eines Sandkorns von der Erdoberfläche bis ins heiße Erdinnere.*
3. *Bestimme, welche Gesteinsarten in den Aufschlüssen Abb. 38.2 A–D dargestellt sind.*

39.1: Aus dem Leben der Steine ...

GEO Praxis | Wir sammeln und bestimmen Gesteine

Du hast bestimmt schon einmal schöne Steine von Ausflügen oder aus dem Urlaub mitgebracht. Wie kann man herausfinden, um welches Gestein es sich handelt? Bei der Gesteinsbestimmung ist es wichtig, dass du frisch abgeschlagene Handstücke (Abb. 41.1) verwendest. Sind die Steine zu lange der Verwitterung ausgesetzt, können sich ihre Merkmale verändern.

Mit einem Geologenhammer kannst du frische Bruchstücke des Gesteins abschlagen. Um deine Augen vor Splittern zu schützen, solltest du dabei unbedingt eine Schutzbrille tragen! Eine Lupe hilft dir, kleine Minerale des Gesteins zu erkennen. Mit ein paar Tropfen verdünnter Salzsäure kannst du nachweisen, ob das Gestein Kalk enthält. Es schäumt dann auf. Sei im Umgang mit der ätzenden Salzsäure vorsichtig, damit sie nicht auf die Haut oder in die Augen gelangt! Am besten trägst du Schutzhandschuhe und eine Schutzbrille.

Zunächst geht es darum, die Gesteinsart festzustellen:

Magmatische Tiefengesteine enthalten grobkörnige, miteinander verzahnte Kristalle verschiedener Form und Größe, die in unterschiedliche Richtungen zeigen.

Magmatische Ergussgesteine sind feinkörniger und besitzen weniger oder keine mit bloßem Auge erkennbaren Kristalle. Sie können blasige Hohlräume enthalten.

Sedimentgesteine setzen sich meistens aus gerundeten oder kantigen Körnern zusammen, die miteinander fest verbacken sind. Manchmal sind sie geschichtet oder können Fossilien (Versteinerungen) enthalten.

Metamorphe Gesteine sind deutlich gebändert. Die Minerale weisen in eine bestimmte Richtung.

40.2: Bei der Gesteinsbestimmung

1. Bestimme die auf S. 41 abgebildeten Handstücke (A–F) mithilfe der Tabelle 40.3 und ordne sie den Gesteinsarten zu.
2. Erstelle einen Steckbrief der Handstücke.
3. Lege eine Gesteinssammlung an. Name, Fundort und Funddatum der Steine solltest du notieren.
4. Viele alte Bauwerke in deiner Umgebung sind aus Gesteinen hergestellt, die in der Umgebung vorkommen. Schreibe Beispiele auf.

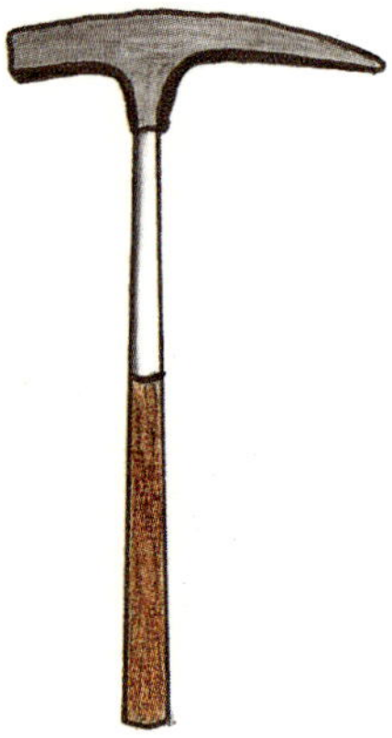

Geologenhammer

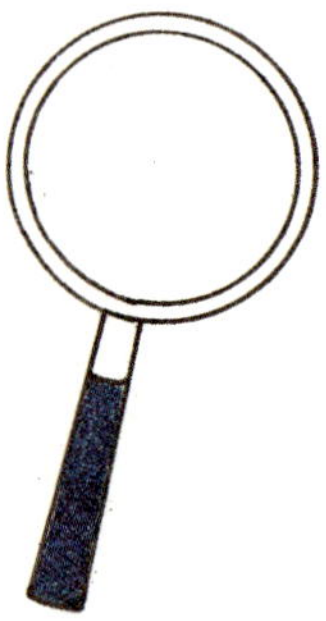

Lupe

Schutzbrille

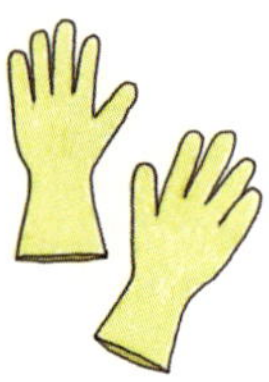

Schutzhandschuhe

verdünnte Salzsäure

40.1: Die Ausrüstung

Merkmale des Gesteins	Granit	Basalt	Sandstein	Kalkstein	Marmor	Gneis
hell			[x]	x	x	
dunkel		x	[x]			
hell und dunkel	x					x
Kristalle (glitzern)	x				x	x
blasige Hohlräume		x				
verbackene runde Körnchen			x	x		
glatte Oberfläche				x		
raue Oberfläche	x	x	x		x	x
geschichtet			[x]	[x]		x
gebändert/geschiefert					x	x
enthält Versteinerungen				[x]		
schäumt mit verdünnter Salzsäure				x	x	

40.3: Tabelle zur Gesteinsbestimmung (x = Merkmal trifft zu, [x] = Merkmal trifft manchmal zu)

41.1: Handstücke

42.2: Wolkenlos am 1. Juli

42.3: Regenwolken am 3. Juli

Wetter
entsteht durch das Zusammenwirken verschiedener Wetterelemente

Das Wetter

42.1: Wetterelemente

Jeden Morgen beschäftigst du dich mit dem **Wetter** und fragst dich: „Was soll ich heute anziehen?" Um das zu entscheiden, schaust du aus dem Fenster oder gehst kurz nach draußen. Du beobachtest einige der verschiedenen **Wetterelemente** – das sind die Bausteine des Wetters (Abb. 42.1).
„Brauche ich einen Pullover oder reicht ein T-Shirt?" Um Wärme oder Kälte einzuschätzen, musst du die **Temperatur** der Luft, die von der Strahlung der Sonne abhängig ist, herausfinden. Draußen kannst du spüren, wie warm oder kalt es ist. Genau messen kannst du die Temperatur mit einem Thermometer in Grad Celsius (°C).
„Nehme ich meinen Regenschirm mit, obwohl es jetzt noch nicht regnet?" Hier beobachtest du die **Bewölkung**, das heißt die Bedeckung des Himmels mit Wolken. Je dunkler und dichter die Bewölkung ist, umso größer ist die Wahrscheinlichkeit, dass es regnen wird.
„Ziehe ich die Regenjacke und Gummistiefel an?" In diesem Fall beurteilst du die Art und Menge des **Niederschlags**. So nennt man Wasser, das aus der Luft die Erdoberfläche erreicht, z. B. Schnee, Regen, Niesel, Tau, Hagel, Graupel oder Reif. Die Menge der Niederschläge wird mit einem Regenmesser ermittelt und in Millimeter (mm) angegeben. Ein Millimeter Niederschlag entspricht einem Liter pro Quadratmeter (l/m^2).
„Kann ich heute meinen Drachen steigen lassen?" Das ist abhängig vom **Wind**. Du schätzt die Windstärke und die Windrichtung ab. Genau messen kann man die Windstärke mit einem Anemometer in Kilometern pro Stunde (km/h). Die Windrichtung ermittelt man mit einer Windfahne. Wind ist eine Ausgleichsströmung zwischen Gebieten mit hohem Luftdruck und Gebieten mit tiefem Luftdruck (Abb. 42.4).
Das Wetter als Zusammenwirken dieser Erscheinungen und Vorgänge bezeichnet den augenblicklichen Zustand der **Atmosphäre**. Das ist die Lufthülle, welche die Erde umgibt und ohne die kein Leben auf der Erde möglich wäre.

Luftdruck
Über uns befindet sich eine etwa 10 km hohe Luftsäule. Da auch Luft ein Gewicht besitzt, übt diese riesige Menge einen enormen Druck auf die Erdoberfläche aus – den Luftdruck. Dieser wird mit einem Barometer gemessen. Der Normaldruck auf Höhe des Meeresspiegels beträgt 1013 Hektopascal (hPa) und entspricht dem Druck einer Wassersäule von 10,13 m! Wir leben also auf dem Grund eines „Luftmeeres", das die ganze Erde umgibt. Mit zunehmender Höhe, beispielsweise im Gebirge, nimmt der Luftdruck ab. Im Basislager des Mount Everest in 5500 m ü. NN ist er um die Hälfte geringer. Auch durch das Wetter kann sich der Luftdruck ändern. Wenn Luftmassen aufsteigen, sinkt der Luftdruck am Boden. Es entsteht ein Tiefdruckgebiet (T) mit Bewölkung und Niederschlägen. Bei absinkenden Luftmassen entwickelt sich ein Hochdruckgebiet (H) mit wolkenlosem Himmel.

42.4: Aus einem Lexikon

Dem Wetter auf der Spur

Das Wetter kann sich sehr schnell ändern, aber auch über mehrere Tage oder sogar Wochen gleich bleiben. Wenn deine Klasse zum Beispiel einen Wandertag plant, möchtest du vorher wissen, wie das Wetter an diesem Tag wird. Der Wetterbericht und die Wettervorhersage helfen dir dabei. In tausenden von Wetterstationen auf der ganzen Welt wird das Wetter beobachtet und aufgezeichnet. Die Messmethoden sind überall gleich. Neben der Temperatur werden Niederschlag, Sonnenstunden, Windgeschwindigkeit, Windrichtung und Luftdruck gemessen. Die Ergebnisse werden an die zentralen Wetterämter – in Deutschland an den Deutschen Wetterdienst (DWD) – gesendet. Die Meteorologen, das sind Wetterforscher, werten die Messergebnisse mit Computern aus. Seit es Wettersatelliten gibt, werden die Messungen durch Satellitenbilder ergänzt (Abb. 43.2).

Aus den Ergebnissen wird der Wetterbericht erstellt. Auch eine Wettervorhersage für die folgenden Tage ist möglich. Die Meteorologen stellen die Ergebnisse in einer Wetterkarte dar (Abb. 43.3). Diese zeigt ein bestimmtes Gebiet, zum Beispiel Deutschland. Vereinfacht sind hier die verschiedenen Wetterelemente dargestellt, sodass jeder Angaben über das Wetter an seinem Wohnort ablesen kann. Wetterkarten findest du in der Zeitung, im Fernsehen oder sehr aktuell und schnell im Internet.

Die Wettervorhersage am 19. Januar
Das umfangreiche Tiefdruckgebiet mit Zentrum über dem Nordatlantik bestimmt das Wetter in Mitteleuropa. Ausläufer erreichen uns aus westlicher Richtung Deutschland und sorgen für starke Bewölkung mit Regen und Schneeregen. Die Tageshöchsttemperaturen erreichen Werte von –1°C im Südosten Deutschlands bis 6°C an der Küste. Nachts liegen die Tiefstwerte zwischen –3 und 1°C. Es weht ein schwacher Wind aus südwestlicher Richtung.
Die weiteren Aussichten
Es verstärkt sich der Zustrom milder Luftmassen. Das Wetter ist unbeständig bei nachlassenden Niederschlägen. Die Temperaturen steigen leicht an und erreichen zwischen 2 und 7°C.

43.1: Wettervorhersage

43.2: Satellitenbilder helfen bei der Wettervorhersage

AUFGABEN

1. *Beschreibe das momentane Wetter an deinem Schulort mithilfe der Wetterelemente .*
2. *Werte die Wetterkarte aus (Abb. 43.3).*
3. *Vergleiche die Wettervorhersagen eines Tages aus Fernsehen, Radio, Zeitung und Internet und erkläre ihre Vor- und Nachteile.*

www.wetter.com
www.wetterspiegel.de
www.wetter-online.de
aktueller Wetterbericht, Wettervorhersage, Wetterkarten, Satellitenbilder, Niederschlagsradar ...

www.dwd.de
auch spezielle Wettervorhersagen für Landwirtschaft, Schifffahrt, Luftfahrt ...

www.wetterzentrale.de
wissenschaftliche Wetterinformationen, u.a. Wetterkameras (Webcams) in ganz Deutschland, umfangreiche Linkliste

www.unwetterzentrale.de
Unwetterwarnungen für Regen, Schnee, Gewitter, Wind und Glatteisregen

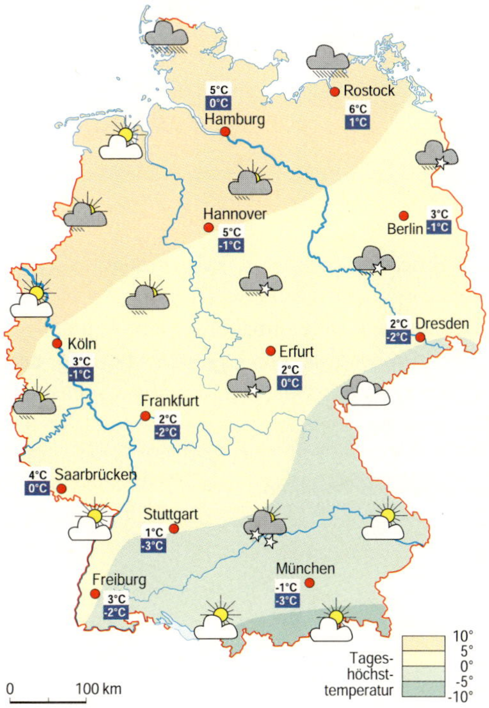

43.3: Wetterkarte von Deutschland

Experiment 1:
Korken
Glasschale
Trinkglas
Wasser

Experiment 2:
Postkarte
Trinkglas
Wasser

Experiment 3:
Teebeutel
Feuerzeug
Schere

Experiment 4:
Luftballon

Experiment 5:
Großes Glas
heißes Wasser
Metallschale
Eiswürfel

44.1: Materialliste

GEO Praxis — Wir machen Wetter-Experimente

Den Luftdruck spüren wir nur, wenn er sich rasch ändert, zum Beispiel beim Start eines Flugzeuges. Mit einfachen Experimenten kann man ihn aber sichtbar machen.

Experiment 1: Lege einen Korken in eine Glasschale mit Wasser. Stülpe ein Trinkglas über den Korken und drücke es unter die Wasseroberfläche (Abb. 44.3A). Was beobachtest du?

Experiment 2: Dass der Luftdruck in alle Richtungen wirkt, kannst du mit diesem Experiment nachvollziehen: Fülle ein Trinkglas randvoll mit Wasser und decke es mit einer Postkarte so ab, dass die glatte Bildseite zum Wasser zeigt. Halte die Postkarte fest und drehe das Glas mit der Karte um. Nun lasse die Karte los (Abb. 44.3B).

44.3: Luftdruck wirkt in alle Richtungen

Experiment 3: Warme Luft ist leichter als kalte Luft und steigt daher nach oben. Das macht sich ein aufsteigender Heißluftballon zunutze, indem er die Luft in der Ballonhülle erhitzt. Mit folgendem Experiment kannst du den Vorgang beobachten. Schneide das obere Ende eines Teebeutels ab und schütte den Tee aus. Falte den Teebeutel auseinander und stelle die entstandene Papierröhre auf den Tisch. Zünde sie am oberen Ende an und beobachte, was passiert (Abb. 44.2).

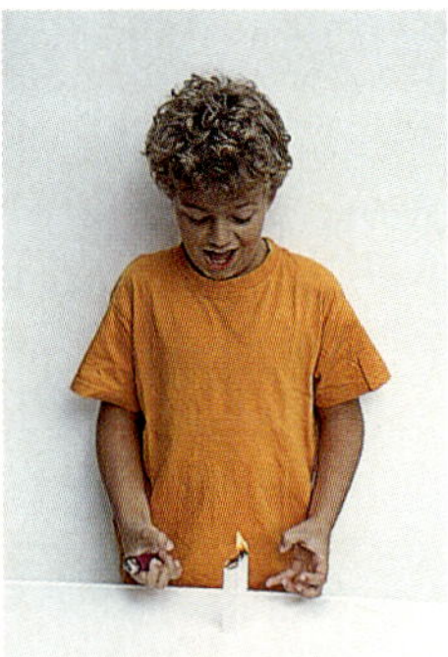

44.2: Der brennende Teebeutel

Experiment 4: Wind ist eine Ausgleichsströmung vom hohen Luftdruck zum tiefen Luftdruck. Wenn du einen Luftballon aufbläst und die Luft entweichen lässt, kannst du deinen eigenen Wind erzeugen (Abb. 44.4). Ist der Luftdruck im aufgeblasenen Ballon höher oder niedriger als in der Umgebungsluft?

44.4: Der Wind aus dem Ballon

Experiment 5: Durch Wärme verdunstet Wasser, das dann als unsichtbarer Wasserdampf in der Luft enthalten ist. Warme Luft kann mehr Wasserdampf speichern als kalte Luft. Kühlt sich Luft z. B. beim Aufsteigen ab, so kondensiert der Wasserdampf zu sichtbaren Wassertröpfchen: Eine Wolke entsteht. Bei weiterer Abkühlung und Kondensation werden die Wassertröpfchen größer und es beginnt zu regnen. In einem großen Glas mit heißem Wasser kannst du das Verdunsten und Kondensieren nachvollziehen, indem du das Glas durch eine Metallschale mit Eiswürfeln abdeckst. Beobachte, was im Glas passiert.

44.5: Die Wolke im Glas

GEO Praxis — Wir bauen eine Wetterstation

Mit einer selbst gebauten Wetterstation kannst du die Wetterelemente beobachten und messen.

Temperatur
Als Messgerät dient ein Thermometer (Abb. 45.2). Es muss an einem geschützten, schattigen Platz im Freien aufgehängt werden. Die Messwerte werden um 7, 14 und 21 Uhr abgelesen und in Grad Celsius (°C) angegeben. Die Abendtemperatur wird zweifach gewertet. Du erhältst die Tagesdurchschnittstemperatur, wenn du die vier Werte zusammenzählst und durch vier teilst.

Luftdruck
Steigender Luftdruck ist ein Anzeichen für schönes Wetter, bei sinkendem Luftdruck wird das Wetter oft schlecht. Mit einem Barometer misst man den Luftdruck einmal täglich zur gleichen Zeit. Du kannst dir ein einfaches Barometer selber bauen (Abb. 45.3) und benötigst dafür ein leeres Schraubglas mit einer weiten Öffnung, einen großen Luftballon, einen Strohhalm, Klebeband und ein Lineal. Schneide den Hals des Luftballons ab. Ziehe den Luftballon über die Öffnung des Glases. Klebe den Ballon mit Klebeband am Rand des Glases fest. Es darf kein Leck geben! Befestige den Strohhalm in der Mitte des Ballons mit Klebeband. Um die Veränderung des Luftdrucks zu messen hältst du das Lineal senkrecht neben den Strohhalm. Notiere den Wert einmal täglich. Wandert der Zeiger (Strohhalm) nach oben, ist der Außendruck höher als der Luftdruck im Glas. Fällt der Luftdruck, so ist der Druck im Glas höher als außen. Der Zeiger wandert nach unten.

Niederschlag
Die Höhe des Niederschlags wird mit einem Regenmesser ermittelt und in Millimetern (mm) angegeben. Um einen Regenmesser zu bauen, benötigst du eine leere Plastikflasche, Klebeband, Steine, ein durchsichtiges Lineal und einen dünnen, wasserfesten Stift. Schneide den oberen Teil der Plastikflasche vorsichtig ab. Der obere Teil der Flasche ergibt später den Trichter. Lege einige Steine in den unteren Teil der Flasche, damit sie sicher steht. Fülle die Flasche mit Wasser, bis die Steine bedeckt sind. Markiere den Wasserspiegel auf der Flasche mit dem wasserfesten Stift und stecke den Trichter in den Flaschenhals, damit weniger Wasser verdunstet (Abb. 45.4). Stelle den Regenmesser draußen auf und lies die Niederschlagsmenge einmal täglich zur gleichen Zeit ab, indem du das Lineal an die Wasserstandsmarkierung hältst. Schreibe die Millimeter-Angaben auf und gib auch die Niederschlagsart an (Regen, Niesel, Schnee, Hagel, Tau). Anschließend leerst du den Regenmesser wieder bis zur Markierung des Wasserspiegels.

Wind
Für die Messung des Windes ist zunächst die Windstärke wichtig. Du kannst sie schätzen und mit windstill, windig, stark windig oder stürmisch notieren. Außerdem kannst du die Windrichtung feststellen. Der Wind erhält seinen Namen (z. B. Südwest-Wind) immer nach der Richtung, aus der er kommt. Die Windrichtung bestimmt man mit einer Wetterfahne, die mit einem Kompass ausgerichtet werden muss.

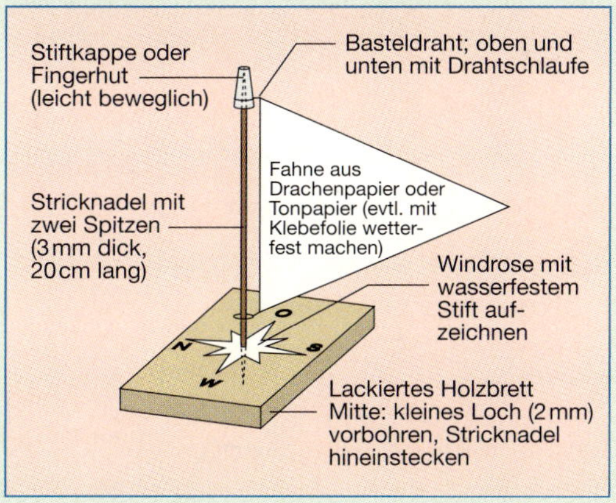

45.1: Wetterfahne

Bewölkung
Schätze, wie stark der Himmel mit Wolken bedeckt ist: ○ wolkenlos, ◔ heiter, ◑ wolkig, ◕ stark bewölkt, ● bedeckt.

Richte eine Wetterstation ein und führe einen Monat lang ein Wettertagebuch, in dem du die Beobachtungen und Messwerte festhältst.

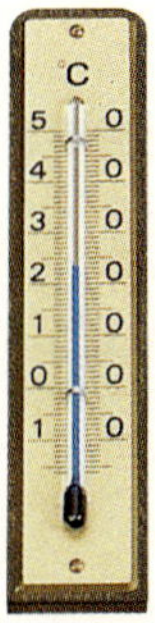

45.2: Thermometer

45.3: Barometer

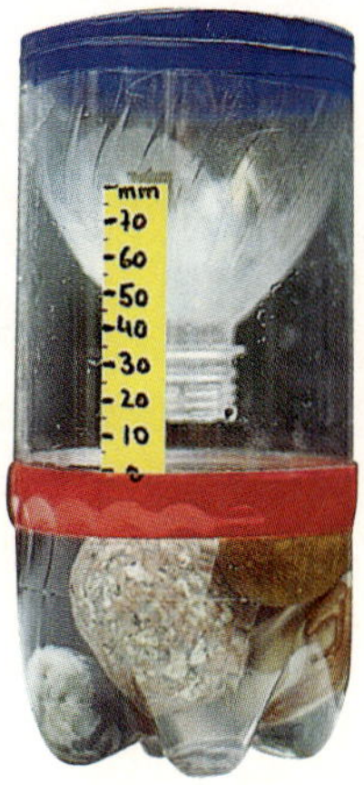

45.4: Regenmesser

GEO Praxis | Vom Wetter zum Klima

Du fährst mit deinen Eltern in den Sommerferien auf die Nordseeinsel Sylt und würdest gerne wissen, wie das Wetter dort sein wird. Eine langfristige Wettervorhersage ist aber ungenau, da sich das Wetter schnell ändern kann. Im Reiseführer findest du daher nur Angaben über das **Klima** auf Sylt.

Das Klima bezeichnet den durchschnittlichen Verlauf des Wettergeschehens, gemessen über einen Zeitraum von mindestens 30 Jahren. Die wichtigsten Klimaelemente – Temperatur und Niederschlag – werden gemessen und ausgewertet. Die Messmethoden hast du bereits kennen gelernt. Erst wenn man Mittelwerte berechnet, kann man erkennen, wie das Wettergeschehen an einem Ort im Durchschnitt vieler Jahre verläuft.

Eine Klimatabelle wird erstellt

Die Monatswerte von Temperatur (Durchschnittswert) und Niederschlag (Summe) werden in **Klimatabellen** aufgezeichnet. Aus den Monatswerten eines ganzen Jahres kannst du die Jahresdurchschnittstemperatur und die Summe der Jahresniederschläge berechnen.

List auf Sylt, 26 m ü. NN, 55° N / 8° O

	J	F	M	A	M	J	J	A	S	O	N	D	Jahr
T (°C)	1,6	1,5	3,3	6,5	11,1	14,0	16,2	16,6	13,8	10,1	5,9	3,3	8,7
N (mm)	59	38	49	37	37	54	55	71	85	88	90	72	734

46.1: Klimatabelle von List auf Sylt

www.klimadiagramme.de

Um Klimatabellen miteinander vergleichen zu können, ist es wichtig, den Namen der Klimastation, die Höhenlage und die Koordinaten zur Bestimmung der Lage im Gradnetz anzugeben.

Wir werten ein Klimadiagramm aus

Anschaulicher als eine Klimatabelle ist ein **Klimadiagramm**. In der Kopfzeile kannst du den Namen der Klimastation, ihre Höhenlage und die geographischen Koordinaten sowie die Jahresdurchschnittstemperatur und die Jahresniederschläge ablesen. Anhand der roten Temperaturkurve ermittelst du den wärmsten und den kältesten Monat. Der höchste Wert wird als Maximum, der niedrigste als Minimum bezeichnet. Jetzt kannst du die Temperaturamplitude (Unterschied zwischen dem wärmsten und dem kältesten Monat) berechnen. Mithilfe der blauen Niederschlagskurve kannst du den Monat mit den höchsten und den geringsten Niederschlägen (Maximum und Minimum) ablesen. Bestimme diese Werte anhand des Klimadiagramms von Sylt (Abb. 46.2).

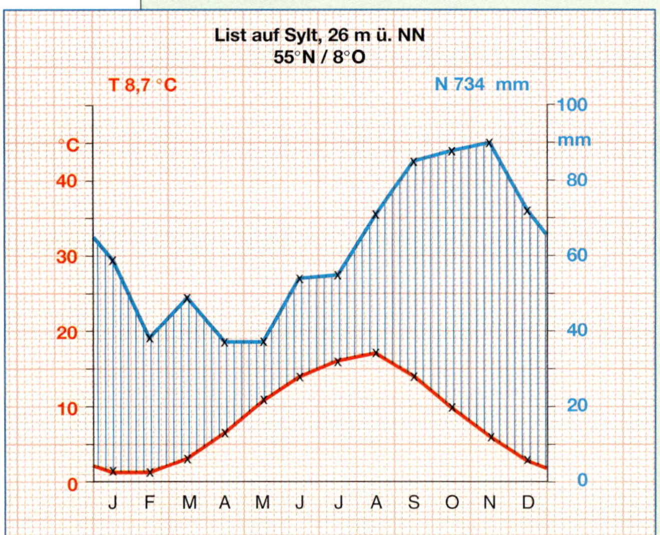

46.2: Klimadiagramm von List auf Sylt

Im Internet findest du Angaben zu zahlreichen Klimastationen auf der ganzen Welt. Besorge dir ein Klimadiagramm für deinen Heimatraum und vergleiche es mit dem von Sylt (Abb. 46.2).

GEO Praxis – Wir zeichnen ein Klimadiagramm

Stuttgart-Schnarrenberg, 314 m ü. NN, 48° 50' N / 9° 12' O

	J	F	M	A	M	J	J	A	S	O	N	D	Jahr
T (°C)	0,5	2	5	9	13	16	18	18	15	10	5	1,5	9,5
N (mm)	38	35	39	54	84	93	63	76	53	41	48	41	666

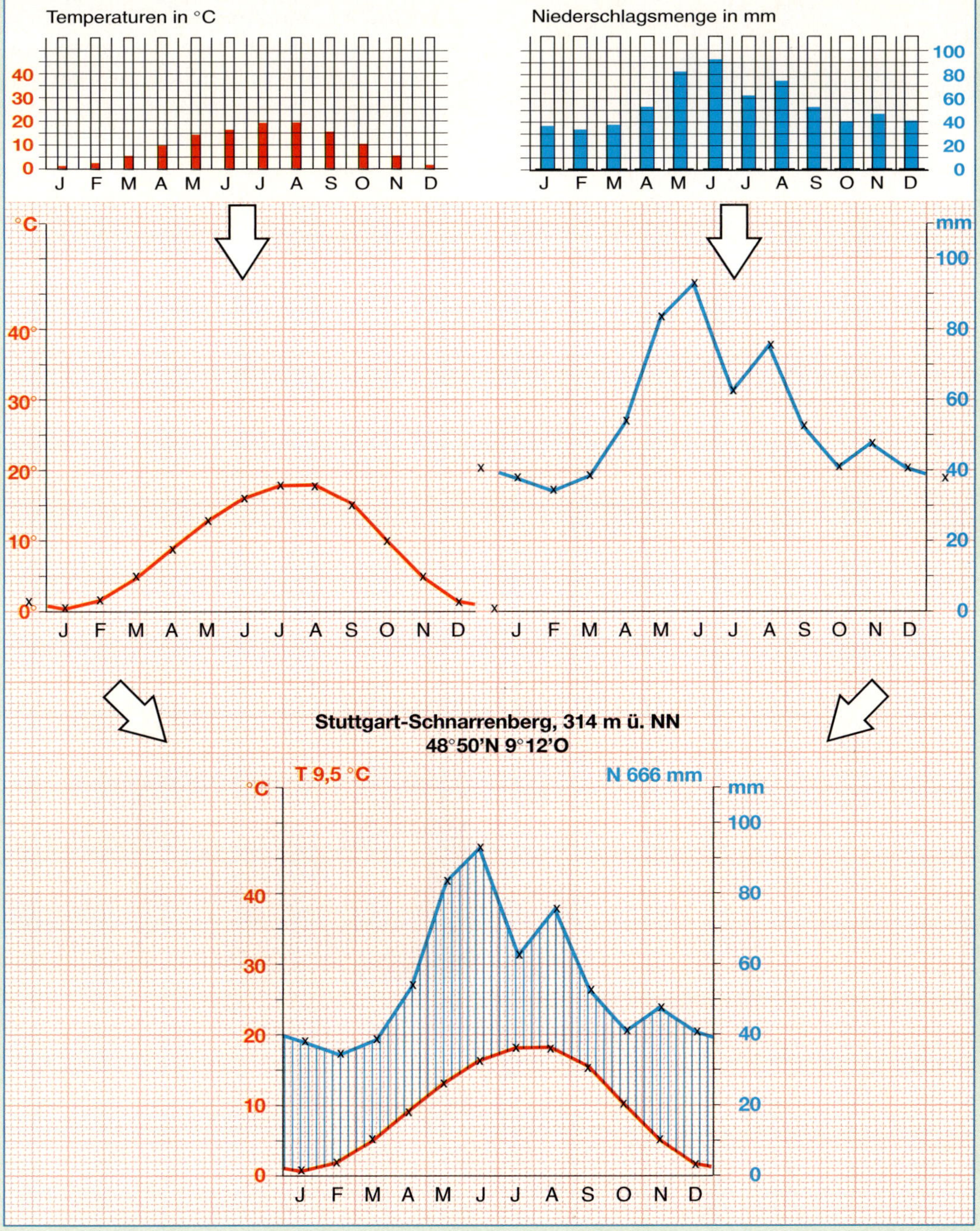

47.1: Ein Klimadiagramm entsteht

1. Zeichne links die senkrechte Temperaturskala und trage die Temperaturwerte ein (1 cm entspricht 10 °C).

2. Zeichne die 6 cm lange waagerechte Monatsskala bei 0 °C und trage die Anfangsbuchstaben der Monate ein (ein Monat entspricht 0,5 cm).

3. Zeichne rechts die senkrechte Niederschlagsskala und trage die Niederschlagswerte ein (1 cm entspricht 20 mm Niederschlag).

4. Trage mit einem feinen roten Stift die Temperaturwerte aus der Klimatabelle in der Mitte der Monate auf der entsprechenden Höhe der Temperaturskala ein. Verbinde die Kreuzchen zu einer Temperaturkurve.

5. Trage mit einem feinen blauen Stift die Niederschlagswerte aus der Klimatabelle in der Mitte der Monate auf der Höhe der Niederschlagsskala ein. Verbinde die Kreuzchen zu einer Niederschlagskurve.

6. Schraffiere den Bereich zwischen der Temperatur- und der Niederschlagskurve blau.

7. Beschrifte die Kopfzeile.

Boden – was ist das?

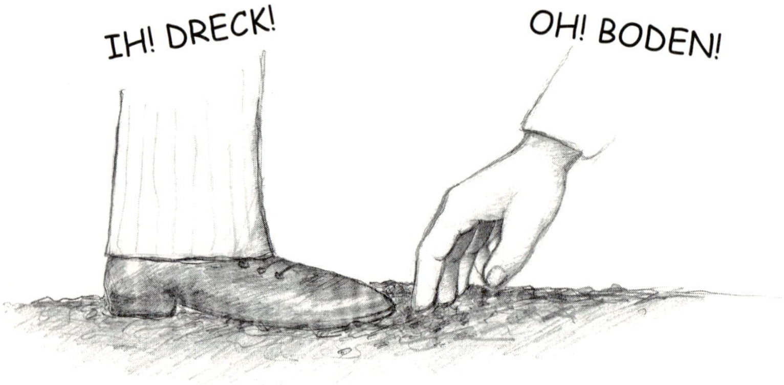

48.1: Was ist Boden?

Die Kontinente der Erde sind mit lauter Abfall bedeckt, denn genau das ist **Boden**: Ein Gemisch aus zersetztem Gestein und abgestorbenen Pflanzen und Tieren. Luft und Wasser füllen die winzigen Lücken im Boden.
Doch ohne den Boden wäre die Erde eine kahle Wüste. Er bildet die Lebensgrundlage für alle Landlebewesen. Auch der Mensch könnte ohne den Boden nicht auf der Erde leben. Hier wachsen Nahrungsmittel, Futter für die Tiere und Holz. Unser Trinkwasser stammt häufig aus dem Grundwasser, das durch den Boden gefiltert und gespeichert wird.

Auf einem Waldboden liegen Laub und Nadeln, die so genannte Streu. Heben wir die Streulage Schicht für Schicht ab, so erkennen wir, dass Laub und Nadeln in der Tiefe zunehmend stärker zersetzt sind, bis sich schließlich keine Pflanzenreste mehr erkennen lassen. Das liegt daran, dass der Boden von einer unglaublichen Vielzahl von Lebewesen bewohnt ist. Es leben mehr Tiere im Boden als in allen anderen Lebensräumen auf der Erde zusammen! Sie ernähren sich von der Streu und zersetzen sie dadurch. So entsteht Humus. Der Humusgehalt des Bodens ist entscheidend für seine Fruchtbarkeit.

Neben der Streu ist das Gestein der „Rohstoff“ für die Bodenbildung. Wind und Wetter tragen das Gestein ab und zerkleinern es. Eine **Verwitterungsschicht** entsteht. Das Klima spielt bei der Bodenbildung eine entscheidende Rolle. Es dauert je nach Klima 1000 bis 10 000 Jahre, bis sich aus dem Gestein ein Boden gebildet hat.

Hallo, ich bin Lumbricus, der Regenwurm!

In meinem Lebensraum, dem Boden, bin ich eine bedeutende Persönlichkeit, weil ich die Erde fruchtbar machen kann. Wie ich das fertig bringe? Meine Lieblingsspeise sind abgestorbene Pflanzenteile, die ich nachts in meine Wohnröhre ziehe. Dort werden sie durch Kleinstlebewesen zersetzt. Wenn ich die Pflanzenreste esse, wandeln sie sich in meinem Körper um und werden aus meinem Hinterteil wieder ausgeschieden – als wertvoller Dünger. Außerdem kann ich den Boden durchmischen. Du meinst vielleicht: So ein kleiner Wurm, was kann der schon ausrichten? Aber ich bin ja nicht allein. Forscher haben einen Hektar Weideland untersucht und herausgefunden, dass das Gewicht der Würmer im Boden doppelt so groß war wie das der oben weidenden Kühe! Außerdem haben wir viele Helfer, z. B. Bakterien, Asseln, Tausendfüßler und Milben, aber auch Pilze und Algen. Die meisten Bodenlebewesen sind so klein, dass du sie nur unter dem Mikroskop erkennen kannst. Aber die Menge machts – in jeder Hand voll Boden gibt es mehr Lebewesen als Menschen auf der Erde!

48.2: „Monster“ aus dem Untergrund

AUFGABEN

1. *Erkläre, warum der Boden für den Menschen so wichtig ist.*
2. *Beschreibe die Entstehung des Bodens.*
3. *Wie macht der Regenwurm den Boden fruchtbar?*

GEO Praxis

Wir untersuchen Böden

Experiment 1: Entnehmen einer Bodenprobe
Hebe mit einem Spaten ein Stück Boden aus und entferne den oberen Teil mit den Pflanzenwurzeln. Fülle einen 1-Liter-Gefrierbeutel mit Erde. Sammle diese Bodenproben in unterschiedlichen Gegenden (z. B. in Flussnähe, im Wald, im Garten, auf einem Feld).

Experiment 2: Bestimmung der Bodenart
Nimm von jeder Bodenprobe einen Esslöffel voll und knete sie in der Hand mit wenig Wasser durch. Bestimme die Bodenart anhand der Abb. 49.1.

Experiment 3:
Wasserspeichervermögen bestimmen
Stelle einen Trichter oder einen Blumentopf auf die Öffnung des durchsichtigen Gefäßes und stecke die Kaffeefiltertüte hinein (Abb. 49.2). Wiege 50 Gramm einer Bodenprobe ab und schütte sie in den Papierfilter. Fülle 100 ml Wasser in den Messbecher und gieße dieses vorsichtig in den Papierfilter. Notiere deine Beobachtungen. Wenn kein Wasser mehr aus dem Trichter tropft, werden weitere 100 ml Wasser über die Bodenprobe gegossen. Was beobachtest du diesmal? Schütte nach fünf Minuten, wenn das gesamte Wasser durch den Filter gelaufen ist, das Wasser aus dem Auffanggefäß in den Messbecher zurück. Schreibe die Menge auf. Verfahre so mit allen Bodenproben. Welche Unterschiede im Wasserspeichervermögen kannst du feststellen und wie erklärst du sie?

Experiment 4:
Wir beobachten einen Regenwurm
Fülle ein großes Schraubglas mit Erde. Gib einen Regenwurm und einige Blätter oder Gemüsereste in das Glas. Stelle es an einem dunklen, kühlen Ort auf, z. B. im Keller. Feuchte die Erde mit Wasser an, wenn sie trocken wird. Pass aber auf, dass sie nicht zu nass wird, das mag der Regenwurm nicht. Schon am nächsten Tag kannst du sehen, wie fleißig der Wurm ist. Notiere deine Beobachtungen. Wenn alle Pflanzenreste verschwunden sind, kannst du die Erde herausschütten und untersuchen. Welche Veränderungen kannst du feststellen? Vergiss nicht, den Regenwurm wieder in der Natur auszusetzen.

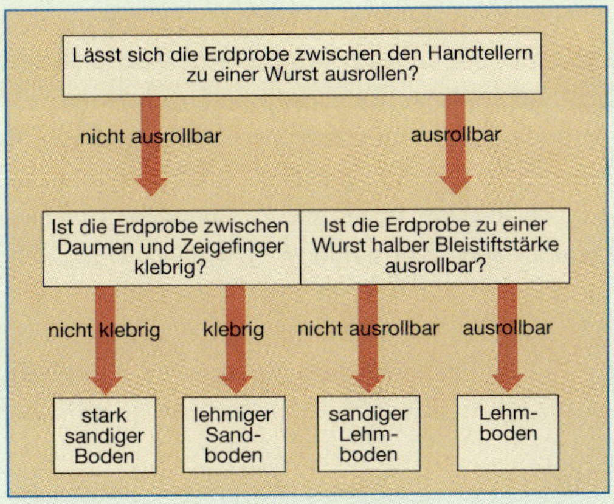

49.1: Bestimmung verschiedener Bodenarten

49.2: Versuchsaufbau Experiment 3

49.3: Experiment 4 – Regenwurm im Glas

Experiment 1:
Spaten,
1-Liter-Gefrierbeutel

Experiment 2:
Bodenproben,
Esslöffel,
Wasser

Experiment 3:
Waage,
Gefäß zum Wiegen,
Blumentopf oder Trichter (oberer Durchmesser mindestens 10 cm),
Kaffee-Filtertüte für jede Bodenprobe,
Löffel,
Messbecher,
durchsichtiges Gefäß,
je 50 Gramm Sand-, Ton- oder Lehmboden,
Blumenerde

Experiment 4:
großes Schraubglas,
Erde,
Regenwurm,
einige Blätter und Gemüsereste,
Wasser

49.4: Materialliste

Ein Fluss bei der Arbeit

Gäbe es kein fließendes Wasser, sähe es auf der Erde aus wie auf dem Mond. Flüsse und Bäche sind in der Lage, die Landschaft zu formen, indem sie auf Gestein und Verwitterungsmaterial einwirken. Die Arbeit eines Flusses besteht dabei aus **Erosion** (Abtragung), **Transport** und **Sedimentation** (Ablagerung). Wie die Landschaft umgeformt wird, hängt von vielen Faktoren ab, z. B. von der Wassermenge, der Fließgeschwindigkeit und dem Untergrund. Ein Fluss lässt sich in Oberlauf, Mittellauf und Unterlauf gliedern. Diese Flussabschnitte weisen jeweils typische „Arbeiten" des Flusses sowie Talformen auf.

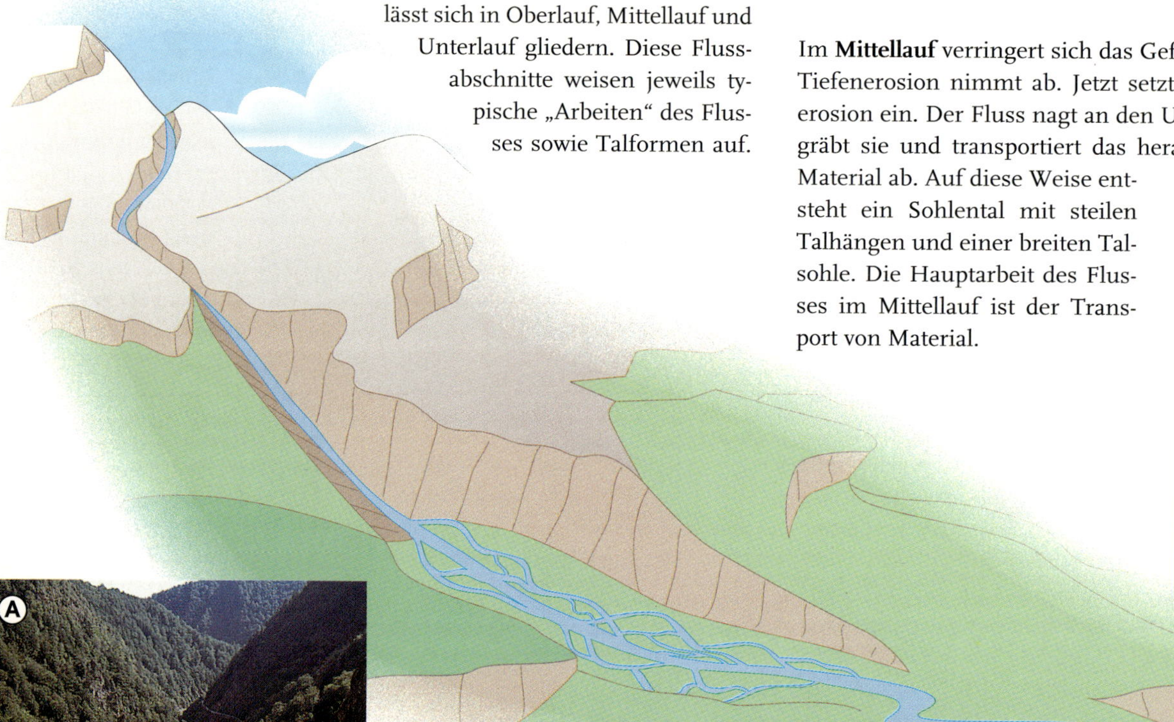
50.1: Idealprofil eines Flusses

Flüsse, die im Gebirge entspringen, haben in ihrem **Oberlauf** meist eine hohe Fließgeschwindigkeit, da sie ein großes Gefälle (Höhenunterschied) überwinden müssen. In diesem Flussabschnitt ist das Flusstal vorwiegend als v-förmiges Kerbtal ausgebildet, weil sich der Fluss durch Tiefenerosion wie eine Säge in das Gestein einschneidet. Als „Sägezähne" dienen dabei die Gerölle (Steine im Flussbett), die der Fluss mitreißt und dabei abrundet und abschleift.

Im **Mittellauf** verringert sich das Gefälle und die Tiefenerosion nimmt ab. Jetzt setzt die Seitenerosion ein. Der Fluss nagt an den Ufern, untergräbt sie und transportiert das herabstürzende Material ab. Auf diese Weise entsteht ein Sohlental mit steilen Talhängen und einer breiten Talsohle. Die Hauptarbeit des Flusses im Mittellauf ist der Transport von Material.

Im **Unterlauf** findet kaum noch Erosion statt, es überwiegt die Sedimentation. Weil das Gefälle nur noch gering ist, beginnt der Fluss zu pendeln und in „Schlangenlinien“ zu fließen. Diese Flusswindungen nennt man **Mäander**. Während in einem gerade verlaufenden Flusstal der Stromstrich (Linie der höchsten Fließgeschwindigkeit) in der Mitte des Flusses verläuft, pendelt er in den Mäandern zum außen liegenden Flussufer. Das Außenufer wird daher zu einem Steilufer mit Prallhang. Am Innenufer wird das transportierte Material abgelagert. Es entsteht ein flacher Gleithang.

Mündet ein Fluss in einen See oder ins Meer, so wird seine Fließgeschwindigkeit abgebremst. Das mitgeführte Material lagert sich in einem **Delta** (Schwemmfächer) ab.

GEO Praxis

Wir untersuchen die Flussarbeit

Lege das notwendige Material (Abb. 51.1) bereit. Stelle eine Seite des Holzbrettes auf die Unterlage, sodass eine Holzrutsche entsteht. Schütte die Mischung aus Sand, Erde und Steinen an das erhöhte Ende des Holzbrettes. Gieße langsam das Wasser aus der Gießkanne über den Haufen. Welches Material wird wo abgelagert? Zeichne und schreibe deine Beobachtungen auf und erkläre das Ergebnis.

Holzbrett (ca. 150 cm lang, 30 cm breit),
Unterlage (ca. 10 cm hoch),
Mischung aus Sand, Erde und kleinen Steinen,
Gießkanne,
Wasser

51.1: Materialliste

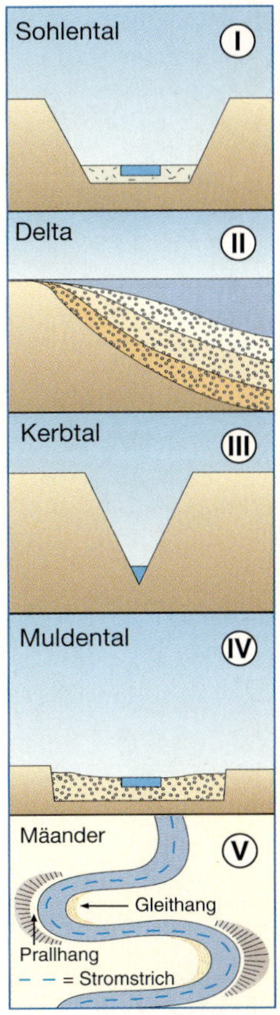

51.2: Talformen

AUFGABEN

1. *Die Talformen in Abb. 51.2 sind durcheinander geraten. Ordne sie den Flussbereichen Oberlauf, Mittellauf und Unterlauf sowie den Fotos A bis D zu.*
2. *Erkläre die Entstehung der verschiedenen Talformen unter Verwendung der Begriffe Erosion, Transport und Sedimentation.*
3. *Beschreibe, wovon die Erosionskraft eines Flusses abhängt.*

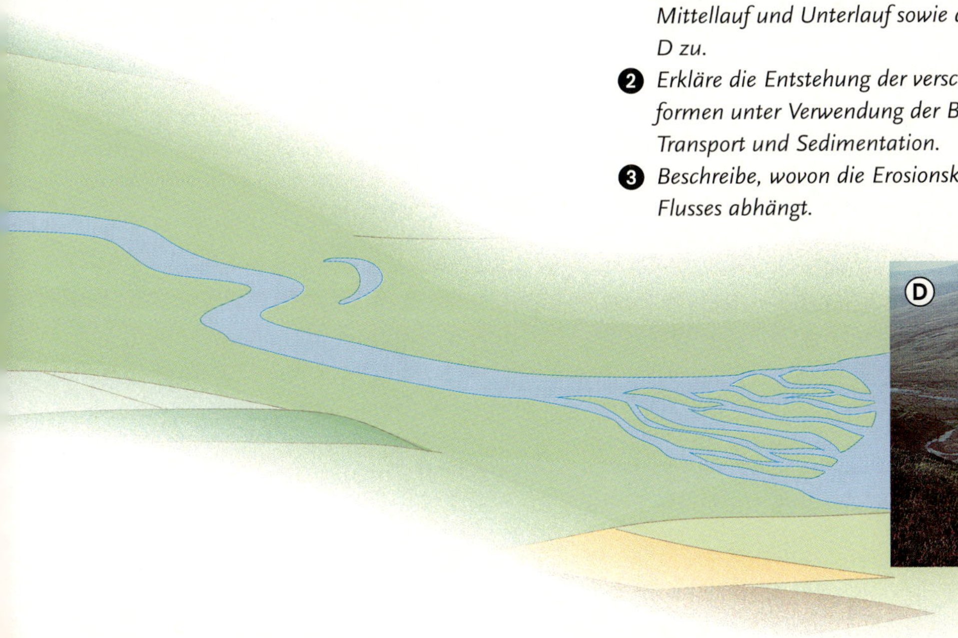

- durchsichtige Plastikröhre (mindestens 120 cm lang, mindestens 4,5 cm Innendurchmesser)
- passender Verschluss
- Papierkreis (4,5 cm Durchmesser) mit folgendem Muster:

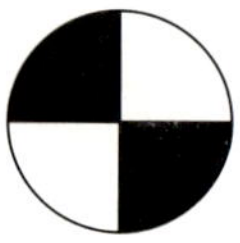

- durchsichtige Plastikfolie
- wasserfester Kleber
- dünner, wasserfester schwarzer Stift
- Meterstab

52.1: Materialliste

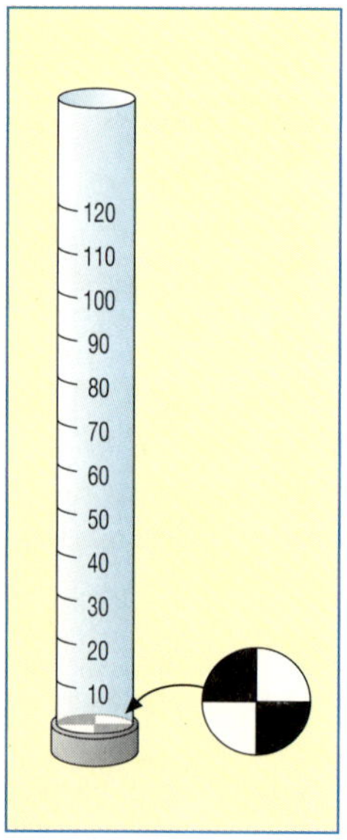

52.2: Messröhre

GEO Praxis – Das GLOBE-Programm

GLOBE GERMANY http://www.globe-germany.de

GLOBE (**G**lobal **L**earning and **O**bservation to **B**enefit the **E**nvironment) ist ein internationales Umweltprogramm, in dem Schüler, Lehrer und Wissenschaftler zusammenarbeiten. An 14 018 Schulen aus 104 Ländern werden Messungen zu Wetter, Boden, Gewässern und Vegetation durchgeführt. Die Messdaten sendet man über das Internet an eine Datenbank in Boulder (Colorado, USA) und wertet sie gemeinsam mit den Wissenschaftlern aus. Ziel von GLOBE ist es, die Umwelt besser zu verstehen, um dann bessere Schutzmaßnahmen entwickeln zu können. Über das Internet können auch andere GLOBE-Schulen oder Wissenschaftler auf der ganzen Welt erreicht werden. In Deutschland gibt es bereits 434 GLOBE-Schulen. Auch deine Schule kann mitmachen!

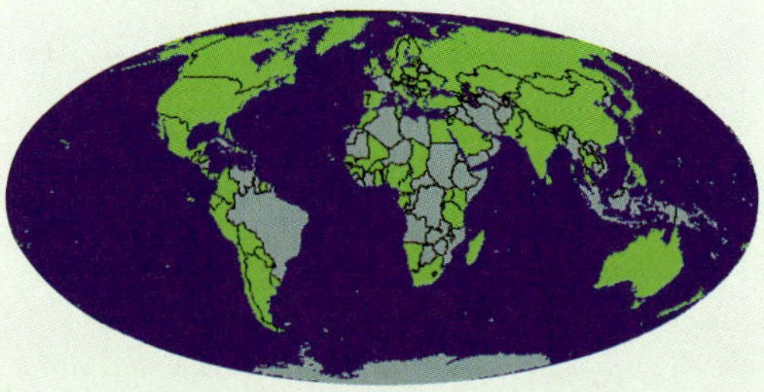

52.3: GLOBE-countries shown in green

Nico aus der Klasse 5c des Deutsch-französischen Gymnasiums erzählt: „Seit diesem Schuljahr machen wir bei GLOBE mit. Meine Schule liegt direkt an einem Fluss in Freiburg, der Dreisam. Auch ein Teich ist in der Nähe. Einmal in der Woche machen wir hier mit der Gewässer-AG verschiedene Wasseruntersuchungen. Wir messen zum Beispiel die Temperatur, den gelösten Sauerstoff und den Säuregehalt des Wassers. Mit einer Messröhre können wir die Sichttiefe des Wassers ablesen und herausfinden, wie klar es ist. Die verschiedenen Messungen zeigen, wie ‚gesund' die Gewässer sind."

52.4: Messen der Sichttiefe

Anleitung zum Bau einer Messröhre

Besorge dir die notwendigen Materialien (Abb. 52.1). Beklebe den Papierkreis mit der durchsichtigen Plastikfolie und klebe ihn auf den inneren Boden des Verschlusses. Lasse den Kleber trocknen. Verschließe die Plastikröhre mit dem Verschluss, damit kein Wasser auslaufen kann. Lege den Meterstab an der Plastikröhre an, sodass sich die Nullmarkierung am Papierkreis befindet. Zeichne mit dem dünnen wasserfesten Stift eine Messskala auf die Plastikröhre.

Messen der Sichttiefe

Die Messung sollte immer im Schatten durchgeführt werden. Entnehme mit einem Eimer etwas Wasser von der Oberfläche eines Gewässers. Gieße so viel Wasser in die Messröhre, bis das Muster auf dem Boden der Röhre gerade nicht mehr zu sehen ist, wenn du von oben hineinschaust. Der abgelesene Wert auf der Messskala beschreibt die Sichttiefe des Gewässers. Je nach Jahreszeit und Wetter können die Werte stark schwanken.

1. Baut in eurer Klasse die Messröhre nach und messt die Sichttiefe in einem Gewässer in der Nähe eurer Schule. Beobachtet, wie sich die Werte je nach Jahreszeit und Wetter verändern.
2. Informiere dich im Internet unter www.globe-germany.de über die verschiedenen GLOBE-Projekte und stelle ein Projekt in deiner Klasse vor.

GEO Wissen — Der Natur auf der Spur

Kennst du die folgenden Fachbegriffe? Schreibe sie in dein Heft und unterstreiche die angegebenen Buchstaben. Zusammengesetzt ergeben sie die Lösungswörter.

1. Druckausgleichsbewegung zwischen hohem und tiefem Luftdruck (4. Buchstabe)
2. Messgerät für die Temperatur (3. und 4. Buchstabe)
3. dunkles, magmatisches Ergussgestein z. T. in Säulenform (1. und 5. Buchstabe)
4. glühende Gesteinsschmelze im Erdinneren (2. Buchstabe)
5. mittlerer Teil eines Flusses (9. Buchstabe)
6. Verwitterungsschicht aus zersetztem Gestein und abgestorbenen Pflanzen und Tieren (4. Buchstabe)
7. Steilufer eines Flusses (1. Buchstabe)
8. Wasser, das aus der Atmosphäre den Erdboden erreicht (10. Buchstabe)
9. Schwemmfächer eines Flusses (5. Buchstabe)
10. Berg, aus dem Lava austritt (6. Buchstabe)
11. einzelne Bestandteile eines Gesteins (4. Buchstabe)
12. V-förmige Talform (5. Buchstabe)

Die Lösungswörter zeigen dir, wie die Erde auch genannt wird. Warum heißt sie so?

① ?	② ?	② ?		③ ?	③ ?	④ ?	⑤ ?	⑥ ?		⑦ ?	⑧ ?	⑨ ?	⑩ ?	⑪ ?	⑫ ?

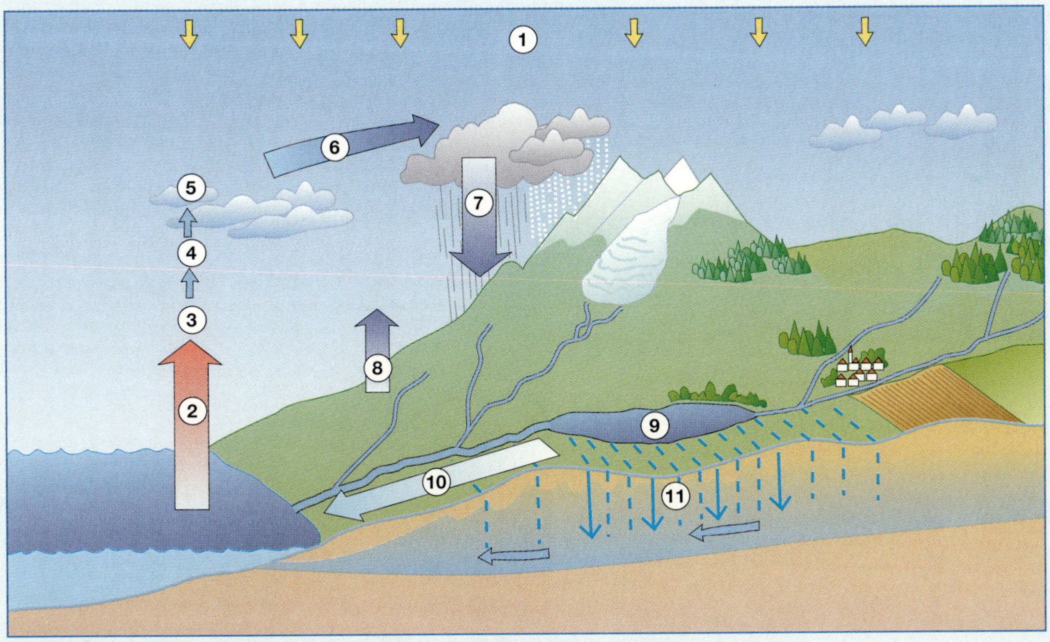

53.1: Der ?

Wasser bedeckt in flüssiger Form etwa zwei Drittel der Erdoberfläche. Auf dem Festland tritt es in Form von Gewässern und im Boden als Grundwasser auf. Obwohl wir täglich eine große Menge Wasser brauchen, verändert sich die Gesamtwassermenge auf der Erde nicht.

Das Wasser kann sich jedoch an unterschiedlichen Orten befinden und verschiedene Zustände annehmen. Ordne die Erklärungen aus Abb. 53.2 den Ziffern in Abb. 53.1 zu. Die Buchstaben vor den Erklärungen ergeben in der richtigen Reihenfolge ein Lösungswort, das dir den Fachbegriff für diese Prozesse liefert.

K Kondensation von unsichtbarem Wasserdampf zu Wassertröpfchen (Wolken)

L Niederschlag verdunstet z. T. wieder

W Wärmestrahlung der Sonne

IS große Wassertröpfchen fallen als Niederschlag (Regen, Schnee) zur Erde

ER Abkühlung der Luft

A Niederschlag sammelt sich z. T. in Seen

AS Verdunstung des Wassers zu unsichtbarem Wasserdampf

RE Wind transportiert die Wolken landeinwärts

F Niederschlag versickert z. T. ins Grundwasser

S Aufsteigen der erwärmten, wasserdampfhaltigen Luft

U Niederschlag fließt in Bächen und Flüssen ins Meer zurück

53.2: Erklärungen zum Kreislauf des Wassers (Abb. 53.1)

Hohenfreyberg bei Pfronten (Ostallgäu)

Natur- und Lebensräume in Deutschland

56.1: ?

Ein natürlicher Dreiklang

Bei wolkenfreiem Wetter zeigt sich dem geübten Blick des Weltraumfahrers ein buntes, abwechslungsreiches Bild von Deutschland: Im äußersten Süden erstrecken sich in einem halbkreisförmigen Bogen die **Alpen mit dem Alpenvorland**. Daran schließen sich die **Mittelgebirge** an, die in das **Norddeutsche Tiefland** übergehen.

AUFGABEN

1. *Die Alpen, das Oberrheinische Tiefland, der Schwarzwald, der Harz sowie die Ost- und Nordfriesischen Inseln sind deutlich auf dem Satellitenbild (Abb. 57.1) zu sehen. Finde sie.*
2. *Benenne die im Satellitenbild (Abb. 57.1) gekennzeichneten Zahlen und Buchstaben.*
3. *Lege ein Transparentpapier über das Satellitenbild (Abb. 57.1) und zeichne die Großräume mithilfe der Abb. 56.4 ein. Übertrage die in Aufgabe 1 und 2 gefundenen Landschaften auf dein Transparentpapier.*
4. *Nenne zu den Fotos (Abb. 56.1–3) die wesentlichen Kennzeichen der jeweilig dargestellten Großlandschaften und ordne sie in das Satellitenbild (Abb. 57.1) ein.*

56.2: ?

56.3: ?

56.4: Großlandschaften Deutschlands

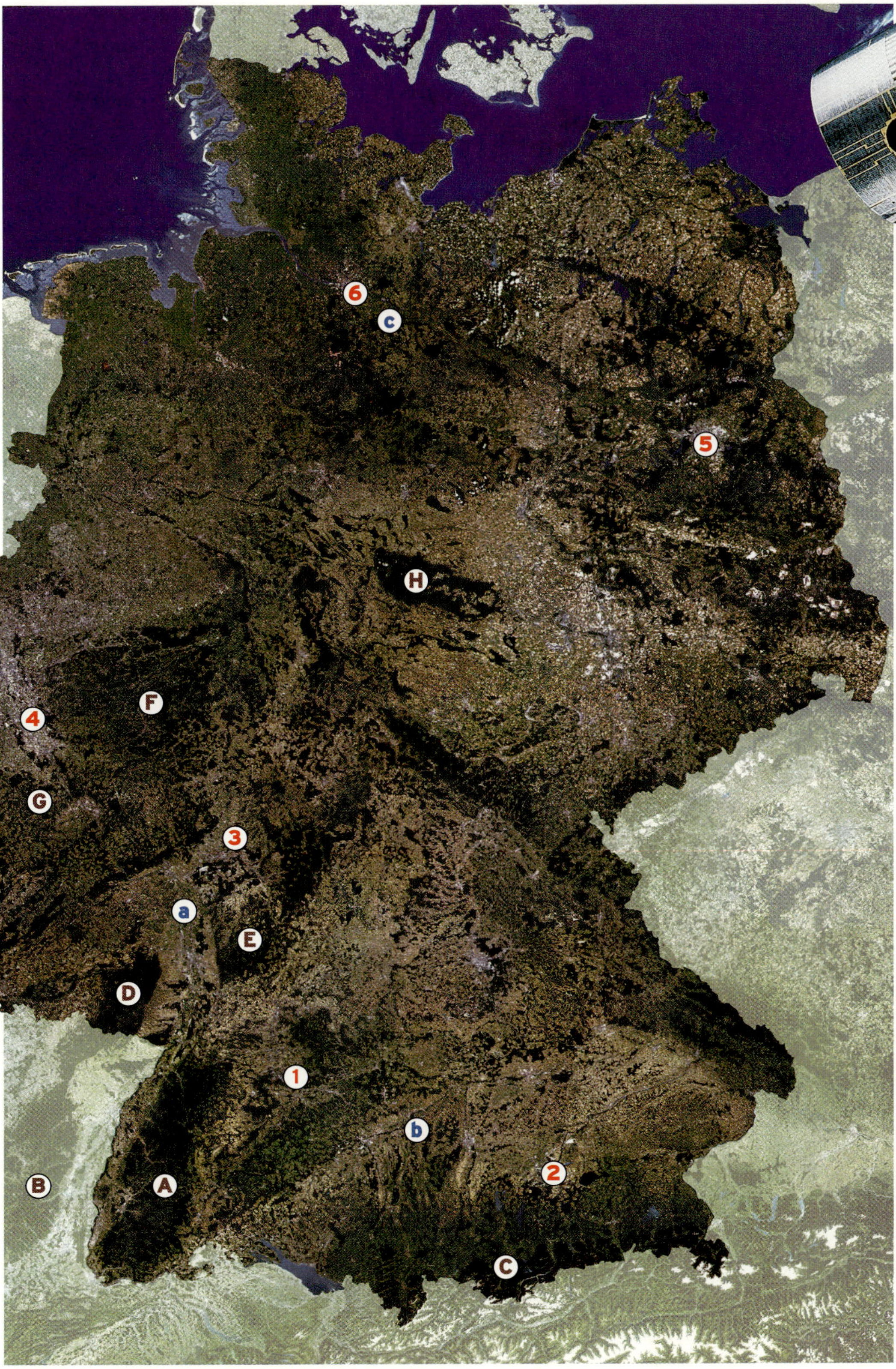

57.1: Deutschland aus 800 km Höhe (Satellitenbild)

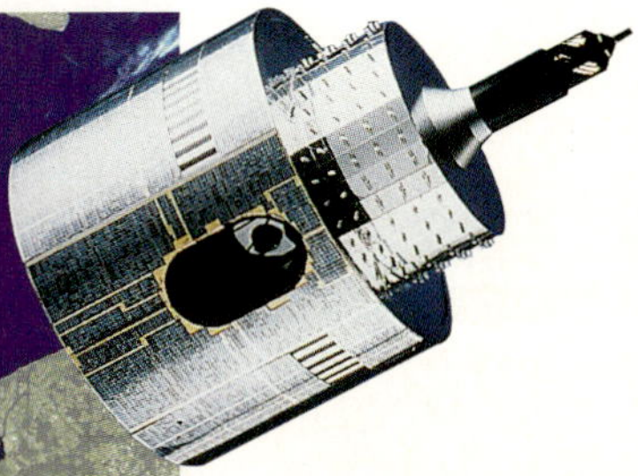

57.2: Börde (landwirtschaftlich stark genutzt)

57.3: Verdichtungsraum (dicht besiedelt)

GEO Praxis – Deutschland zeichnen, leicht gemacht

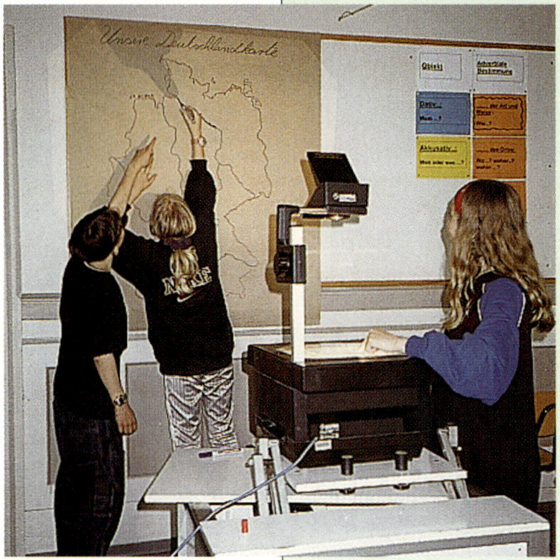

58.1: Beim Zeichnen

Besorgt euch eine große Papierrolle. Schneidet von dieser ein Stück ab, das etwa 2 m hoch und 1 m breit ist. Befestigt das Papier an der Wandtafel oder an einer Pinnwand. Nun könnt ihr mit dem Overheadprojektor eine Folie mit den Umrissen Deutschlands (am besten eine topographische Karte) auf eure „Papiertafel" werfen. Zeichnet nun alle Linien und Symbole mit den entsprechenden farbigen Stiften nach; Flüsse (blau), Grenzen (rot), Städte (rot/schwarz) und Gebirge braun. Beschriftet die Karte (Abb. 58.2). Die Höhenschichten müsst ihr aber nicht ausmalen.

Dieses Verfahren, eine vorgefertigte Folie auf eine Fläche zu projizieren, ist eine ideale Zeichenhilfe. Damit kannst du auch „kompliziertere" Räume oder andere Vorlagen wie Fotos oder Schaubilder ganz schnell, sauber und richtig „nachzeichnen".

Sammelt im Laufe des Schuljahres zu den behandelten Themen und Landschaften Bilder, Postkarten, Zeitungsausschnitte, Briefmarken, Fahrkarten usw. Klebt die Materialien entweder in oder neben eure Wandkarte.

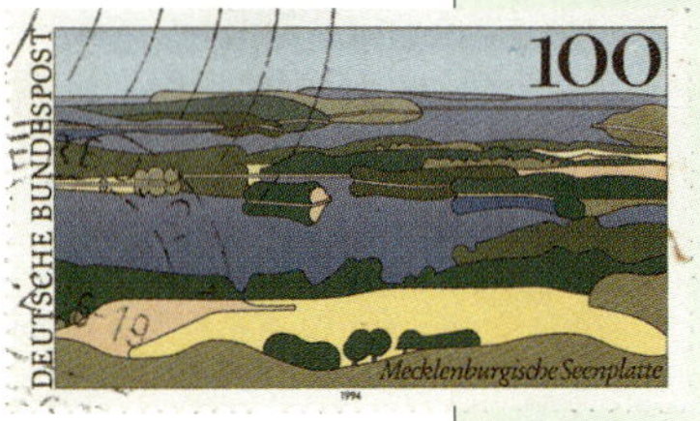

58.2: Eine selbst gezeichnete Deutschlandkarte

GEO Praxis – Wir zeichnen und bestimmen Profile

Um uns die Oberflächenformen von Deutschland besser vorstellen zu können, zeichnen wir drei charakteristische **Profile** (A, B und C) durch Deutschland. Teilt euch in drei Gruppen und geht nach folgenden Schritten vor:

1. Wählt in eurem Atlas eine geeignete physische Karte.
2. Legt einen Streifen Papier an die in Abb. 59.2 gezeigten Endpunkte an.
3. Übertragt im Abstand von einem Zentimeter die Höhenangaben im Atlas auf den Papierstreifen. Sucht zusätzlich die Höhenlage markanter Punkte auf, wie z. B. von Mittelgebirgen, Flüssen oder Städten.
4. Klebt den Papierstreifen ganz unten auf eine Doppelseite in eurem DIN-A4-Heft.
5. Wählt eine geeignete Höhendarstellung, damit Hochgebirge und Mittelgebirge gut zu unterscheiden sind.
6. Übertragt die Höhenangaben vom Papierstreifen in euer Heft und verbindet die einzelnen Punkte zu einer Profillinie.
7. Vergleicht eure Profile mit dem Profil in Abb. 59.1. Um welche Profillinie handelt es sich in der Abb. 59.1? Begründet eure Entscheidung und ergänzt die fehlenden Angaben in der Abb. 59.1.

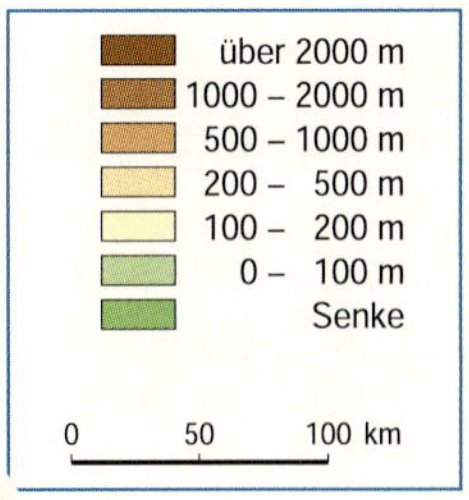

59.2: Deutschlandkarte mit Profillinien

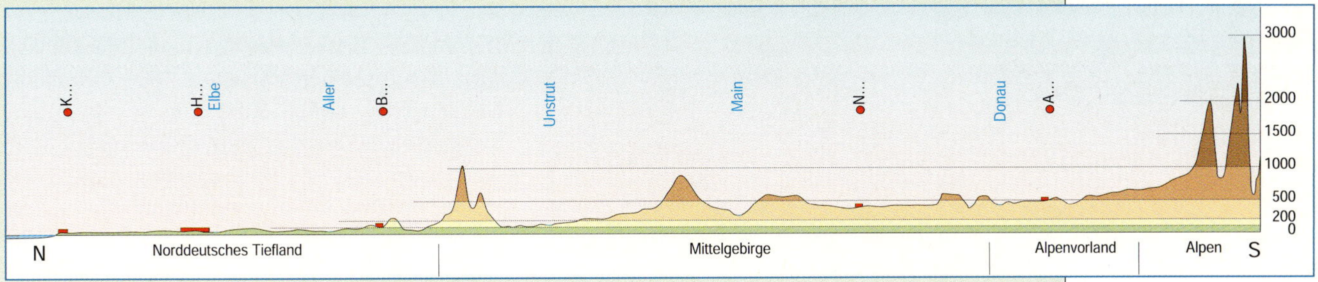

59.1: Nord-Süd-Profil durch Deutschland

60.1: Lage des Allgäus in Deutschland

60.2: Im Allgäu bei Wiggensbach

Grünlandwirtschaft im Allgäu

Fünfzig braune Allgäuer Kühe und dreißig Stück Jungvieh stehen im modernen Boxenlaufstall des Bauern Heinle. Die Tiere können sich im geräumigen, gut belüfteten Stall frei bewegen. Nach der Melkarbeit haben die Heinles etwas Zeit, sich mit ihren Hausgästen zu unterhalten. Das Allgäu ist nämlich auch eine der attraktivsten Ferienlandschaften Deutschlands, und Ferien auf dem Bauernhof sind besonders bei Familien mit kleinen Kindern beliebt.

Bauer Heinle erzählt: „Mein Vater brauchte noch sechs bis acht Arbeitskräfte für die Arbeit auf dem Hof. Heute können meine Frau und ich die gesamte Arbeit allein bewältigen, weil uns moderne Maschinen die Arbeit erleichtern. Dazu gehört auch der moderne Melkstand. Früher war das Melken von Hand eine schwere und zeitraubende Arbeit. Heute wird die Milch gleich vom Melkstand in einen Kühltank gepumpt. Von dort wird sie täglich von Tankwagen des Käsewerks abgeholt.“

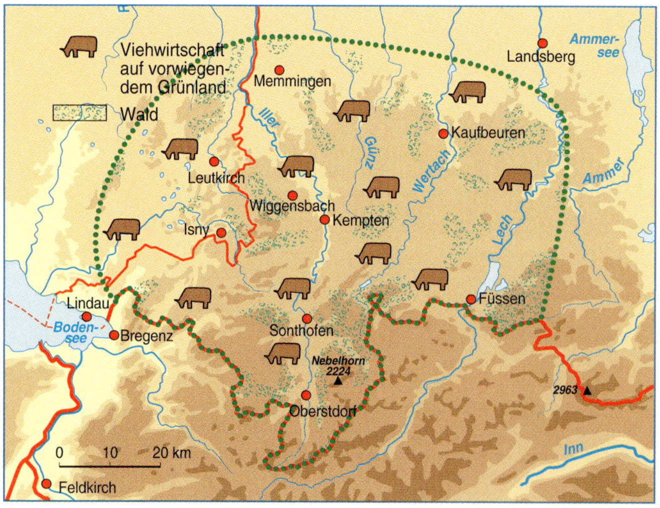

60.3: Abgrenzung des Allgäus

Der Hof des Bauern Heinle ist einer der für das Allgäu so typischen Einzelhöfe. Das **Grünland**, das den Hof umgibt, nutzt Bauer Heinle überwiegend als Mähweide. Vier- bis fünfmal im Jahr kann er das Gras schneiden, das er getrocknet als Heuvorrat für den Winter benötigt. Früher waren die Milchkühe vom Frühjahr bis zum Herbst auf der Weide. Heute bleiben sie fast das ganze Jahr über im Stall und werden dort gefüttert.

Aufgeben oder weitermachen?

Diese Frage stellen sich auch Bauer Heinle und seine Frau. Ihre Kinder wollen den Hof später nicht übernehmen. Denn trotz der Maschinen ist die Arbeit auf dem Hof sehr anstrengend. Auch an den Wochenenden muss das Vieh versorgt werden. An Urlaub können die Heinles unter diesen Bedingungen kaum denken. Die sinkenden Milchpreise können auch nicht einfach durch Erhöhung der Milchproduktion ausgeglichen werden. Denn um Milchüberschüsse zu vermeiden, gelten strenge Regelungen, wie viel Milch auf einem Hof erzeugt werden darf.
Herr Heinle und seine Frau sind daher froh, dass sie vor einigen Jahren zwei Ferienwohnungen auf ihrem Hof ausgebaut haben, die ihnen zusätzliche Einnahmen bringen.

Wie das Allgäu grün wurde

Noch im 19. Jahrhundert wurde das Allgäu vor allem ackerbaulich genutzt. Neben dem Grünland gab es Ackerland mit Getreide- und Kartoffelanbau sowie Flachsanbau zur Leinenherstellung. Da die natürlichen Bedingungen den Graswuchs begünstigen, wandelten viele Bauern ihre Äcker in Dauergrünland um und spezialisierten sich auf Milchwirtschaft und Käseherstellung. „Vergrünlandung“ nennen die Fachleute diesen Vorgang.

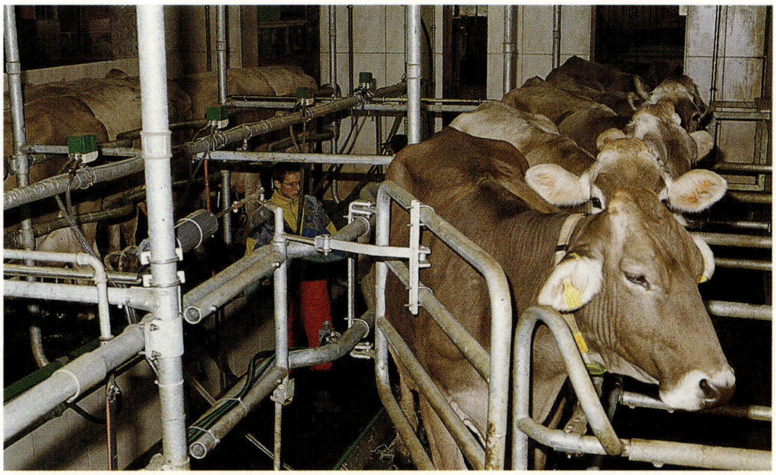

61.2: Moderner Melkstand

AUFGABEN

1. *Beschreibe anhand der Abb. 60.2 die Landschaft und Bodennutzung im Allgäu.*
2. *Beschreibe die Veränderungen von Temperatur und Niederschlag von Neu-Ulm bis zur Station Nebelhorn (Abb. 61.1).*
3. *Erkläre den Zusammenhang zwischen Klima und Höhenlage eines Ortes (Abb. 61.1). Denke dabei an den Steigungsniederschlag.*
4. *Begründe nun die Veränderung des Grünlandanteils an der landwirtschaftlichen Nutzfläche von Nord nach Süd (Abb. 61.1).*
5. *Wozu braucht der Allgäuer Bauer so viel Heu?*

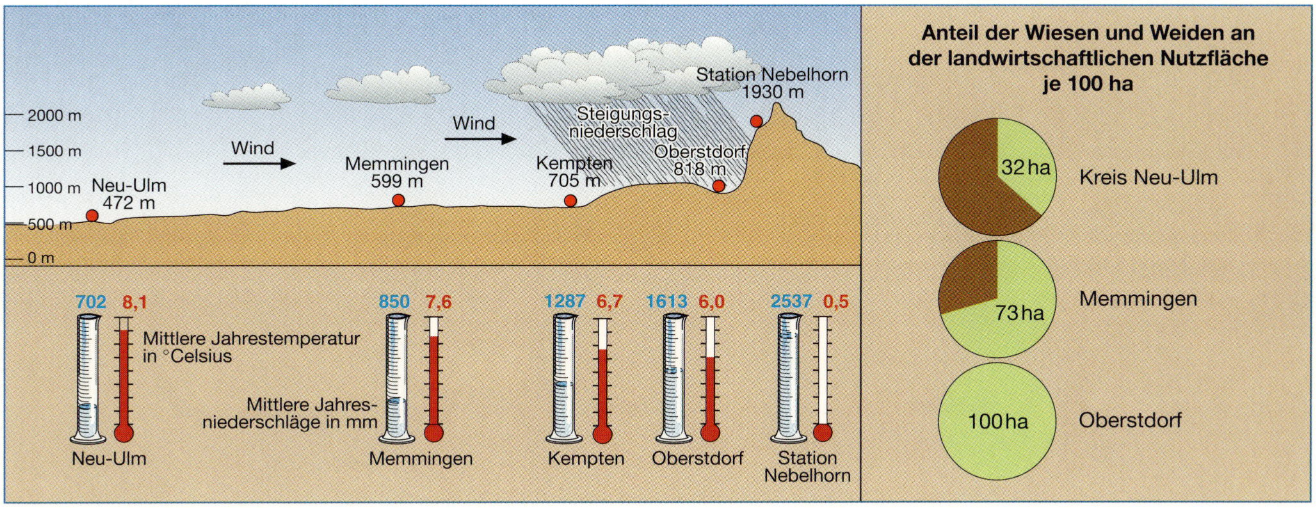

61.1: Profil durch das Allgäu

Milchküche und Käsekeller Deutschlands

Im Allgäu wird mehr Milch erzeugt, als seine Einwohner verbrauchen können. Milch aber ist ein leicht verderbliches Produkt. Deshalb wird nur ein kleiner Teil der Milch als Frischmilch in die nahen Städte geliefert. Der größte Teil wird in den Allgäuer Molkereien und Käsereien weiterverarbeitet.

Schon seit vielen Jahrhunderten wird im Allgäu Käse hergestellt, doch früher überwiegend nur für den Eigenbedarf der Bauern. 1827 holte ein Allgäuer Käsehändler einen Schweizer Senn (Almhirt) in seine Firma. Dieser Senn begann nach einem Rezept aus seiner Heimat, dem Emmental, „Rundkäse nach Schweizer Art" herzustellen.

Das Beispiel machte schnell Schule und das Allgäu wurde zur „Milchküche und zum Käsekeller Deutschlands". Aus den Niederlanden wurde die Herstellung von Weichkäse eingeführt. Immer mehr „Käseküchen" wurden eingerichtet, in denen die von den Bauern angelieferte Milch verarbeitet wurde. „Bei Allgäuer Käse denken die meisten Menschen an Emmentaler", berichtet der Betriebsleiter des Emmentalerwerks Kißlegg in Zaisenhofen. Der Emmentaler ist der „König der Käse". Nur beste Rohmilch ist für seine Herstellung geeignet. Früher hatte fast jede Gemeinde im Allgäu ihre eigene Käserei, in der der Käser täglich ein bis zwei Käselaibe herstellte. Die kleinen Käsereien wurden nach und nach stillgelegt. Vor über 35 Jahren gründeten mehr als 300 Bauern hier im Raum Kißlegg eine Erzeugergenossenschaft und bauten das Emmentalerwerk, das heute zu einer großen Unternehmensgruppe gehört. Der moderne Milchverarbeitungsbetrieb kann mit seinen Maschinen den Käse heute viel kostengünstiger herstellen.

Aus dem Einzugsbereich des Emmentalerwerks Kißlegg werden täglich über 100 000 l Rohmilch in Tankwagen angeliefert. Für die Herstellung eines Käselaibes, der 80 bis 100 kg wiegt, benötigt man etwa 1000 l Milch. Würde man die gesamte Tagesproduktion aus dem württembergischen Allgäu aufeinander stapeln, wäre sie ungefähr so hoch wie das Ulmer Münster (161 m).

Jahr	Liter pro Jahr
1800	1000
1900	2000
1912	2600
1980	5200
1999	6100
2003	6400

62.1: Milchleistung der Allgäuer Kuh

AUFGABEN

1. *Rechne aus, wie viele Käselaibe ein modernes Emmentalerwerk täglich herstellen kann.*
2. *Beschreibe den Weg des Käses „von der Kuh bis auf den Frühstückstisch" (Abb. 62.2).*
3. *Erkundige dich im Supermarkt nach der Herkunft von Frischmilch, Butter und Käsesorten. Warum gibt es solche Herkunftsunterschiede?*

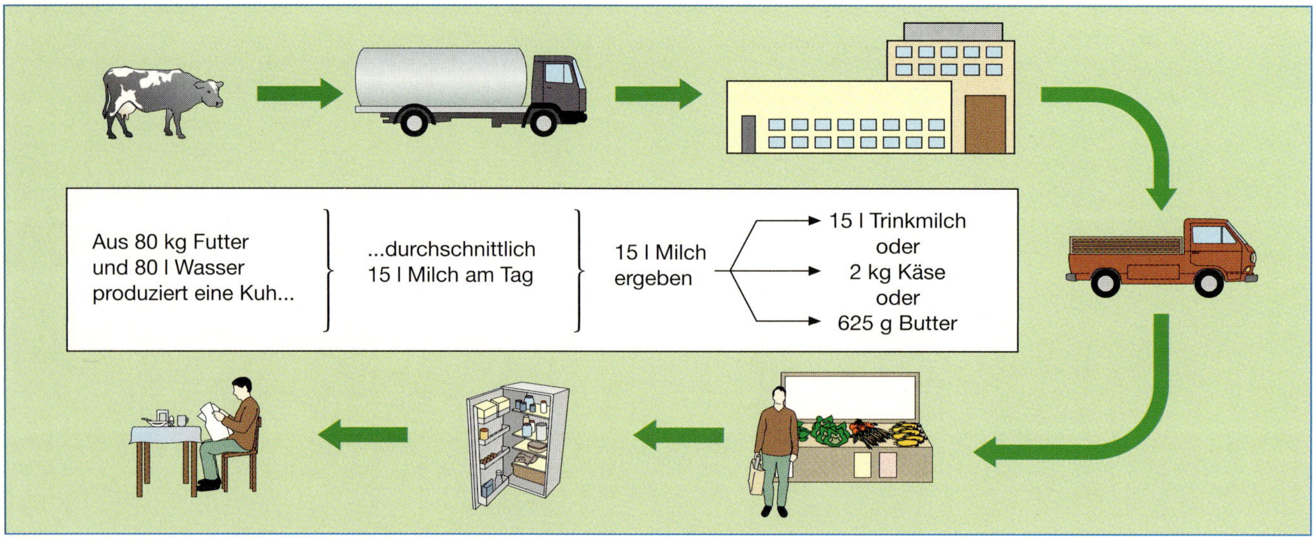

62.2: Produktkette Käse

Wie kommen die Löcher in den Käse?

1. Die Tankwagen des Käsewerks haben die Rohmilch von den Bauern abgeholt. Die angelieferte Rohmilch wird in großen Kesseln erwärmt.

2. Nach der Zugabe von Lab entsteht in großen Käsekesseln unter weiterer Erwärmung der „Käse-Bruch“. Lab ist ein Gärstoff (Enzym) aus dem Magen von Milchkälbern, der den Gerinnungsprozess, also die Umwandlung von Milch zu Käse, beschleunigt.

3. Der Käse-Bruch wird in runde Formen eingefüllt und die Flüssigkeit (Molke) herausgepresst. Die Molke („Käswasser“) wird zu Eiweißpulver weiterverarbeitet (Verwendung z. B. in der Kosmetikindustrie).

4. Die runden Rohkäselaibe kommen für mehrere Tage in ein Salzbad. Dort bildet sich dann die Käserinde.

5. Fast ein halbes Jahr lang müssen die Rohkäse im Gär- oder Reifungskeller lagern. Immer wieder müssen die schweren Käselaibe gewendet werden. Bei dieser Gärung entstehen durch Bakterien Gasblasen, die berühmten Löcher im Emmentaler Käse.

AUFGABEN

❶ *Ordne die Abbildungen A–E auf dieser Seite den Schritten 1 bis 5 der Käseherstellung zu.*

❷ *Stellt mithilfe der Anleitung in Abb. 63.1 selbst Rahmfrischkäse her.*

63.1: Rezept zur Herstellung von Rahmfrischkäse

- frische Kuhmilch 30 Minuten auf 62–65 °C erhitzen, danach auf 25 °C abkühlen
- 3 % Milchsäure-Reinkultur (z. B. echten Joghurt) zur Vorreifung zugeben
- 1 % Lab nach einigen Stunden zugeben
- nach der Milchgerinnung schneidet man die Dickete wiederholt
- den Käsebruch in eine Form mit Siebboden geben
- nach dem Abtropfen der Molke im Kühlschrank lagern und einige Tage reifen lassen

GEO Praxis — Mit der Kuh auf Du und Du – wir erkunden einen

64.1: Der Eckert-Hof

64.4: Erkundung hautnah

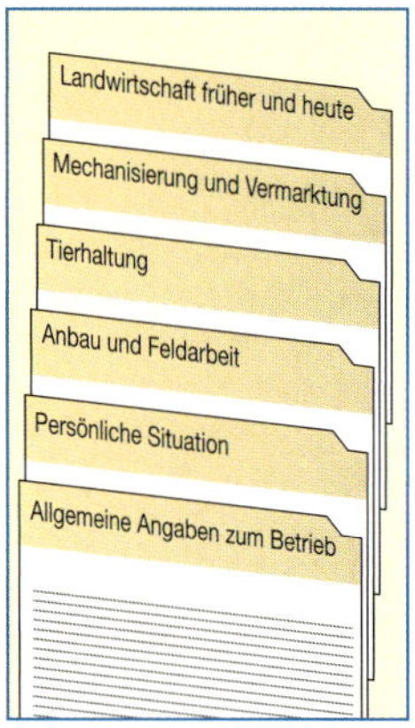

64.2: Erkundungs-schwerpunkte

Erlebniswelt „Bauernhof" im Internet:

- *www.bauernhof.net*
- *www.schueler-auf-dem-bauernhof.de*
- *www.gruener-pfad.de*
- *www.ima-agrar.de*
- *www.boelw.de*

Die meisten Schülerinnen und Schüler der Klasse 5c kennen nur den Lebensmitteleinkauf im Supermarkt, wo die Jahreszeiten längst abgeschafft sind und Gemüse sowie Obst aus allen Ecken der Welt herantransportiert werden.

Teresa aus Endingen am Kaiserstuhl berichtet hingegen: „Wir unterstützen den Lebensmitteltourismus nicht; wir holen täglich unsere Milch beim Bauern. Frische Kuhmilch schmeckt köstlich! Manchmal dürfen wir sogar beim Melken zusehen oder Kühe und neugeborene Kälbchen streicheln. Frische Eier holen wir auch bei Familie Eckert. Samstags kauft meine Mutter knackige Salate, reif geerntete Kirschen und frischen Spargel direkt auf dem heimischen Wochenmarkt."

Wie verwandelt eigentlich die Kuh Gras in Milch? Wie lebt und arbeitet man auf einem Bauernhof? Solche und ähnliche Fragen beschäftigen Teresas Mitschüler. Alle beschließen, mit der Klasse einen Bauernhof zu erkunden. Sie wollen wissen, wie die Menschen auf einem Bauernhof leben, welche Arbeiten anfallen, wie die Tiere zu versorgen sind und welche Gebäude und Maschinen zum Hof gehören. Der Unterrichtsbesuch „Schüler auf dem Bauernhof" muss sorgfältig geplant, organisiert und vorbereitet werden (Abb. 64.3).

Für die Klasse 5c aus Freiburg war Familie Eckert von den Wilhelmshöfen in Endingen freundlicherweise sofort bereit, die Erkundung ihres landwirtschaftlichen Betriebs zu ermöglichen.

1. **Vorbereitung:**
   - Welchen Betrieb erkunden wir?
   - Wie gelangen wir zum Betrieb?
   – Topografische Karte, ÖPNV-Verbindungen
   - Was wollen wir wissen und erfragen?
   – Erkundungsschwerpunkte (Abb. 64.2)
   - Wie können wir erkunden?
   – Interviewen, Beobachten, Notieren und Skizzieren, Fotografieren
   - Was brauchen wir dazu?
   – Notizblock, Schreibzeug, Karten, Pläne, Fotoapparat, Kassettenrekorder
   - Wer übernimmt welche Aufgabe?
   - Wie gelangen wir an weitere Informationen?
   – Biologieunterricht, Internet
2. **Arbeit „vor Ort":**
   - Erledigen der Arbeitsaufträge
   - Beachten der Anweisungen des Betriebsinhabers
   - Kontrolle: Sind alle Aufgaben berücksichtigt, alle Ergebnisse protokolliert?
3. **Auswertung und Präsentation:**
   - Vorstellen der Gruppenergebnisse
   - Aufarbeiten der Ergebnisse
   - Darstellen der Ergebnisse als Wandzeitung, Präsentationsmappe oder Ausstellung

64.3: Betriebserkundung

Bauernhof

„Weshalb liegt Ihr Hof mitten in den Feldern?“
„Mit fünf weiteren Höfen wurden wir 1954 aus dem engen Dorfkern der Gemeinde Forchheim ausgesiedelt und als ‚Wilhelmshöfe‘ mitten in die **Flur** verlegt. Der Umzug brachte den Vorteil, dass nach der **Flurbereinigung** 32 unserer Besitzparzellen direkten Hofanschluss haben. Das spart viel Zeit beim Bearbeiten der Felder. Heute beträgt unsere Betriebsfläche 100 ha; davon sind 16 ha Eigenbesitz und 84 ha **Pachtland**. Unser Ackerland befindet sich im Bereich fruchtbarer, sandiger Lösslehmböden und so bauen wir Mais, Weizen und Zuckerrüben an. Da jede Pflanze dem Boden jedoch bestimmte Mineralstoffe entzieht, müssen wir auf einen regelmäßigen Wechsel in der **Fruchtfolge** achten.“

„Welche Bedeutung hat Tierhaltung bei Ihnen?“
„Unser Hof ist ein landwirtschaftlicher **Vollerwerbsbetrieb**, d.h., wir leben ausschließlich von der Landwirtschaft. Dabei ‚stellen wir den Mais auf vier Beine‘, was man in der Fachsprache als **Veredlung** bezeichnet. Wir sind vorrangig auf die Milchviehhaltung und deren Nachzucht spezialisiert. Die Bullenkälber werden gemästet und im Alter von zwölf Wochen geschlachtet, die Kuhkälber werden aufgezogen. Mit 18 Monaten sind sie geschlechtsreif und werden künstlich besamt. Tierhaltung ist sehr arbeitsintensiv: Melken, Füttern, Stallmisten, Klauenschneiden und Fellpflege, außerdem brauchen die Tiere Zuwendung. Alle Kühe haben Namen, denn beim Melken oder Kalben reagieren sie auf ‚Nina‘ oder ‚Henriette‘ schneller.
Wir halten auch 200 Hühner in Bodenhaltung. In der Regel legt jedes Huhn jeden Tag ein Ei, übrigens Größe S bis XL. Nach einem Jahr wird jedes Huhn jedoch zum Suppenhuhn.“

„Warum sind Sie Landwirt geworden?“
„Nach meiner Ausbildung zum Landwirtschaftsmeister habe ich 1970 den Hof von meinen Eltern übernommen und da ich von artgerechter Tierhaltung überzeugt bin, habe ich 1995 den Anbindestall der Kühe in einen modernen Laufstall umgebaut. Bei weniger Stress bringen auch Tiere bessere Leistungen.
Durch meine Liebe zur Natur macht mir der lange Arbeitstag trotzdem viel Spaß. Natürlich bin ich auf meinen Maschinenpark und die Mithilfe meiner Frau angewiesen, die sich vor allem um den Direktverkauf kümmert. Seit einiger Zeit ist unser Sohn Hannes als Mitinhaber eine tatkräftige Unterstützung.
Sorgen macht mir, dass die Preise für die landwirtschaftlichen Produkte immer schlechter werden und das Überleben ohne staatliche Ausgleichszahlungen undenkbar wäre.“

65.1: Interview mit Herrn Eckert

65.4: Landwirt Eckert

65.2: Lernen vor Ort

65.3: Laufstall

GEO Praxis

Mit der Kuh auf Du und Du – wir erkunden einen

66.1: Auf Erkundung

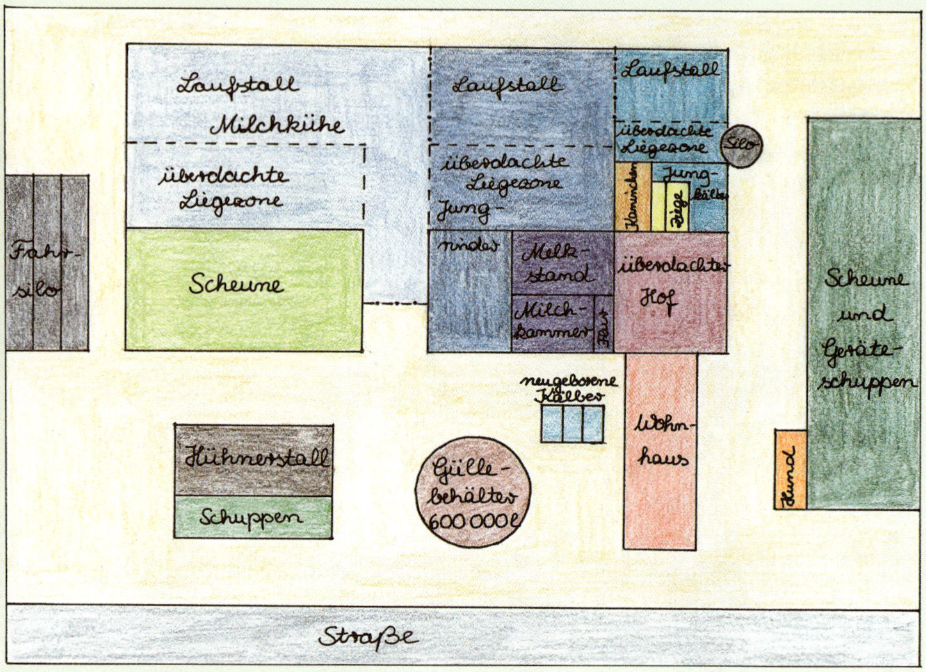

66.3: Lageskizze vom Hof Eckert

6.00 Uhr: Melken
7.30 Uhr: Frühstück
8.00 Uhr: Füttern, Stall- und/oder Feldarbeit
12.30 Uhr: Mittagspause
14.00 Uhr: Feldarbeit
18.00 Uhr: Melken und Direktverkauf
19.30 Uhr: Abendessen, Feierabend je nach Jahreszeit, zur Erntezeit gegen 22.00 Uhr

66.2: Arbeitstag auf dem Hof

66.4: Zuwendung tut gut

66.5: Maschineneinsatz wo möglich

Hof Eckert-Wilhelmshöfe (2003)

Betriebsgröße:		100 ha
davon:	Eigenbesitz	16 ha
	Pachtland	84 ha
Bodennutzung:		
Ackerland		50 ha
davon:	Mais	30 ha
	Zuckerrüben	5 ha
	Getreide	15 ha
Grünland als Mähwiesen		50 ha
Tierbestand:		351
davon:	Rinder/Kälber	60
	Milchkühe	60
	Legehennen	200
	Kaninchen	30
	Ziege	1
Arbeitskräfte:		
Familienarbeitskräfte		2,5
Praktikant		1

Maschinenbestand:
4 Traktoren, 1 Pflug, 1 Frässämaschine, 1 Heuwender, 1 Miststreuer, 1 Spritze, 4 Anhänger
(Lohnunternehmer zum Häckseln, Dreschen)

66.6: Betriebsspiegel

Bauernhof

Name des Hofs: *Eckert* Lage: *Endingen*

1. **Allgemeine Angaben zum Betrieb**
   - Wie groß ist die Betriebsfläche?
   - Wie viel Hektar sind Eigenbesitz?
   - Handelt es sich um einen Voll- oder Nebenerwerbsbetrieb?
   - Welche Arbeitskräfte haben Sie?
   - Welche Gebäude gehören zum Betrieb?
   - Welche Produkte stellen Sie her?
   - Wie wird die Betriebsfläche genutzt?
2. **Persönliche Situation**
   - Weshalb sind Sie Landwirt geworden?
   - Wie sieht Ihr Arbeitstag aus?
   - Wann haben Sie wie lange Urlaub?
3. **Anbau und Feldarbeit**
   - Welche Pflanzen bauen Sie an und wofür werden diese verwendet?
   - Welche Fruchtfolge beachten Sie?
   - Arbeiten Sie ökologisch oder konventionell?
   - Wie ist Ihre Bodenqualität?
4. **Tierhaltung**
   - Welche Nutztierarten halten Sie und wie groß ist der Bestand?
   - Wie halten Sie die Tiere?
   - Welche Arbeiten fallen an?
   - Wie ist die Seuchensituation in Ihrem Bestand?
   - Welche Beziehung haben Sie zu Ihren Tieren?
5. **Mechanisierung und Vermarktung**
   - Welche Maschinen setzen Sie wofür ein?
   - Wobei ist Handarbeit unverzichtbar?
   - Wie vermarkten Sie Ihre Produkte?
6. **Landwirtschaft früher und heute**
   - Welche Veränderungen auf dem Hof haben Sie vorgenommen?
   - Wie hat sich die Landwirtschaft in den letzten 50 oder 100 Jahren verändert?
   - Was macht Ihnen am meisten Sorge?

67.1: Ein Fragebogen

1. Plant eine Erkundung auf einem Bauernhof und erstellt dazu einen Fragebogen.
2. Wertet die Ergebnisse eurer Erkundung aus und erstellt eine Präsentation eurer Ergebnisse.

67.2: Erstellen einer Präsentation

- Eine Kuh gibt nur Milch, wenn sie trächtig ist.
- 6–8 Wochen vor der Geburt des Kalbs wird sie „trockengestellt", d. h. nicht mehr gemolken.
- Die Tragzeit beträgt neun Monate und zwei Wochen; bereits 2–3 Monate später wird die Kuh erneut gedeckt oder künstlich besamt.
- Aus 80 kg Gras, Silomais, Grassilage, Heu, Kraftfutter und Mineralfutter sowie 80 l Wasser produziert eine Kuh pro Tag 12–18 l Milch.
- Kühe sind Wiederkäuer, d. h., sie würgen ihr Futter nach dem Kauen zurück ins Maul und kauen es ein zweites Mal. Dabei gelangt die Nahrung in den Pansen, einen riesigen Vorratsraum, und über den Netzmagen zum Aufstoßen. Der grob zersetzte Speisebrei fließt in den Blättermagen und wird im Labmagen schließlich völlig verdaut.
  Um 1 l Milch zu bilden, müssen ca. 400 l Blut durch das Euter der Kuh strömen.
- Melken ist von Hand, mit der Melkmaschine oder mit computergesteuerten Melkrobotern möglich. Das Euter muss sorgfältig gepflegt werden: Es wird von Hand geputzt, vor dem „Anrüsten" massiert und nach dem Melken mit Melkfett eingerieben. Gemolken wird zweimal am Tag, also 760-mal im Jahr!

Dabei kostet 1 l Milch 0,55 €, 1 l Cola 0,85 €. Wenn das die Kühe wüssten …

67.3: Wie die Kuh das Gras in Milch verwandelt

68.1: Südliches Oberschwaben

68.2: Findling

Oberschwaben – von der Eiszeit geprägt

Ratlos standen die Menschen vor den tonnenschweren Gesteinsbrocken, die immer wieder in Oberschwaben zu finden sind. **Findlinge** nannten sie deshalb die Felsblöcke; eine Erklärung für deren Herkunft hatten sie jedoch nicht. Die ersten Untersuchungen durch Geologen brachten ein erstaunliches Ergebnis: Die übermannsgroßen Blöcke mussten aus den Alpen stammen, denn nur dort gibt es Gestein von genau derselben Beschaffenheit. Doch wie kamen diese gewaltigen Gesteinsbrocken ins Alpenvorland?

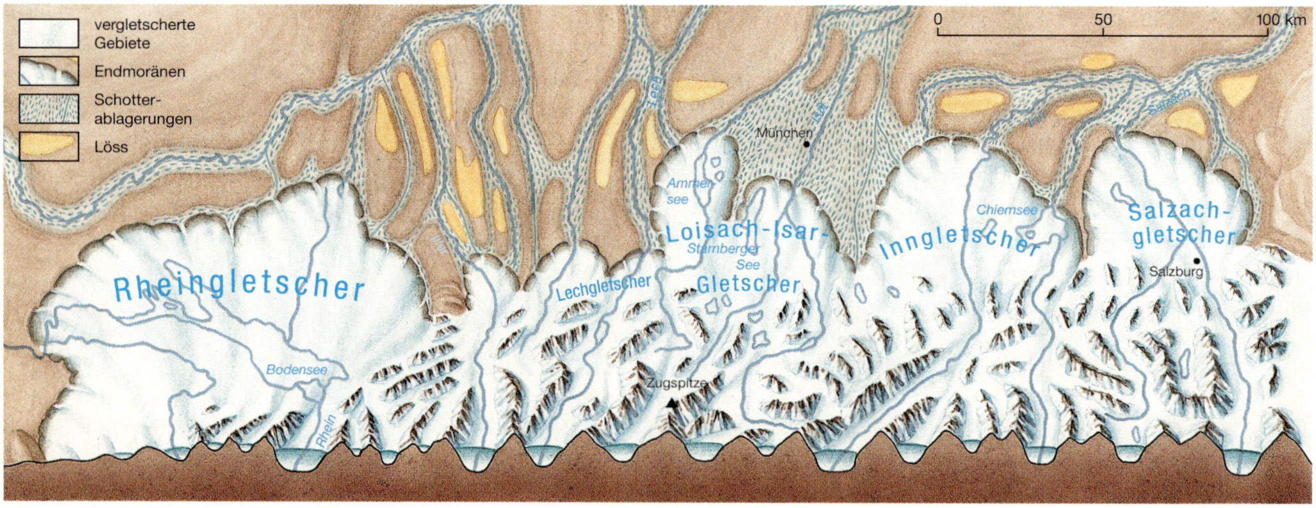

68.3: Das Alpenvorland während der letzten Eiszeit (Würm-Eiszeit) vor ca. 20000 Jahren

Nicht immer waren in Mitteleuropa die Sommer und Wintertemperaturen so wie heute. In den Kaltzeiten, auch **Eiszeiten** genannt, lagen die Jahresmitteltemperaturen um 5–10 °C tiefer als heute (im Winter war es allerdings um 10–25 °C kälter). Vor allem in den Alpen fiel der meiste Niederschlag als Schnee. Weil dort der Schnee auch im Sommer nicht abtaute, wuchs die Schneedecke immer höher, aus der dann immer mächtigeres Gletschereis entstand. Auf seiner Unterseite nahm das fließende Eis lockeres Gestein auf. Es schürfte auch mit diesem Gestein am felsigen Untergrund der Alpen und des Alpenvorlandes. Ein Teil des Gesteinsschutts wurde vom Eis zerstoßen, zerquetscht und zu Gesteinsmehl zerrieben.

69.3: Gletscher

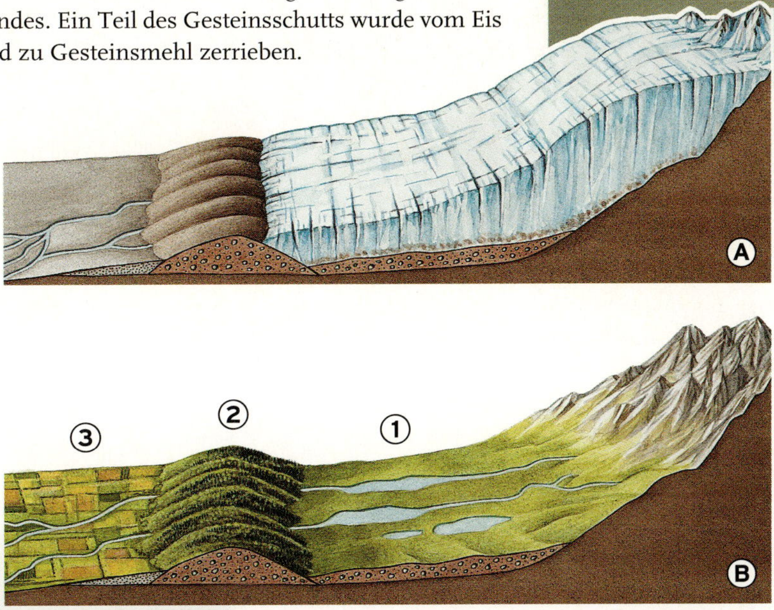

69.2: Alpenvorland während der Eiszeit (A) und heute mit glazialer Serie (B)

69.1: Grundmoräne

Das gesamte vom Gletscher mitgeführte und beim Abschmelzen hinterlassene Material bezeichnet man als **Moräne**. Beim Abtauen der Gletscher blieb das mitgeschleppte Material als **Grundmoräne** liegen. Das heutige Grundmoränengebiet war einst völlig vom Eis bedeckt. Sie sind heute als wellige Landschaften mit zahlreichen Seen, Tümpeln und Mooren zu erkennen. Der Verlauf der **Endmoränen** kennzeichnet die Lage des Eisrandes während der größten Ausdehnung der Gletscher. Das vom Gletscher abgelagerte und teilweise vor sich hergeschobene Material sammelte sich hier und bildet oft über hundert Meter hohe wallartige Hügel.
Durch Schmelzwässer der Gletscher wurden vor den Endmoränen weite, fast ebene Flächen aus Sand und Schotter (Kies) aufgeschüttet. Die räumliche Aufeinanderfolge der verschiedenen von Gletschern geschaffenen Formen nennt man **glaziale Serie**. Solche eiszeitlichen Formen findet man heute im gesamten Alpenvorland.
Aus den Schotterfeldern wurde der feine Gesteinsstaub durch starke Winde ausgeblasen und an anderer Stelle als Löss abgelagert. Da sich auf dem Löss fruchtbare Böden entwickelt haben, werden die Lössgebiete wie z. B. der Kaiserstuhl heute intensiv landwirtschaftlich genutzt.

AUFGABEN

1. *Erkläre, wie die Findlinge nach Oberschwaben gekommen sind.*
2. *Benenne die in Abb. 69.2 fehlenden Begriffe 1–3. Erkläre die Entstehung dieser Landschaftsformen.*
3. *Oberschwaben bezeichnet man auch als ein „Geschenk der Eiszeit". Erkläre.*

Zeitabschnitt der Erdgeschichte, in dem Kalt- und Warmzeiten einander abwechselten (rund 800 000 Jahre bis 10 000 Jahre v. Chr.). Die einzelnen Eiszeiten (Kaltzeiten) werden nach Flüssen benannt, deren Gebiet beim Eisvorstoß erreicht wurde (Reihenfolge von Alt nach Jung):
Günz-Eiszeit
Mindel-Eiszeit
Riss-Eiszeit
Würm-Eiszeit
69.4 Eiszeitalter

Die zwei Gesichter Oberschwabens

Durch das nördliche Oberschwaben

Unsere Fahrradtour beginnt in Ulm. Die Landschaft ist für das Radwandern wie geschaffen. Wir fahren durch eine weite Ebene; nur die Talhänge der Flüsse bieten nennenswerte Steigungen. Bald tauchen die ersten sanften Hügel auf; sie wechseln mit flachen Senken ab. Immer wieder fahren wir durch große Siedlungen. In diesen so genannten Haufendörfern gibt es auch heute noch zahlreiche landwirtschaftliche Betriebe. Der Untergrund dieses **Altmoränengebietes** ist tiefgründig verwittert. Er gibt daher gute Böden für die Landwirtschaft ab. Die Bauern haben sich auf den Anbau von Weizen und Gerste spezialisiert. Unser Ziel ist der Federsee, einer der letzten Seen der Riß-Eiszeit. Die meisten der ehemaligen Seen sind zu Ebenen, Mooren oder Rieden (Sumpfgebieten) verlandet.

Durch das südliche Oberschwaben

Hier ist das Radfahren deutlich anstrengender. Die Landschaft bekommt ein neues Gesicht. Zunächst fahren wir über weit geschwungene, meist bewaldete Hügelketten, das sind die Endmoränen der Würm-Eiszeit. Die weitere Fahrt nach Süden führt über Kuppen und Bergrücken; dazwischen gibt es Torfmoore, kleine Seen und eine Vielzahl von Bachläufen. Der Boden in diesem **Jungmoränengebiet** ist nicht so fruchtbar wie im Norden. Das raue, niederschlagsreiche Klima lässt das Getreide nicht mehr ausreifen. Die Felder werden seltener, stattdessen nehmen Wiesen und Weiden die Flächen zwischen den Hügeln ein. Die Betriebe haben sich häufig auf Rindviehhaltung und Milchwirtschaft spezialisiert. Haufendörfer findet man selten. Dicht gestreut sind kleine Weiler und Einzelhöfe.

Der **Radwanderweg Donau-Bodensee** ist einer der beliebtesten Radwege Deutschlands. Er verläuft von Ulm zum Bodensee und führt durch die verschiedenen Landschaften Oberschwabens.
Es sind mehrere Varianten möglich:
Hauptroute 177 km,
Ostroute 75,5 km,
Westroute 177 km,
als Rundtour 375 km.

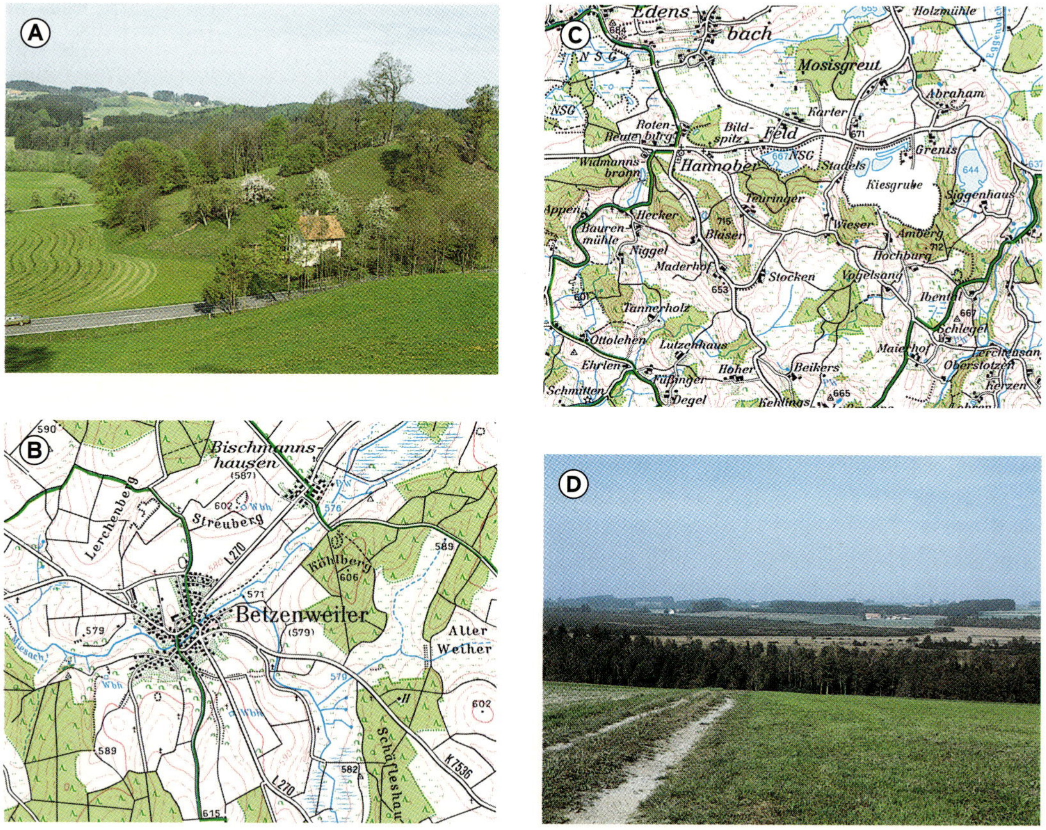

70.1: Die zwei Gesichter Oberschwabens in Bild und Karte

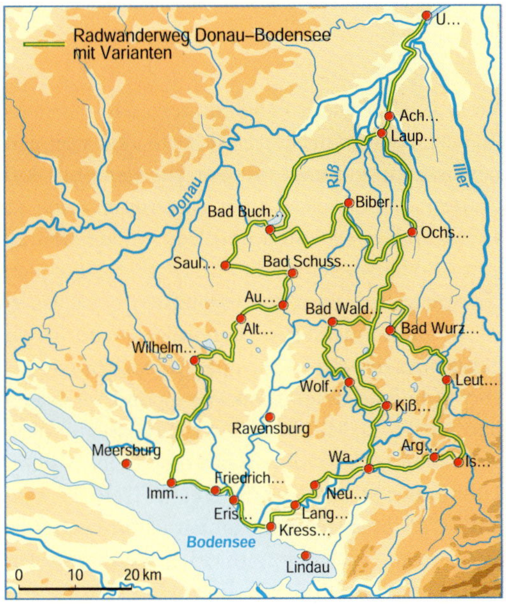

71.1: Radwanderweg Donau-Bodensee

AUFGABEN

1. *Die Ortsnamen in der Karte (Abb. 71.1) sind unvollständig. Schreibe die vollständigen Namen in dein Heft.*
2. *Welche Fotos und Kartenausschnitte auf Seite 70 gehören zum nördlichen Oberschwaben, welche gehören zum südlichen Oberschwaben? Begründe deine Wahl ausführlich.*
3. *Sammle Informationen über das Leben in der Steinzeit (Wohnen, Essen, Kleidung, Werkzeuge, Jagd, Feuermachen). Erstelle eine „Wand-Steinzeit-ung".*

Steinzeit selbst erleben

Mitten in Oberschwaben liegt ein kleiner unscheinbarer See. Er ist von einem breiten Gürtel mit Schilfrohr umgeben und nur über einen 1200 m langen Holzsteg erreichbar. Doch der 1,5 km² große Federsee ist nur der bescheidene Rest eines eiszeitlichen Seengebietes, das nach der letzten Kaltzeit eine hundertmal so große Fläche bedeckte. Damals wimmelte es im See von Fischen und in der weiten Steppenlandschaft weideten Bisons, Elche und Rentiere. Kein Wunder, dass die Menschen der Steinzeit sich hier wohl fühlten. Zahllose Ausgrabungen beweisen, dass die Menschen seit rund 16 000 Jahren hier siedelten. Dicht wie wohl nirgends sonst in Europa befinden sich hier im 45 km² großen Federseebecken gut erhaltene Jagdlager, Moorsiedlungen und Pfahlbauten aus vorgeschichtlicher Zeit. Alle Fundstücke wie Werkzeuge, Kleidung oder Waffen sind hervorragend erhalten, weil sie im Moor jahrtausendelang luftdicht abgeschlossen waren.

Wie anstrengend es war, damals zu leben, kann jeder im originalgetreuen Steinzeitdorf nachvollziehen. Hier lernt man, sich nach Steinzeitart zu kleiden, zu kochen, Werkzeuge herzustellen oder auch Feuer zu machen.

71.3: Selbst Hand anlegen im Federseemuseum

www.federseemuseum.de

71.2: Im Federseemuseum die Steinzeit selbst erleben

Auch Stuttgart „trinkt" aus dem Bodensee

Pumpenleistung am Sipplinger Berg: 8000 l in der Sekunde; eine halbe Million Liter in der Minute = Inhalt von 45 Badewannen

Länge der Pipelines: 1400 km

1 Kubikmeter Wasser = 1000 Liter

1 Kubikkilometer Wasser = 1000000000000 Liter

Der Zweckverband Bodensee-Wasserversorgung bietet Informationen im Internet: *www.zvbwv.de*

Steckbrief Bodensee
Fläche: 540 km²
max. Länge: 65 km
max. Breite: 14 km
Höhe des Seespiegels: 395 m ü. NN
max. Tiefe: 252 m
Wasserinhalt: ca. 50 Mrd. m³

Wenn in Stuttgarts Badezimmern frühmorgens die Duschen plätschern, ist wohl nur wenigen bewusst, dass gerade Wasser aus dem 140 km entfernten Bodensee über sie strömt. Auch in vielen anderen Städten und Gemeinden weit ab vom Bodensee sind die Menschen tagtäglich „hautnah" mit dem See verbunden. 18 Wasserwerke entnehmen einem der größten natürlichen Trinkwasserspeicher Europas jährlich mehr als 180 Kubikkilometer Trinkwasser und versorgen damit etwa 4,5 Millionen Menschen. Bei Sipplingen holen sechs Pumpen fast eine halbe Million Liter in der Minute aus 60 Metern Tiefe. Es wird auf den Sipplinger Berg hinaufgepumpt und in Filterbecken gereinigt. In zwei Fernleitungen gelangt es über ein verzweigtes Netz bis in den Odenwald.

Damit die Menschen auch in Zukunft sauberes Trinkwasser erhalten, muss der Bodensee sauber gehalten werden. Ende der sechziger Jahre war der See in Verruf gekommen, weil Abwässer aus dem seenahen Umland das Wasser verschmutzt und seinen Sauerstoffgehalt gemindert hatten. Der gesunde, sauerstoffreiche See war „krank" und sein Wasser ungenießbar geworden.

Heute hat der Wasserschutz absoluten Vorrang: Rings um den See und an den Zuflüssen wurden Kläranlagen gebaut. Sie haben die Wasserqualität des Bodensees entscheidend verbessert (Abb. 73.1).

Sipplinger Berg: Aufbereitungsanlage (698 m ü. NN)

72.1: Wasserversorgung mit System

73.1: Der Bodensee als Badegewässer – Zustand 2002

AUFGABEN

1. *Zeichne ein Profil entlang der beiden Wasserleitungen (Abb. 72.1). Auf welche Schwierigkeiten mussten die Ingenieure beim Bau der Leitungen achten?*
2. *Wasser ist ein kostbares Gut. Es ist unser wichtigstes Nahrungsmittel. Schreibe auf, wann und wozu du Wasser im Laufe eines Tages verbrauchst. Vergleiche deine Ergebnisse mit den Werten in Abb. 73.3.*
3. *Wie lange könntest du von dem Bodenseewasser trinken und kochen, das einmal im Jahr gewonnen wird?*
4. *Woher kommen die Schadstoffe, die den Bodensee noch heute belasten (Abb. 73.1, Atlas)? Vergleiche dazu auch die Fotos auf Seite 74/75.*
5. *Der Bodensee ist nicht nur ein natürlicher Trinkwasserspeicher, sondern auch eine bevorzugte Urlaubsregion. Worin liegt seine Anziehungskraft?*

Tatort „stilles Örtchen“
Bei einem der größten Wasserschlucker überhaupt, der Toilette, werden bis zu 9 Liter Wasser pro Spülung verbraucht. Hier hilft eine umweltschonende Spartaste. Sie lässt nur so viel Wasser durch, wie wirklich notwendig ist. Moderne Toilettenanlagen kommen mit 6 Liter oder weniger aus.

Tropfender Wasserhahn
Jeder tropfende Wasserhahn verschwendet Wasser. Wenn „nur“ alle 10 Sekunden ein Tropfen fällt, sind das in einem Jahr über 1000 Liter .

Duschen statt Baden
Wer duscht, leistet einen Beitrag zum Umweltschutz. Die Wassermenge für ein Vollbad reicht für 3x3 Minuten prickelnde Dusche. Auch wenn du vor dem Einseifen den Hahn abdrehst, kannst du Wasser sparen.

Zähne putzen – nur mit Becher
Mancher dreht beim Zähneputzen richtig auf. Dabei geht es genauso gut mit viel weniger Wasser. Benutze deinen Zahnputzbecher, statt minutenlang Trinkwasser ungenutzt in den Abguss laufen zu lassen.

73.2: Einige Tipps für intelligentes Wassersparen

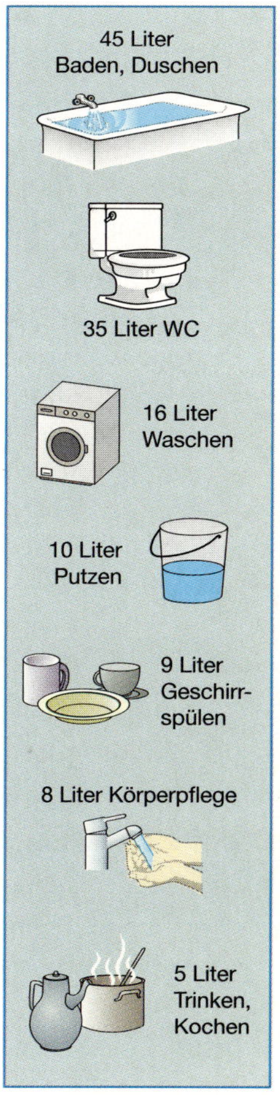

73.3: Wasserverbrauch pro Tag und Person

GEO Praxis — Wir betrachten ein Luftbild

Auf dem Luftbild gibt es viel zu entdecken: Du kannst erkennen, wie die Landschaft genutzt wird. Heute leben fast zwei Millionen Menschen am Bodensee. Und der Bevölkerungszustrom in die beliebte Urlaubsregion hält unvermindert an. Es werden Ansprüche an den See gestellt, die nur schwer miteinander vereinbar sind. Interessenkonflikte sind daher unvermeidlich. Inzwischen ist das Seeufer dicht bebaut. Heute läuft der Bodensee wieder Gefahr, seinen Erholungswert zu verlieren.

①
Wenn wir die wirtschaftliche Entwicklung unserer Region verbessern wollen, brauchen wir in Zukunft neue Gewerbeflächen, bessere Verkehrsbedingungen für unsere Einpendler und schöne Wohngrundstücke am See für unsere Ingenieure und Techniker. Für viele gilt nach wie vor das Motto: Dort arbeiten, wo andere Ferien machen.

③
Die Bodenseeringleitung ist eine tolle Sache! Die vielen Milliarden Euro haben sich wirklich gelohnt. Jetzt ist das Wasser wieder sauber und für viele Millonen Menschen genießbar. Gott sei Dank haben sich alle Beteiligten einsichtig gezeigt. So kann unser Abwasser- und Klärsystem zum Modell für Europa 2010 werden.

②
Jedes Jahr stehen wir vor den selben Problemen: Die Bettenauslastung ist ungenügend. Außerdem nehmen uns die Campingplätze die Dauergäste weg. Und dann überfallen uns an den schönen Wochenenden die Tagestouristen wie die Heuschrecken. Einnahmen bringen sie wenig, dafür viel Stress und Ärger. Wir brauchen unbedingt ein ganzjähriges attraktives Freizeitangebot, vor allem auch für Schlechtwetterperioden.

74.1: Luftbild von Immenstaad am Bodensee

④
Wir fordern das sofortige Verbot aller Motorboote. Sie vergiften durch ihre Einleitung das Trinkwasser, sie verseuchen die Tiere aus den Flachwasserzonen und verjagen die Badegäste mit ihrem Lärm.

⑤
Ich meine, dass jeder Bootsbesitzer in Zukunft einen Liegeplatz nachweisen muss. Nur so können wir verhindern, dass etwa 20 000 Boote „wilde" Liegeplätze haben. Außerdem denke ich an eine zeitliche und räumliche Begrenzung des Wassermotorsports, ebenso an eine Begrenzung der PS-Zahl.

⑥
Allmählich wird es eng hier. Vor 20 Jahren noch konnte ich von meinem Hof direkt zum See hinunter. Heute ist jedes Fleckchen zugepflastert mit Campingplätzen, Parkplätzen, Schwimmbädern, Radwegen usw. Auf keinen Fall werde ich weitere Grundstücke verkaufen!

1. Beschreibe das Luftbild in allen Einzelheiten: Welche Nutzungen kannst du erkennen?
2. Lege ein Transparentpapier über das Luftbild. Zeichne zuerst die Uferlinie, den alten Ortskern von Immenstaad und wichtige Verkehrslinien als Orientierungslinien ein. Versuche dann die einzelnen Nutzungen mit einfachen Strichen zu umfahren und zu benennen. Die Liste (Abb. 75.1) hilft dir beim Entdecken.
3. Erkennst du Einrichtungen, die dem Fremdenverkehr dienen?
4. Welche Nutzungen haben den größten Flächenbedarf?
5. Stimmen am See: Was sagen sie? Wer äußert sie? Zu welchen Nutzungen passen sie?

- Campingplatz
- Yachthafen
- Ortskern Immenstaad
- Klärwerk
- Landeplatz für Wasserflugzeuge
- Firma Dornier
- Naturschutzgebiete
- landwirtschaftliche Betriebe
- landwirtschaftliche Flächen
- Ferienwohnungen
- ältere Orte

75.1: Was du alles auf dem Luftbild sehen kannst

76.1: Lage des Bodensees in Deutschland

Sonderkulturen bedürfen einer besonderen Pflege. Sie benötigen daher einen großen Arbeitsaufwand. Sonderkulturen sind z. B. Wein-, Obst- und Hopfenanbau. Sie werden bevorzugt in klimatisch günstigen Gebieten und meist auf kleinen Flächen angebaut.

Sonderkulturen am Bodensee

Gemüseinsel Reichenau

Mit 4,5 km Länge und 1,5 km Breite ist die Insel Reichenau (4 km^2) die größte der drei Bodenseeinseln. Nicht ohne Grund wird die „Reiche Aue" heute auch „Gemüsebeet Süddeutschlands" genannt.
Noch vor hundert Jahren beherrschte der Weinbau die Insellandschaft. Im Winter 1928/1929 wurden die Rebkulturen durch starke Fröste bis auf wenige Reste vernichtet. Die Bauern stellten sich auf den Gemüseanbau um, der auch höhere Einnahmen versprach.
Da die meisten Gemüsebauern über weniger als 2 ha Anbaufläche verfügen, sind sie zu besonders intensiver Nutzung ihres Landes gezwungen. Neben den Freilandkulturen gibt es eine große Zahl von Glashäusern (Treibhäusern). Außerdem werden im Frühjahr viele Beete mit Folien überdeckt. Dadurch kann fast ganzjährig ausgesät, angebaut und geerntet werden. Die Erntemenge kann dadurch erhöht und das Angebot an hochwertigen Gemüsen erweitert werden.

76.3: Tomaten vom Bodensee

Die Gemüsebauern sind zu einer **Genossenschaft** zusammengeschlossen. Sie hilft und berät beim Einkauf von Saatgut und Jungpflanzen, bei den regelmäßigen Bodenuntersuchungen, beim Düngen und bei der biologischen Schädlingsbekämpfung. Die genossenschaftliche Beregnungsanlage garantiert genügend Wasser auch in Trockenperioden. Die Genossenschaft übernimmt das Sortieren, die Verpackung und den Versand der Produkte.

76.2: Die Insel Reichenau

Obstgarten am Bodensee

Der Nordrand des Bodensees hat sich zu einem der größten Obstanbaugebiete Deutschlands entwickelt. Früher wurden Hochstamm-Obstsorten gepflanzt. Den Großteil der Ernte lieferten die Bauern an Mostereien. Als später der Wunsch der Verbraucher nach Tafelobst erheblich zunahm, brauchten die Obstbauern am Bodensee einige Jahre, um ihre Anbauflächen auf Niederstamm-Obstbäume umzustellen. Dadurch nahm die Zahl der Obstbäume von 70–80 auf ca. 2000 Bäume je Hektar zu. Die neuen Anlagen liefern marktgängige Qualitätsapfelsorten und verlangen intensive Pflege. Die Niederstamm-Obstbäume erleichtern den Maschineneinsatz, die Baumpflege, wie z. B. das Schneiden, und die Ernte.

Hopfenanbau bei Tettnang

Das Gebiet um Tettnang ist Baden-Württembergs bedeutendstes Hopfenanbaugebiet. Der Anbau von Hopfen erfordert einen hohen Arbeitseinsatz. So muss man für 1 ha Hopfengarten etwa 650 Arbeitsstunden im Jahr aufwenden (zum Vergleich: für 1 ha Getreideland nur 25!). Früher benötigte ein Hopfenbauer etwa 150 Erntehelfer. Durch den Einsatz von Erntemaschinen sind es heute nur noch acht. Wegen seiner guten Qualität ist der Tettnanger Hopfen sehr gefragt. Der Verkauf an Brauereien bringt gute Erlöse, sodass auch schon kleinere Anbauflächen rentabel sind.

77.1: Im Hopfengarten

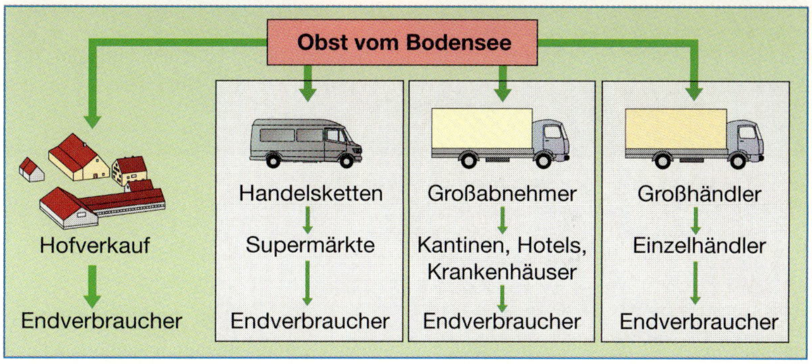

77.2: Der Weg der Äpfel zum Verbraucher

AUFGABEN

1. *Wodurch werden die Gemüseerträge auf der Insel Reichenau gesteigert?*
2. *Überlege, warum sich die Gemüsebauern der Insel Reichenau zu einer Genossenschaft zusammengeschlossen haben.*
3. *Beschreibe die verschiedenen Wege der Äpfel zum Endverbraucher (Abb. 77.2).*
4. *Erkläre das Sprichwort: „Der Hopfen will jeden Tag seinen Herrn sehen."*

Steckbrief des Hopfens
Kletterpflanze;
Anbau der weiblichen Pflanze an Drahtgerüsten;
künstliche Befruchtung;
Verwendung der Aroma- und Geschmacksstoffe der Dolden beim Bierbrauen;
Ernte heute maschinell; nach der Ernte Trocknen der Hopfendolden

77.3: Hopfendolden (Originalgröße)

78.1: „Aussicht vom Isteiner Klotzen auf den Rhein“
(Gemälde von Peter Birmann, um 1840)

„Zwey andere Gemeinden, als Au und Daxland, seynd wegen des angrenzenden Rheins in beständiger Gefahr einer Überschwemmung, und zwar Daxland am allermeisten.
Um das Jahr 1651 und 1652 war dieser Auslauf so stark, daß über 20 Häuser seynd mit ihren Fundamenten vom Wasser ausgespielt und zu Grund gerichtet; mehr denn 100 Äcker unbrauchbar gemacht, so gar die Kirchen, welche sonst mitten im Dorf war, von dem Strohm ganz umgeben, die Särg mit den Todten aus den Gräbern, die Kühe aus den Ställen und die Weinfässer aus den Kellern heraus, und den Rhein hinunter geführt worden.“

78.3: Urkunde über zwei Gemeinden bei Karlsruhe

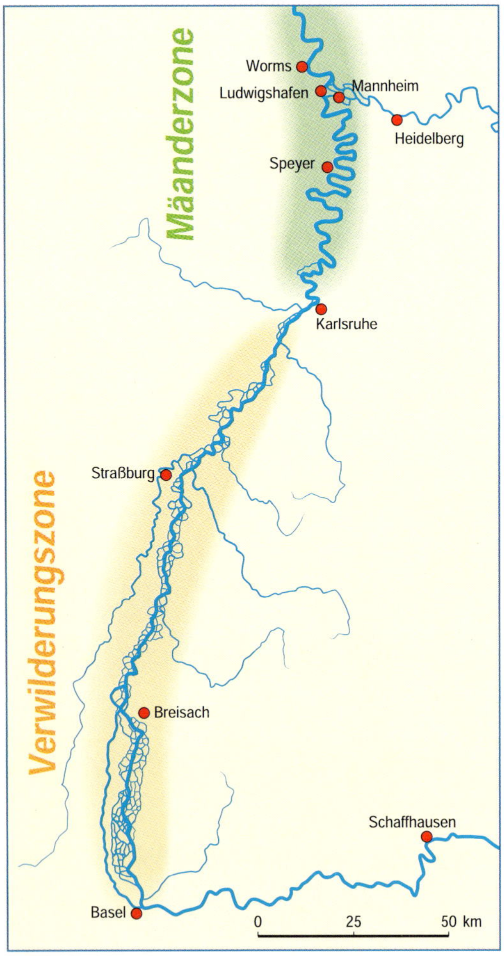

78.2: Der wilde Rhein vor der Korrektur

Der wilde Rhein wird gebändigt
Tullas geniale Idee – aus der Not geboren

So „zahm“ wie heute war der Rhein nicht immer. Noch bis ins 19. Jahrhundert hatte er kein festes Bett. Mit jedem Hochwasser verlegte der Fluss seinen Lauf und ritt seine „Attacken“ gegen die schutzlosen Dörfer.
Um die Menschen am Oberrhein von ihren Sorgen zu befreien, entwarf der badische Ingenieur Johann Gottfried Tulla einen ebenso gewaltigen wie genialen Plan. Er wollte den pendelnden Strom in ein festes Bett zwingen. Sein Grundgedanke war dabei, den Rhein selbst zur „Arbeit“ heranzuziehen.
In mühseliger Handarbeit führten zunächst Tausende von Menschen mit Spaten, Schaufeln und Schubkarren in den feuchten, mückenverseuchten Sumpfgebieten umfangreiche Erdarbeiten aus. Zwischen zwei Rheinschleifen hob man einen „Leitgraben“ von etwa 25 m Breite aus. Die ausgehobene Erde diente dem Bau von Dämmen an den geplanten Flussufern. Waren die Vorarbeiten beendet, erfolgte der spannende Augenblick des „Durchstichs“: Und der Rhein tat, was Tulla von ihm erwartete!
Von 1817 bis 1880 wurde der Rhein nach den Plänen von Tulla begradigt. Das Ergebnis dieser **Rheinkorrektur** war eine Verkürzung des Verlaufs zwischen Basel und Mannheim um 90 km, ein Viertel seiner Länge. Der Rhein strömte in einem festen Bett von nur noch ca. 200 m Breite.

AUFGABEN

1. *Worin bestand die geniale Idee Tullas? Welche Arbeit musste der Fluss leisten? Messe dazu auf der Karte (Abb. 79.1) mit einem Faden die Länge des alten Flusses und vergleiche mit der Länge des begradigten Flusses.*
2. *Schau dir das „Wasserexperiment“ (Abb. 79.2) genau an. Inwiefern hilft dir das „Wasserexperiment“ bei der Klärung von Tullas pfiffiger Idee?*

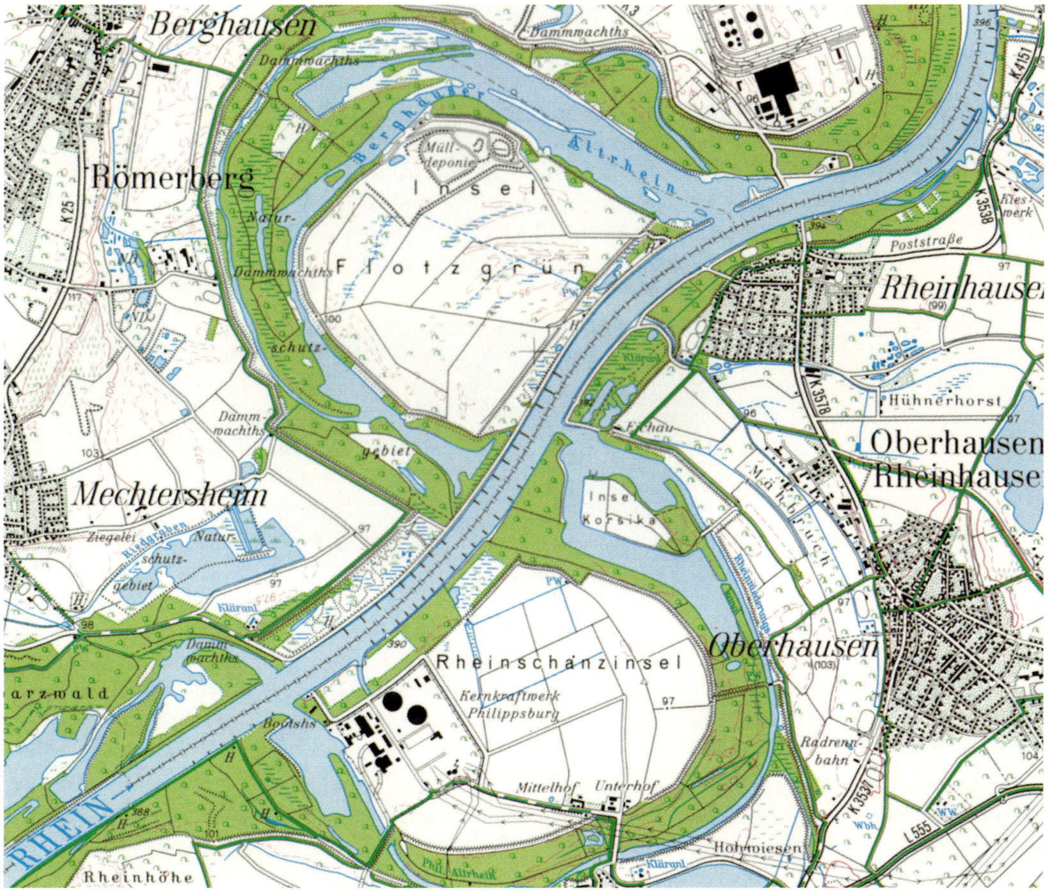

79.1: Der Rhein bei Speyer heute (topographische Karte 1:50000)

79.3: Johann Gottfried Tulla (1770–1828)

Eine wichtige Rolle bei Tullas pfiffiger Idee:

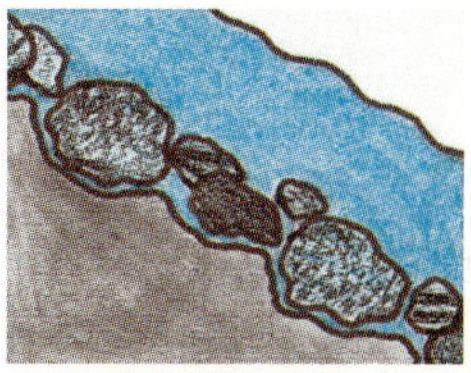
79.4: Gesteine = **Erosionswaffen**

GEO Praxis | Wir führen ein „Wasserexperiment" durch

Versuchsaufbau
Füllt in die beiden Wasserbehälter unterschiedlich gefärbtes Wasser ein. Stellt einen Tisch im Klassenzimmer mit einer der beiden kurzen Seiten auf einen Stuhl, sodass eine schiefe Ebene entsteht. Klebt einen Schlauch mit dem Klebeband in Schlingen auf den Tisch (Altrhein). Klebt den anderen Schlauch „gerade" auf den Tisch (begradigter Rhein). Die beiden Trichter steckt ihr in die Schlauchenden am erhöhten Teil des Tisches. Die Schlauchenden zum Ableiten des Wassers kommen in die Auffangbehälter.

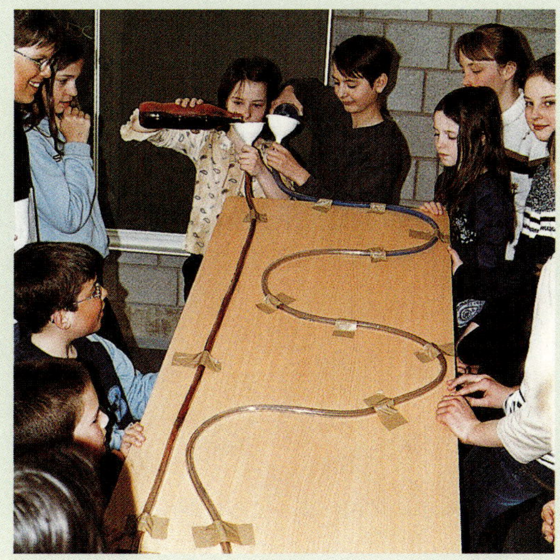
79.2: Versuchsdurchführung

Material:
- 2 durchsichtige Schläuche, je ca. 3 m lang (Baumarkt)
- 2 passende Trichter
- 2 verschiedene Farben zum Einfärben von Wasser
- 2 Wasserbehälter (z.B. Flaschen)
- 2 Auffangbehälter (z.B. leere Abfalleimer)
- durchsichtiges Klebeband

79.5: Materialliste

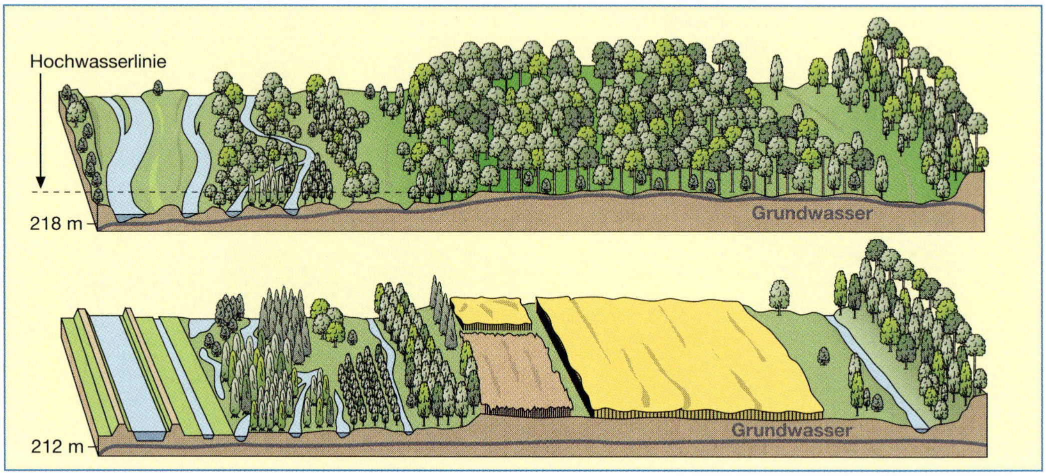

80.1: Veränderungen durch die Rheinkorrektur

Die Rache des Rheins

Tullas Meisterleistung erwies sich bald als ein zweischneidiges Schwert. Die Begradigung des Rheins zwischen Straßburg und Worms, wo der Rhein aufgrund seines geringen Gefälles besonders stark pendelte, brachte große Vorteile. In der ehemals versumpften und mückenverseuchten Flussaue konnten neue Flächen für Ackerland und Siedlungen gewonnen werden. Außerdem war jetzt ganzjährig eine gefahrlose Schifffahrt bis Basel möglich.

Im südlichen Oberrheingebiet zeigten sich jedoch ungeahnte Folgen. Obstbäume gingen ein, Ackerland trocknete aus, Brunnen versiegten, für viele Dörfer bestand Trinkwassernot. Diese Gefahr besteht bei sommerlicher Trockenheit auch heute noch.

80.2: Rheinschlinge Marckolsheim nördlich von Breisach (Blick nach Norden)

Die natürliche Pflanzenwelt veränderte sich ebenfalls. Von den herrlichen Urwäldern entlang des alten Rheins sind heute nur noch kleine Inseln erhalten, wie wir sie im Taubergießen vorfinden. Sie stehen als die letzten „Auenwald-Paradiese" unter Naturschutz.

Tulla hat zwar die Hochwassergefahr für die Dörfer im südlichen Oberrheingebiet gebannt, doch diese Gefahr hat sich heute stromabwärts verlagert. Besonders betroffen ist das Gebiet zwischen Karlsruhe und Bingen. Früher traten so genannte Jahrhunderthochwasser etwa alle 200 Jahre auf. Heute sind sie alle 50 Jahre zu befürchten.

Seit über 150 Jahren versuchen Ingenieure durch Deiche und Begradigungen den Rheinverlauf zu korrigieren. Immer näher rücken Dämme an das alte Flussbett heran. Für die Nutzung der Wasserkraft wurde der Rhein streckenweise in ein festes, voll ausbetoniertes Bett gegossen (Abb. 80.2). So werden bei Schneeschmelze oder lang anhaltenden Regenfällen ungeheure Wassermassen durch ein verengtes Flussbett hindurchgepresst und fließen deshalb heute doppelt so schnell „wie auf einer Autobahn" ab. Die Hochwasserwelle des Rheins vereinigt sich häufig mit denen der Nebenflüsse Neckar, Main und Mosel. Hinzu kommt, dass durch die Bebauung der Flussauen riesige Flächen, die früher überflutet wurden, verloren gegangen sind. Jahrhundertelang hatten die Auen zwischen Basel und Karlsruhe wie ein Schwamm gewirkt. Breitflächig hatte das Wasser ablaufen können.

> Was liegt näher, als den Naturzustand wieder herzustellen und dadurch den Hochwassern ihre verheerende Wirkung zu nehmen? Der Rhein soll wieder das tun dürfen, was ihm einst verboten wurde: Er soll wieder überlaufen dürfen! Damit könnten die Hochwasser gebremst und wieder aueähnliche Zustände erreicht werden. Doch gegen diese Pläne erhebt sich der Widerstand derer, die die Auen inzwischen intensiv bewirtschaften. Die Lösung des Konflikts ist eine schwierige Aufgabe.

81.2: Der Rhein soll wieder überlaufen dürfen

AUFGABEN

1. *Vergleiche die Rheinniederung vor 1800 mit der heutigen (Abb. 80.1). Welche Veränderungen sind in der Stromaue vor sich gegangen?*
2. *Wie „rächte" sich der Rhein?*
3. *Benenne die Landschaftselemente und Einrichtungen (1–5) des heutigen Rheins (Abb. 80.2) mithilfe der Abb. 80.2a.*
4. *Weshalb hat sich das Hochwasser jetzt stromabwärts verlagert?*

81.1: Überflutungsflächen am Oberrhein

82.1: Hochwasser in Köln

82.2: Gewässernetz Deutschlands

Die Schicksalsströme Deutschlands

Der Sommer 2002 brachte ganz Mitteleuropa eine bis dahin noch nie da gewesene Jahrhundertflut. Unbedeutende Flüsschen verwandelten sich in reißende Ströme, die Kanalisation in den Dörfern und Städten brach zusammen, begradigte Bäche bahnten sich einen zerstörerischen Weg durch die Ortschaften, halb Sachsen stand unter Wasser.

In Köln singt man gerne das Volkslied vom Rhein, der einmal im Jahr aus seinem Bett kommt, um sich in der Stadt umzuschauen. Hochwasser verbindet man hier nicht sogleich mit einer Katastrophe. Der „hochgehende“ Fluss gehört zum Jahresablauf. Man weiß in Köln, in Passau oder in Dresden: Regnet es heftig im Oberlauf, hat man bald den Rhein, die Donau oder die Elbe in den Kellern. Hochwasser sind Naturereignisse. Ihr Ausmaß wird vor allem durch das Wetter im Einzugsbereich bestimmt. Aus dem Wissen um solche Regelmäßigkeiten haben die Menschen früher respektvoll Abstand zum Fluss gehalten oder sich in ihrer Bauweise darauf eingerichtet.

Inzwischen hat auch der Mensch dazu beigetragen, die Hochwassergefahr zu vergrößern. Immer mehr Land wird verbaut und mit Gebäuden und Straßen zugepflastert. Dadurch fließt der Niederschlag immer schneller in die Gewässer. Viele Flüsse wurden in eine „Zwangsjacke“ gesteckt, begradigt, kanalisiert und die Ufer und das Gewässerbett befestigt. So sind viele Überschwemmungen auch „hausgemacht“.

83.1: Hochwasser in Dresden

Heute hat man durch langjährige Hochwasserbeobachtung gelernt, sich für solche Jahrhunderthochwasser zu rüsten. Zu schaffen ist das nur, wenn die Wassermassen am Oberlauf aufgefangen, breitere Überflutungszonen geschaffen oder die Flüsse wieder in einen naturnahen Zustand zurückgeführt werden.

83.2: Ein Blatt

AUFGABEN

1. *Lege ein Transparentpapier auf die Karte (Abb. 82.2) und zeichne die drei großen Ströme Deutschlands auf der Karte nach.*
2. *Es fällt Regen in Bern, Füssen und Hof. Zeichne den Weg der Regentropfen in deine Karte ein. Wo endet ihre Reise?*
3. *Inwiefern ist das Gewässernetz einem Blatt oder Baum vergleichbar (Abb. 83.2)? Erkläre die Begriffe* ***Einzugsgebiet*** *und* ***Wasserscheide****.*

83.3: Hochwasser in Passau

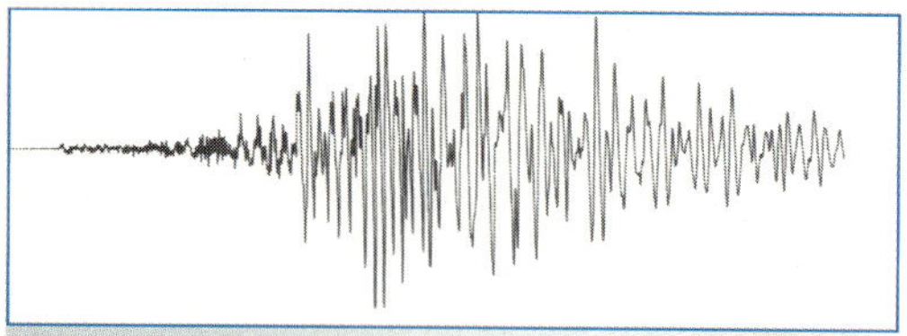

Samstagabend, 22. Februar 2003, 22.41 Uhr: Drei bis vier Sekunden lang bebte die Erde, Dächer wackelten, Kamine stürzten ein, Fenster klirrten, Mauern bekamen Risse, zahlreiche Menschen liefen verstört auf die Straße. In Straßburg, wo das Erdbeben besonders heftig war, flohen 1000 Gäste Hals über Kopf aus dem Opernhaus.

84.1: Zeitungsmeldung

84.4: In der Rheinebene heute

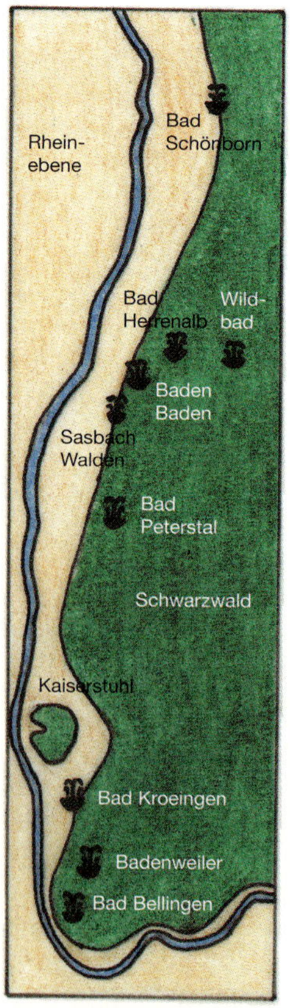

84.2: Bäderland

84.3: Oberrheingraben mit Erdbebenzentrum vom 22. Februar 2003 (Computerdarstellung)

Ein Riss durch Deutschland

Erdbeben im südlichen Oberrheingebiet sind für Geologen keine Überraschung. Für sie ist die Oberrheinebene ein 300 km langer, bis zu 40 km breiter und 3–4 km tiefer Riss in der Erde. In diesem Graben finden noch heute ruckartige Bewegungen statt, die wir als Erdstöße, als Erdbeben wahrnehmen. Warum aber bebt die Erde hier noch heute? Die Erklärung liegt in der Entstehungsgeschichte von Schwarzwald, Vogesen und Oberrheinebene. Beide Landschaften sind untrennbar miteinander verbunden. Doch im Gegensatz zum „alten“ Schwarzwald ist der Oberrheingraben eine erdgeschichtlich „junge“ Landschaft, in der die Erde noch nicht zur Ruhe gekommen ist. Geologen, die Gesteinsuntersuchungen, Tiefbohrungen und Messungen von Erdbewegungen auswerten, stellen sich die Entstehung folgendermaßen vor: Einst nahm ein gewaltiges Gebirge aus den Urgesteinen Granit und Gneis den gesamten Raum des heutigen Schwarzwaldes, der Rheinebene und der Vogesen ein. Wolkenbruchartige Regenfälle, orkanartige Stürme, riesige Eismassen, reißende Flüsse und die Kräfte der Verwitterung wie Sonne und Kälte wirkten auf dieses **Grundgebirge** ein, trugen es ab und verwandelten es in ein flachwelliges Hügelland. Aus den umliegenden Gebirgen wurden abgetragener Gesteinsschutt und Sande in Senken des Hügellandes abgelagert. Danach überfluteten Meere das Hügelland. Unzählige abgestorbene Muscheln und Meerestiere lagerten sich auf dem Meeresgrund ab. So bildete

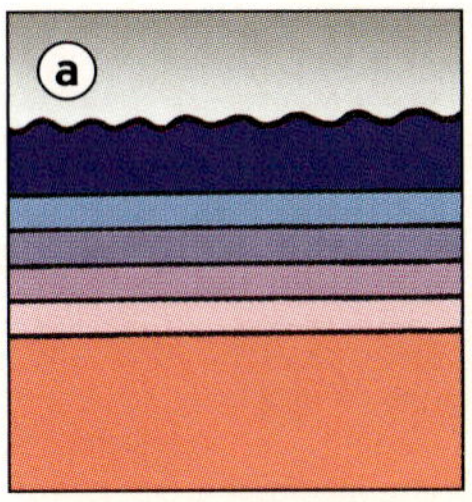

Zeitraum: vor ca. 150 Mio. Jahren

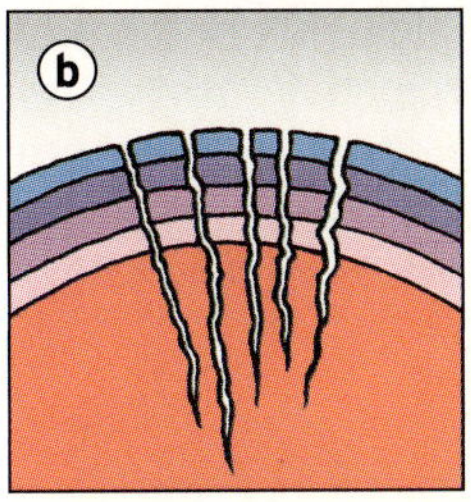

Zeitraum: vor ca. 144 Mio. bis 55 Mio. Jahren

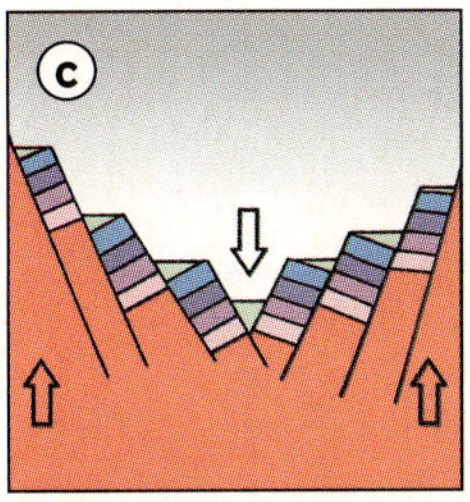

Zeitraum: vor ca. 55 Mio. Jahren bis heute

sich ein viele Hundert Meter mächtiges **Deckgebirge** aus Sandsteinen und Kalksteinen.

Vor ca. 150 Millionen Jahren fing die eigentliche Entstehung des Oberrheingrabens an, als gewaltige Kräfte des Erdinnern zu wirken begannen (Abb. 85.1). Diese Bewegungen dauern noch heute an, z. B. senkt sich der Graben bei Karlsruhe um 0,5 mm pro Jahr. Geologen sprechen aufgrund der Entstehung des Oberrheingrabens auch von einem **Grabenbruch**. Tiefe Risse und Spalten, Bruchlinien, so genannte Verwerfungen, sind die Folgen dieser Entstehung. Sie erklären auch, warum heute noch die Erde bebt, wie der Kaiserstuhl entstanden ist und warum wir am Westrand des Schwarzwaldes so viele Thermal- und Mineralquellen finden (Abb. 84.2).

AUFGABEN

1. *Erkläre die Begriffe Grundgebirge und Deckgebirge mithilfe des Textes und der Abb. 85.1a.*
2. *Schildere die Entstehung des Oberrheingrabens anhand der Abb. 85.1 a–c und erkläre den Begriff „Grabenbruch".*
3. *Erläutere, wie der Kaiserstuhl entstanden ist (Abb. 85.1d).*
4. *Warum treten im Oberrheingebiet noch heute Erdbeben auf (Abb. 85.1)?*
5. *In der Oberrheinebene reihen sich Badeorte wie auf einer Perlenkette (Abb. 84.2). Nenne bekannte Badeorte. Welche Erklärung hast du für diese regelhafte Verteilung?*

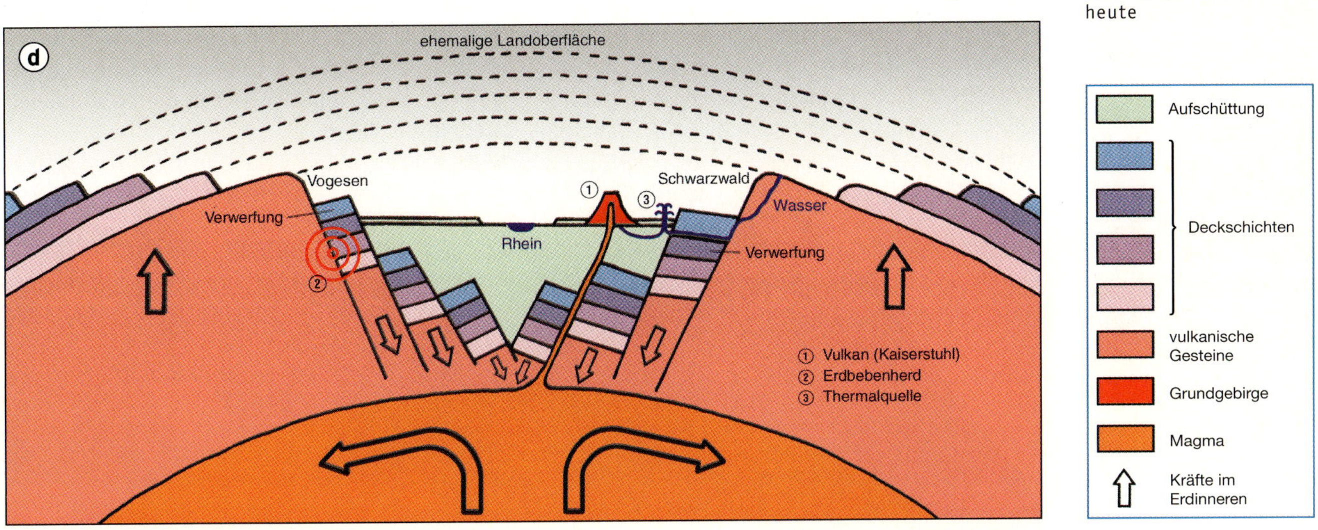

85.1: Der Oberrheingraben heute

Die Oberrheinebene – ein Gunstraum

Die Oberrheinebene zählt zu den ältesten besiedelten Räumen Südwestdeutschlands. Viele der heutigen Dörfer sind älter als 1000 Jahre. Zahlreiche Funde aus der Steinzeit weisen sogar auf eine über 10 000 Jahre alte Besiedlung hin. Ebenfalls früh entstanden hier die ersten Städte. Viele entwickelten sich aus römischen Siedlungen und Lagern, vor allem an natürlichen Zugängen und „Pforten". Zu ihnen zählen z. B. Basel, Offenburg, Straßburg, Speyer, Worms und Mainz. Andere Städte wurden als Badeorte berühmt, wie die „Römerkurorte" Baden-Baden und Badenweiler.
Im Zuge der weiteren Besiedlung wurden Freiburg und Heidelberg sowie in jüngerer Zeit Karlsruhe und Mannheim gegründet. Die Entwicklung dieser beiden Städte geht vor allem auf den Ausbau des Rheins als Schifffahrtstraße zurück. Die Rheinbegradigung nach Tulla war insbesondere für den Raum Mannheim-Ludwigshafen von Bedeutung. Aus dem ehemaligen Handelshafen am Zusammenfluss von Rhein und Neckar konnte sich ein bedeutender Industriehafen für größere Schiffe entwickeln. Heute ist der Rhein für große Schiffe ab Basel befahrbar. Er ist die meistbefahrene Binnenwasserstraße Europas.
Die Oberrheinebene ist von Natur aus eine ideale Verkehrsleitlinie (Abb. S. 86.1). Dank ihres geradlinigen und steigungsarmen Verlaufs ermöglicht sie allen Verkehrsmitteln eine zügige Durchreise. Wie eine riesige Schiene bündelt sie den Verkehr. Sie leitet ihn weiter und gibt ihn an den Ausgängen wie ein Verkehrskreisel strahlenförmig ab. Zudem ermöglichen die Einsenkungen des Kraichgaus und der Zaberner Senke günstige Querverbindungen.

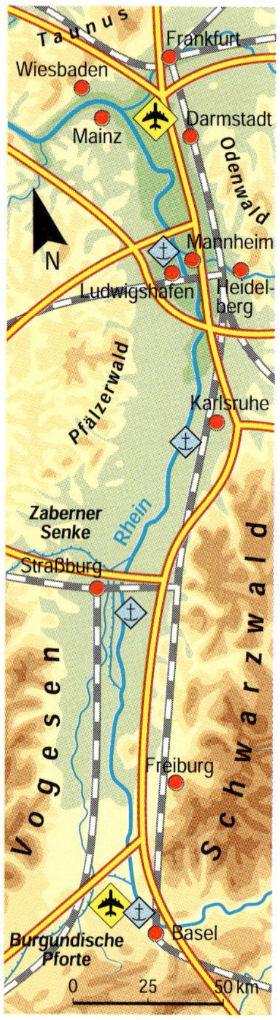

86.1: Die Rheinschiene – ein Verkehrsbündler

86.3: Die Oberrheinebene

Die Oberrheinebene wird auch als „Garten Deutschlands" bezeichnet. Durch die geschützte Lage im Regenschatten zweier Mittelgebirge erhält das Oberrheingebiet verhältnismäßig geringe Niederschläge. Die Sonnenscheindauer ist hoch. Diese einmalige Klimagunst macht es zu einer Wärme- und Trockeninsel und lässt eine Vielzahl von **Sonderkulturen** gedeihen (Abb. 87.2). Der Kaiserstuhl ist eines der besonders begünstigten Anbaugebiete in der Rheinebene. Das kleine Gebirge, dessen Kern aus vulkanischem Gestein besteht, kann sich rühmen, das wärmste und sonnigste Weinbaugebiet Deutschlands zu sein (Abb. 87.1). Hinzu kommen bis zu 40 m dicke Lössdecken, deren Böden Wärme und Regen speichern und den Reben die notwendigen Nährstoffe liefern.

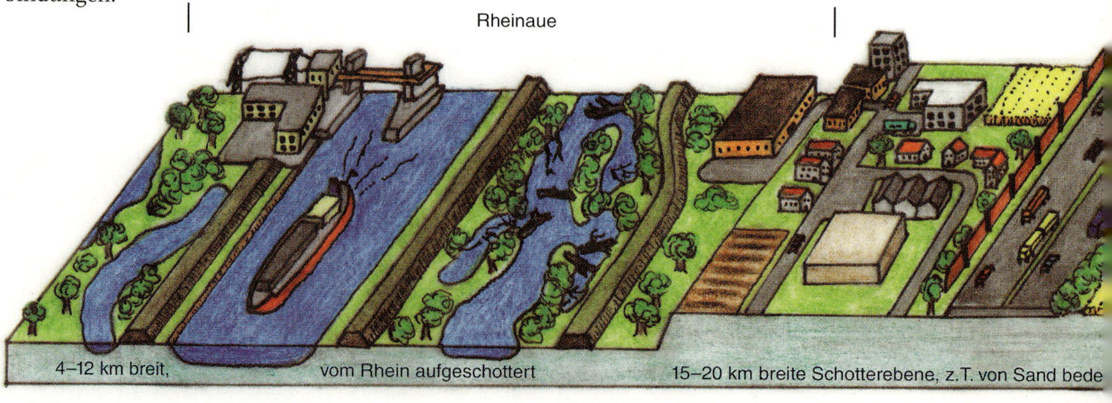

86.2: Profil vom Rhein bis zum Schwarzwald

AUFGABEN

❶ *Die Oberrheinebene ist in vielerlei Hinsicht ein Gunstraum. Belege dies anhand des Textes und der Abbildungen.*

❷ *Eine Wanderung von der Rheinaue bis zum Schwarzwald (Abb. 86.2) führt durch verschiedene Landschaften. Beschreibe diese bezüglich landwirtschaftlicher Nutzung, Siedlungen und Verkehr.*

❸ *Welche Sonderkulturen werden am Oberrhein angebaut? Informiere dich in einem Lexikon über deren Besonderheiten und halte ein kurzes Referat.*

87.2: Sonderkulturen

87.1: Weinbauterrassen am Kaiserstuhl

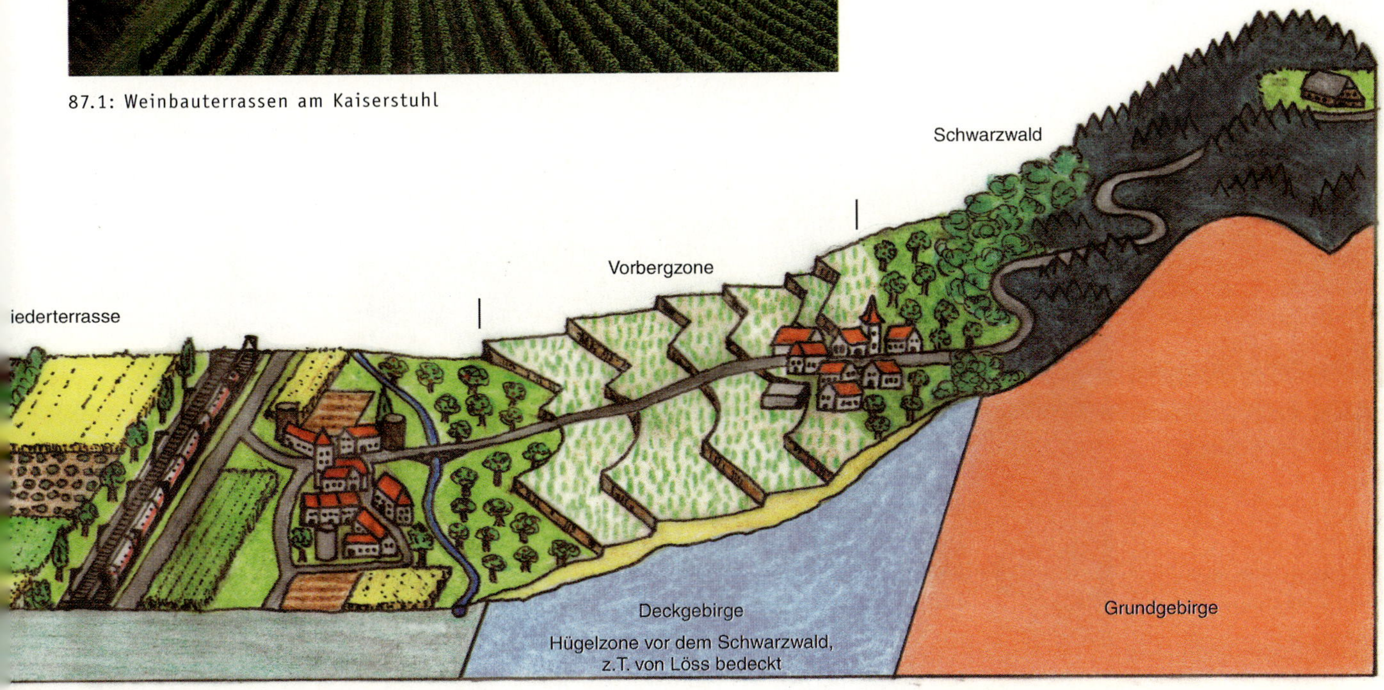

GEO Praxis – Lernen an Stationen – der Schwarzwald

Station 1:
Das Klima im Schwarzwald und in der Oberrheinischen Tiefebene

Station 2:
Das Schwarzwaldhaus

Station 3:
Von der Agrarwirtschaft zur Erholungslandschaft (Beispiel Hinterzarten)

Station 4:
Traditionelle Waldgewerbe heute: Untergang oder moderner Industriezweig

Station 5:
Die verborgenen Gesichter des Schwarzwaldes

Station 6:
Freizeit im Schwarzwald

Station 7:
Wandern im Schwarzwald

Station 8:
Bollenhut, Sunnewirbili, Schmutzige Dunschtig

Wie der Name schon sagt, lernen wir heute und in den folgenden Unterrichtsstunden an Stationen. Beim Lernen an Stationen arbeiten jeweils 3–6 Schülerinnen und Schüler in einer Gruppe zusammen. Eine Station ist eine Doppelseite im Buch und ist mit einem Symbol („Tanne“) gekennzeichnet, das die Nummer der Station angibt. Die Überschrift gibt das Thema an. Eine Station besteht aus Materialien, z. B. Fotos, Zeichnungen, Diagrammen, Texten oder Tabellen, und aus Aufgaben. Die Stationen findet ihr auf den nächsten Seiten. Geht folgendermaßen vor:

1. Regeln für das Lernen an Stationen

Überlegt gemeinsam, welche Regeln während der Arbeit gelten sollen. Schreibt die Regeln auf ein Plakat und hängt es im Klassenzimmer auf (Abb. 88.2). Folgende Fragen können euch als Anregung dienen:

Sollen die Tische im Klassenzimmer umgestellt werden (Abb. 88.1)? Wenn ja, von wem und wann wird das erledigt? Wie laut darf gesprochen werden? Was kann jemand machen, dem es zu laut ist (z. B. ein bereitgestelltes Glöckchen läuten)?

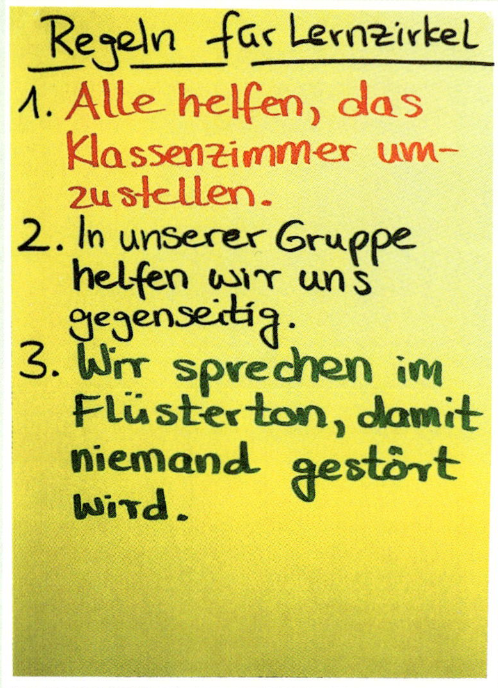

88.2: Plakat mit Regeln

2. Reihenfolge der Stationen

In welcher Reihenfolge ihr die Stationen bearbeitet, ist euerer Gruppe überlassen, d. h., es ist egal, mit welcher Station ihr beginnt.

3. Pflicht- und Wahlstationen

Beim Lernen an Stationen gibt es Pflichtstationen und Wahlstationen. Eine Pflichtstation muss von allen Gruppen bearbeitet werden. Eine Wahlstation muss nicht erledigt werden, sondern kann erledigt werden. Deswegen sollen zuerst alle Pflichtstationen bearbeitet werden. Dabei ist die Reihenfolge beliebig. Nur in der verbleibenden Zeit können Wahlstationen bearbeitet werden. Die Lehrkraft gibt an, welche Stationen Pflicht- und welche Wahlstationen sind.

88.1: Arbeitsgruppe an einzelnen Stationen

4. Laufzettel

Ein Laufzettel hat drei Spalten (Abb. 89.1): In der ersten Spalte wird das Datum eingetragen, in die zweite Spalte die Nummer der Station und in die dritte Spalte die Nummern der erledigten Aufgaben. Die Lehrkraft bestätigt euch am Ende der Zeile mit ihrer Unterschrift, dass alle Aufgaben dieser Station sorgfältig erledigt wurden. Legt euch auf einer neuen Heftseite einen Laufzettel an. Im Laufzettel könnt ihr jederzeit kontrollieren, welche Aufgaben ihr schon erledigt habt und welche Aufgaben noch zu erledigen sind.

Name: Rebekka Müller

Kontrollblatt zum Lernzirkel Schwarzwald

Datum:	Stationsnummer:	Aufgabennummer:
18.03.03	6	1–4
25.03.03	4	1
31.03.03	3	1–4
01.04.03	5	1–4

89.1: Laufzettel

5. Teamarbeit

Damit eine Gruppe erfolgreich arbeiten kann, ist es notwendig zusammenzuarbeiten.

a) Lest die Aufgabe gemeinsam (z. B. könnte ein Gruppenmitglied die Aufgabe vorlesen).
b) Besprecht die Lösung in der Gruppe.
c) Notiert eure Ergebnisse im Heft.
d) Helft euch gegenseitig und geht erst zur nächsten Aufgabe, wenn alle fertig sind. Wiederholt die Schritte a) bis d) für jede Aufgabe.
e) Habt ihr alle Aufgaben einer Station erledigt, dann holt euch das Lösungsblatt bei der Lehrkraft und vergleicht, berichtigt und ergänzt eure Lösungen.
f) Sucht euch eine neue Station aus.

6. Hefteintrag

Während des Lernzirkels haltet ihr die Ergebnisse im Heft fest. Damit das Heft übersichtlich bleibt und man sich schnell darin zurechtfinden kann, beginnt jeden Hefteintrag mit der Nummer und dem Namen der Station, dem Datum und der Nummer der Aufgabe. Abb. 89.2 zeigt, wie ein Hefteintrag aussehen sollte.

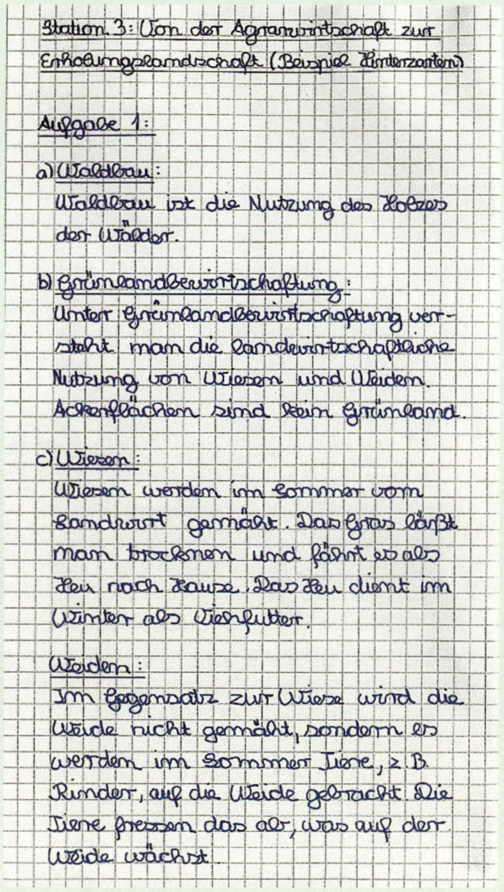

Station 3: Von der Agrarwirtschaft zur Erholungslandschaft (Beispiel Hinterzarten)

Aufgabe 1:

a) Waldbau:
Waldbau ist die Nutzung des Holzes der Wälder.

b) Grünlandbewirtschaftung:
Unter Grünlandbewirtschaftung versteht man die landwirtschaftliche Nutzung von Wiesen und Weiden. Ackerflächen sind kein Grünland.

c) Wiesen:
Wiesen werden im Sommer vom Landwirt gemäht. Das Gras läßt man trocknen und fährt es als Heu nach Hause. Das Heu dient im Winter als Viehfutter.

Weiden:
Im Gegensatz zur Wiese wird die Weide nicht gemäht, sondern es werden im Sommer Tiere, z. B. Rinder, auf die Weide gebracht. Die Tiere fressen das ab, was auf der Weide wächst.

89.2: Hefteintrag

Tipp

Jede Station hat rechts eine Spalte, die euch hilft, die Antworten zu gliedern, zu formulieren oder eine Zeichnung anzulegen. Auf den folgenden Seiten (S. 90–105) findet ihr Beispiele. Die Tipps zum Hefteintrag sind mit einem Symbol gekennzeichnet (Abb. 89.3).

89.3: Symbol für Hefteintrag

GEO Praxis

Station 1: Das Klima im Schwarzwald und

90.1: 15. April in der Oberrheinischen Tiefebene

90.2: 15. April im Schwarzwald

Monat	J	F	M	A	M	J	J	A	S	O	N	D	Jahr
Temperatur in °C	1	2	5	9	14	18	19	19	16	10	5	2	10
Niederschlag in mm	63	56	56	65	85	117	107	106	95	69	71	54	944

90.3: Klimatabelle von Freiburg im Breisgau (269 m ü. NN)

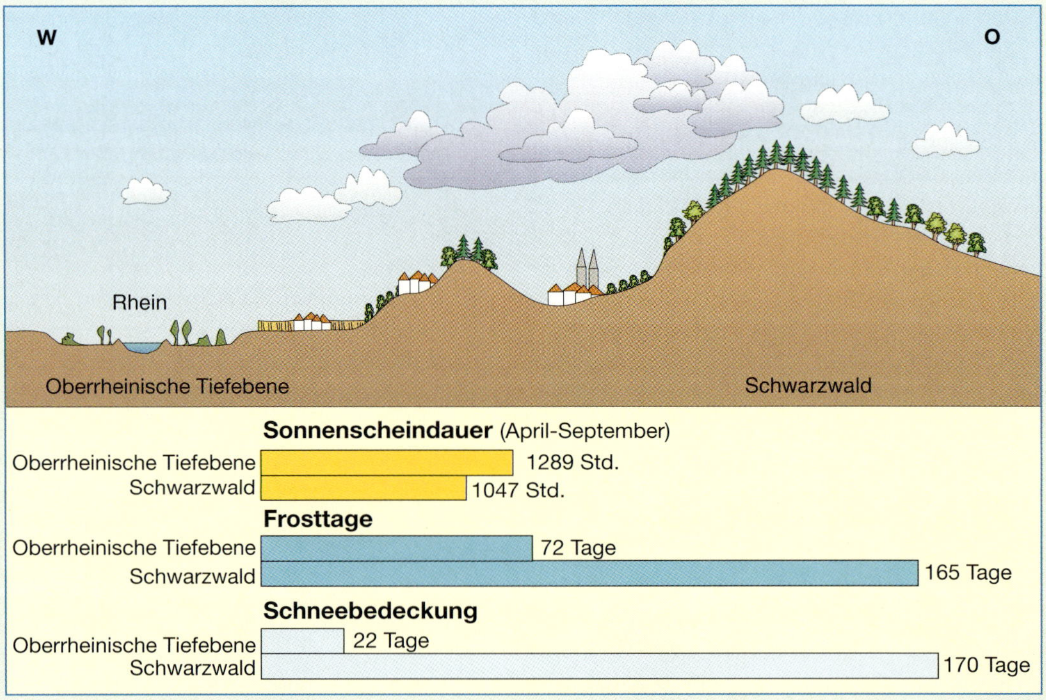

90.4: Querschnitt durch die Oberrheinische Tiefebene

in der Oberrheinischen Tiefebene

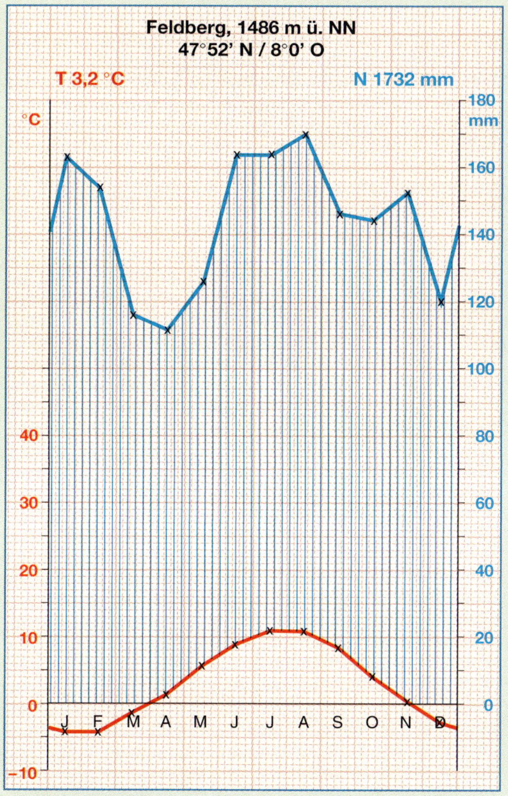

91.1: Klimadiagramm vom Feldberg

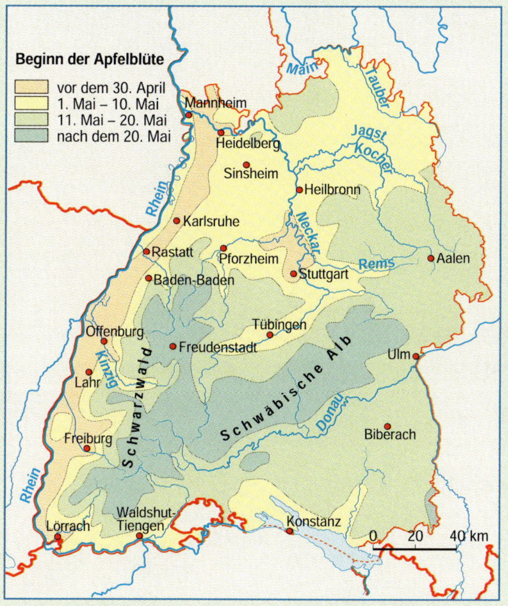

91.2: Frühlingseinzug in Baden-Württemberg

1. Auf den Fotos (Abb. 90.1 und 2) seht ihr die Oberrheinische Tiefebene und den Schwarzwald am 15. April. Beschreibt die beiden Fotos.
2. Beschreibt die Lage des Schwarzwalds und der Oberrheinischen Tiefebene in Deutschland (Atlas).
3. Freiburg liegt am Rand der Oberrheinischen Tiefebene auf einer Höhe von 269 m ü. NN. Bestimmt mit dem Atlas die Höhe des Feldbergs.
4. Abb. 90.3 zeigt eine Klimatabelle für Freiburg. Zeichnet ein Klimadiagramm von Freiburg. Tipp: Auf Seite 47 habt ihr gelernt, wie ein Klimadiagramm gezeichnet wird.
5. Beschreibt anhand des Klimadiagramms von Freiburg den durchschnittlichen Temperaturverlauf und die Höhe der Niederschläge.
6. Abbildung 91.1 zeigt das Klimadiagramm des Feldberges. Beschreibt die Temperaturkurve und den Niederschlag.
7. Vergleicht das Klimadiagramm von Freiburg mit dem Klimadiagramm des Feldberges (Abb. 91.1). Schreibt einen kurzen Text und geht auf Temperatur und Niederschlag ein.
8. In Abbildung 90.4 sind Sonnenscheindauer, Frosttage und Schneebedeckung für die Oberrheinische Tiefebene und den Schwarzwald dargestellt. Vergleicht die Werte der Oberrheinischen Tiefebene mit den Werten des Schwarzwaldes und haltet eure Ergebnisse in einem kurzen Text fest.
9. Der Beginn der Apfelblüte wird als der Beginn des Frühlings bezeichnet (Abb. 91.2). Wann beginnt der Frühling in Freiburg, Karlsruhe, Mannheim, Ulm und Tübingen? Wann beginnt der Frühling im Schwarzwald?
10. Jetzt könnt ihr erklären, warum es in der Oberrheinischen Tiefebene am 15. April anders aussieht als im Schwarzwald (Abb. 90.1 und 2).

Aufgabe 1:
Abb. 90.1 zeigt ...
Abb. 90.2 zeigt ...

Aufgabe 2:
Der Schwarzwald liegt im ...

Aufgabe 3:
Feldberg:
__________ m

Aufgabe 4:
Zeichnung:
1 cm = 10 °C
1 cm = 20 mm

Aufgabe 5: Freiburg
Temperatur: ...
Niederschlag: ...

Aufgabe 6: Feldberg
Temperatur: ...
Niederschlag: ...

Aufgabe 7: Vergleich
In Freiburg ... als auf dem Feldberg ...

Aufgabe 8:
Sonnenscheindauer: ...
Frosttage: ...
Schneebedeckung: ...

Aufgabe 9:
Frühlingsbeginn
Freiburg: ...
Karlsruhe: ...
...

Aufgabe 10:
Die Bilder sind so unterschiedlich, weil ...

GEO *Praxis*

Station 2: Das Schwarzwaldhaus

92.1: Schwarzwaldhaus

92.2: Dreiseithof

Der Schniederlihof am Schauinsland ist ein in ein Museum umgewandeltes Schwarzwaldhaus. (Informationen erteilt: Gemeindeverwaltung Oberried)

92.3: Traditionelles Schwarzwaldhaus

92.4: Ein Schwarzwaldhaus mit vier Fehlern

92.5: Arbeitsprinzip im Schwarzwaldhaus

„Spätestens um finfi bin i rus un hab Fier gmocht im Herd. No isch's in Stall gonge. Un no hab ich aegfonge melke un Kälber tränke. Un d'Sau fueddere. D'Erdepfel fer de Sau hat mer in de Kuchi kocht. Un hab's nundertrage miesse. Un widder mol gucke, dass s'Fier net zu End goht in de Kuchi. Hiehner, selli hen net viel Erbet gmacht. No isch z'morge gesse wore so halber siebini. No het mer d'Supp gmocht, e schwarzi Brotsupp oder e Erdepfelsupp. No isch d'Kuchi zerscht ferti gmocht wore. Better moche, im Winter de Ofe fiere. Des war so e Hin- un Herlauferei. No het mer widder gfegt um s'Hus rum, dass widder sufer gsi isch. Un am nini het's widder Kaffe ai un Brot un Budder un Käes au Speck. S'Ninibrot. Wenn se uf em Feld duss gsi sin, het mer miesse s'Vesper uf's Feld bringe. Isch au e Erbet gsi. Und ich hab au miesse uf s'Feld. Wenn halt ebbis gsi isch, im Erdepfelhacke, setze, bin ich am Vormiddag nus un am Nomedag. Am elf isch mer als heim un het kocht. Un no het mer halt gmocht, dass mer widder um eins nuskummi isch. No isch mer gonge schaffe. Do ware d'Fraue ieberall debie. In Wald isch mer au mit. Helfe Holz schäle un säge mit de große Baumsäg. Mit de Sens, do isch mer bi de Männer gstande. No isch de Heiet kumme. Het miesse von Hand wende un reche un uf de Wage lade. Un noher isch d'Ern kumme. Rogge, Hafer, bis des alles heimkumme isch. Un noher Erdepfel rusmache. Am Obe im Stall desselbe wie am Morge, au widder melke, Stall putze, Kälber tränke. Un no het mer in d'Kuchi s'Esse gmocht. Noher het mer gstrickt un gflickt am Obe. Die Sache hen miesse am Obe gmacht were. S'isch monchmol zehni, halber elfi gsi, wo ich no biegelt hab. Un de Garde isch meischtens verwildert ieber die große Erbete."

(nach: Inge Jockers, Frauen auf dem Schwarzwaldhof. Interviews mit Bäuerinnen und Mägden. Hrsg.: Schwarzwälder Freilichtmuseum Gutach/ Offenburg, S. 52–55, teilweise verändert)

1. Alle **Schwarzwaldhäuser** sind Eindachhäuser. Vergleicht die beiden Fotos (Abb. 92.1 und 2) und erklärt, warum das Schwarzwaldhaus als Eindachhaus bezeichnet wird.

2. Beschreibt, wie ein Schwarzwaldhaus innen eingeteilt ist (Abb. 92.3).

3. Erklärt folgende Aussage eines Schwarzwaldbauern: „Unser Haus ist optimal an die Landschaft und das Klima angepasst." Denkt an die Dachform, die Inneneinteilung und den Begriff „Eindachhaus".

4. In Abbildung 92.4 haben sich vier Fehler eingeschlichen. Findet die Fehler und erklärt, welche Probleme sich aus den einzelnen Fehlern ergeben würden.

5. Erklärt das Arbeitsprinzip im Schwarzwaldhaus mithilfe der Abb. 92.5.

6. Eine Schwarzwaldbäuerin erzählt in ihrem Dialekt, wie ihr typischer Tagesablauf aussah (Abb. 93.1). Lest immer einen Satz und gebt ihn auf Hochdeutsch wieder.

7. Erstellt eine Tabelle für den typischen Ablauf eines Arbeitstages einer Bäuerin im Schwarzwald um 1920.

93.1: Eine Schwarzwaldbäuerin berichtet, wie ihr Arbeitstag um 1920 aussah

Aufgabe 1:
Das Schwarzwaldhaus wird als Eindachhaus bezeichnet, weil ...

Aufgabe 2: Keller: ...
Erdgeschoss: ...
Dach: ...
Aufgabe 3:
Dachform: ...
Inneneinteilung: ...
Eindachhaus: ...

Aufgabe 4:
Fehler 1: ...
Fehler 2: ...
...

Aufgabe 5:
Arbeitsprinzip im Schwarzwaldhaus: ...
Damit ist gemeint ...

Aufgabe 6:
Kein Eintrag

Aufgabe 7:

Uhrzeit	Arbeiten
5 Uhr	...
...	

www.vogtsbauernhof.org
Die Vogtsbauernhöfe sind ein Freilichtmuseum in Gutach. Ganze Schwarzwaldhäuser wurden dorthin gebracht und wieder aufgebaut. Du kannst auch Handwerker bei der Arbeit beobachten.

GEO Praxis Station 3: Von der Agrarwirtschaft zur

94.1: Heuernte um 1905

Die Landwirtschaft im Schwarzwald ist abhängig vom Relief, den Böden, der Höhenlage und dem Klima. Im Winter liegt im hohen Schwarzwald im Durchschnitt 5–6 Monate lang Schnee, während die Sommer kühl und regenreich sind. Somit ist der Schwarzwald gut geeignet für Waldbau. Unter Waldbau versteht man die Nutzung des Holzes der Wälder. Der Schwarzwald eignet sich ebenfalls gut für Grünlandbewirtschaftung. Grünland sind Wiesen und Weiden. Die Wiesen werden gemäht, um die Tiere im Stall im Sommer mit Gras und im Winter mit Heu zu füttern. Eine Weide dagegen wird nicht gemäht, sondern die Tiere werden dorthin gebracht und fressen selbst ab, was wächst. Das erspart dem Bauern viel Arbeit. Der Schwarzwald eignet sich nicht gut für Ackerbau, da die Erntemengen gering sind.

94.2: Nutzung des Schwarzwaldes

Die Menschen versorgten sich zu dieser Zeit in einem hohen Maße selbst. **Selbstversorgung** bedeutet, dass das, was zum Leben benötigt wurde, selbst hergestellt und nicht gekauft wurde. Am wichtigsten für die Ernährung war die Tierhaltung. Es wurden Rinder (darunter Milchkühe), Pferde, Schweine, Schafe, Ziegen, Geflügel und Bienen gehalten. So hatte man Milch und Milchprodukte (z. B. Butter und Käse) sowie Fleisch, Eier, Leder, Wolle, Federn und Honig. Ochsen und Pferde dienten auch als Zugtiere, und sofern Butter und Schlachtvieh nicht selbst benötigt wurden, konnten sie verkauft werden. Andererseits bedeutete Tiere zu halten auch, sie versorgen zu müssen, womit viel Arbeit verbunden war. Der Ackerbau war weniger bedeutend, da die Ernten selten ausreichten und Hafer und Roggen dazugekauft werden mussten. Eine Ausnahme stellt die Kartoffel dar, die sehr gut wuchs. Das tägliche Essen bestand aus Suppe, Milch und Kartoffeln. Speck oder Nudeln gab es selten. In den Gärten beim Haus wuchsen noch Kohl, Salat und Kraut, das auch als Schweinefutter diente. Im Waldbau wurden Bauholz und Brennholz gewonnen.

94.4: Leben in Hinterzarten um 1850

94.3: Heuernte heute mit Wickelmaschine

	1940	1971	1995
Ackerland	253	92	0
Grünland	895	654	684

94.5: Hauptbodennutzung in Hinterzarten (in Hekar)

Erholungslandschaft (Beispiel Hinterzarten)

95.1: Aufgabe der Landwirtschaft und Umstellung auf Fremdenverkehr

Die Landwirtschaft verliert seit etwa 1950 an Bedeutung. Die Anzahl der Landwirte verringert sich, weil Maschinen die anfallenden Arbeiten erledigen. Die Einnahmen der Landwirte blieben über viele Jahre gleich oder sind sogar zurückgegangen. Dies führt dazu, dass immer mehr Ackerland, teilweise auch Grünland aufgegeben wurde. Heute versorgen sich die Schwarzwaldhöfe also nur noch zu einem kleinen Teil selbst, zum Großteil wird eingekauft. Das zum Einkauf benötigte Geld wird auf verschiedene Arten erwirtschaftet. Zum einen werden Milchkühe gehalten und die Milch verkauft. Zum anderen wird mit „Urlaub auf dem Bauernhof" Geld verdient, indem Zimmer vermietet werden. Gäste sind oft Familien mit Kindern. Die Hauptaufgabe der Landwirtschaft im Schwarzwald ist heute also nicht mehr die Herstellung von Nahrungsmitteln, sondern die Landschaft zu pflegen und zu erhalten. Ein Beispiel hierfür ist das Mähen der Wiesen. Denn nur der Wechsel zwischen Wiesen und Weiden einerseits und Wald andererseits macht die Landschaft interessant. Eine gepflegte, abwechslungsreiche Landschaft zieht Besucher an. Bereits heute ist der Tourismus die wichtigste Einnahmequelle des Schwarzwaldes. Früher wurde der Schwarzwald nur land- und forstwirtschaftlich genutzt. Heute ist er auch eine Erholungslandschaft für Besucher geworden. Diese Veränderungen nennt man **Strukturwandel**.

95.2: Landwirtschaft ab 1950

1. Lest den Text „Nutzung des Schwarzwaldes" und beantwortet folgende Fragen:
   a) Was ist „Waldbau"?
   b) Was ist „Gründlandbewirtschaftung?"
   c) Was ist der Unterschied zwischen Wiesen und Weiden?
   d) Für welche Nutzung ist der Schwarzwald gut geeignet?
   e) Für welche Nutzung ist der Schwarzwald schlecht geeignet?

2. Lest den Text „Leben in Hinterzarten um 1850" und beantwortet folgende Fragen:
   a) Was ist Selbstversorgung?
   b) Was wurde 1850 in Hinterzarten alles unternommen, um die eigene Ernährung sicherzustellen?

3. Lest den Text „Landwirtschaft ab 1950" und beantwortet folgende Fragen:
   a) Warum wurde Ackerland aufgegeben?
   b) Wie verdienen Schwarzwaldbauern heute Geld?
   c) Was war früher die Hauptaufgabe der Landwirtschaft, was ist ihre heutige Hauptaufgabe?
   d) Warum ist es wichtig, dass die Landschaft von Bauern gepflegt wird?

4. Die Landwirtschaft im Schwarzwald hat sich sehr stark verändert. Welche Veränderungen lassen sich aus den Abb. auf S. 94/95 ablesen?

Aufgabe 1:
a) Waldbau: ...
b) Grünlandbewirtschaftung: ...
c) Wiese: ..., Weide: ...
d) Der Schwarzwald ist gut geeignet für ...
e) Der Schwarzwald ist schlecht geeignet für ...

Aufgabe 2:
a) Selbstversorgung: ...
b) Ernährung 1850: ...

Aufgabe 3:
a) Gründe für Aufgabe von Ackerland: ...
b) Einnahmequellen: ...
c) Hauptaufgabe: früher: ... heute: ...
d) Grund für eine gepflegte Landschaft: ...

Aufgabe 4:
Veränderungen: ...

95.3

GEO Praxis — Station 4: Traditionelle Waldgewerbe heute:

96.1: Uhrmacher bei der Arbeit

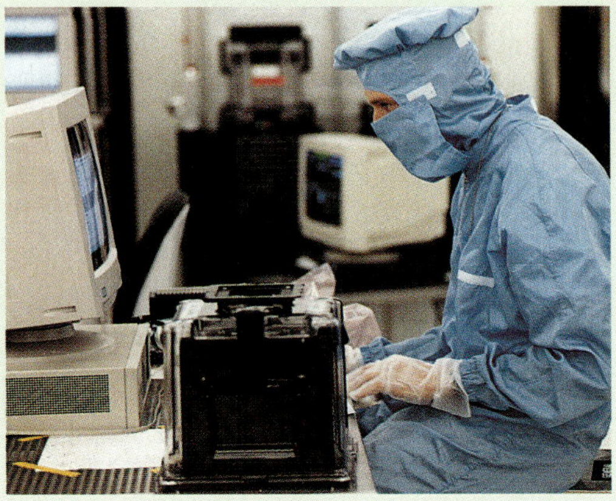

96.3: Hightech

Uhrmacher:

Der Schwarzwald ist im In- und Ausland bekannt für seine Kuckucksuhren. Die Idee, im Schwarzwald Uhren aus Holz zu bauen, kam durch Händler, die von ihren Reisen Uhren mitbrachten, die von Handwerkern im Schwarzwald nachgebaut wurden. Gearbeitet wurde anfangs in der Stube, in der neben dem warmen Ofen auch das beste Licht war (Abb. 96.1). Das Uhrengeschäft blühte rasch auf und wurde eine wichtige Einkommensquelle. Träger brachten die Uhren in alle Länder Europas. Den Verkaufserfolg verdankten die Schwarzwälder Uhren ihrer Robustheit und ihrem niedrigen Verkaufspreis. Es wurden viele verschiedene Uhren gebaut, doch die bekannteste, die Franz Ketterer aus Schönwald um 1730 erfunden haben soll, ist die Kuckucksuhr. Um 1850 kam es zu Problemen in der Schwarzwälder Uhrmacherei, da lange Zeit immer nur dieselben Uhren gebaut worden waren und es keine Neuerungen gab. Die Konkurrenz aus der Schweiz, England und Amerika hatte an Bedeutung gewonnen. Deswegen wurde 1850 die staatliche Uhrmacherschule in Furtwangen gegründet. Ziel der Uhrmacherschule war es, die Gestaltung der Uhren zu verbessern und neue Formen zu schaffen. 1861 wurde in Schramberg die Uhrenfabrik Junghans gegründet. Bei der industriellen Fertigung gab es eine Arbeitsteilung zwischen Schreinern, Schildermalern, Zeiger- und Kettenmachern, Holzschnitzern usw. Durch die Gründung weiterer Fabriken mussten nahezu alle Kleinbetriebe schließen. 1903 war Junghans der weltgrößte Uhrenhersteller. Zwischen 1980 und 1990 gab es eine weitere Krise durch die Konkurrenz von Digitaluhren aus Japan, der Schweiz und den USA. Doch die Uhrenfabrikanten schlossen sich Großunternehmen an. Heute stellen sie modernste technische Geräte her. 1990 brachte Junghans die erste funkgesteuerte Armbanduhr und 1993 die erste Solarfunkuhr der Welt auf den Markt. So hat die Schwarzwälder Uhrenindustrie auch diese Krise durch neue Ideen überwunden.

Untergang oder moderner Industriezweig

97.1: „Wildflößerei"

1. Auf dieser Doppelseite sind zwei Waldgewerbe vorgestellt, nämlich „Uhrmacherei" und „Flößerei". Teilt in euerer Gruppe ein, wer welches dieser beiden Waldgewerbe übernimmt (ein Waldgewerbe wird von mehreren Schülern zusammen bearbeitet).
   a) Schaut euch die Bilder des Gewerbes an, das ihr bearbeitet. Lest den dazugehörigen Text und macht euch Notizen.
   b) Formuliert jeweils eine Frage zum gelesenen Text, die ihr dem anderen Teil der Gruppe stellen wollt.
   c) Wenn ihr alle fertig seid, berichtet der eine Teil der Gruppe über die Uhrmacher und stellt anschließend seine Frage. Dann berichtet der andere Teil der Gruppe über die Flößer und stellt seine Frage. Die anderen sollten diese Frage jetzt beantworten können.

Aufgabe 1:
Uhrmacher:
Notizen:
...
...
Frage:
...

Flößer:
Notizen:
...
...
Frage:
...

Flößer:
Der Holzreichtum des Schwarzwaldes war von zentraler Bedeutung, da er der wichtigste Baustoff für das Haus war und lange Zeit auch das einzige Heizmaterial. Die Nutzung des Holzes im Schwarzwald war bis ins 19. Jahrhundert hinein vor allem ein Transportproblem. Holz ist schwer und sperrig beim Transport zu Lande. Da Holz jedoch schwimmt, ist seine Beförderung auf dem Wasser einfach, bequem und billig. So entwickelte sich die Flößerei. Bei der „Wildflößerei" (Abb. 97.1) wurden kurze Stämme und Scheiterholz, das als Brennholz verwendet wurde, einzeln in das Wasser geworfen. Bei Hochwasser, nach Regenfällen oder mithilfe von Stauanlagen, mit denen man eine Flutwelle künstlich erzeugen konnte, wurde das Holz flussabwärts transportiert. Bei der gebundenen Flößerei (Abb. 97.2) wurden Baumstämme, lange Balken und Bretter miteinander verbunden. Aus alten Dokumenten geht hervor, dass es schon im 14. Jahrhundert Flößerei im Murgtal gab. Die Flößerei im Murgtal führte zur Gründung der „Murgschifferschaft", der wohl ältesten deutschen Holzhandelsgesellschaft. Holland benötigte im 17. Jahrhundert riesige Holzmengen und so begann der Transport von Schwarzwaldholz nach Holland, der „Holländer Holzhandel". Faszinierend beim Holländer Holzhandel ist die Größe der Flöße, von denen die größten eine Länge von etwa 300 m, eine Breite von etwa 50 m und einen Tiefgang von etwa 2 m hatten. Mit mehr als 500 Floßknechten als Besatzung waren sie „schwimmende Dörfer". Allein im Jahr 1856 fuhren 4251 Flöße aus Schwarzwaldholz den Rhein hinunter. Auf den Flößen wurden auch Güter wie Harz, Erz oder Schnitzwerk befördert. Mit dem Bau der Eisenbahnen verlor die Flößerei als Transportmittel zunehmend an Bedeutung. Mit dem Ausbau der Landstraßen und der Erschließung der Wälder durch Holzabfuhrwege wurde die Flößerei überflüssig, sodass auf der Murg der Floßbetrieb seit 1913 völlig ruht.

97.2: Gebundene Flößerei (1907)

GEO Praxis

Station 5: Die verborgenen Gesichter des

98.1: Im Nordschwarzwald

98.2: Im Südschwarzwald

Schwarzwaldes

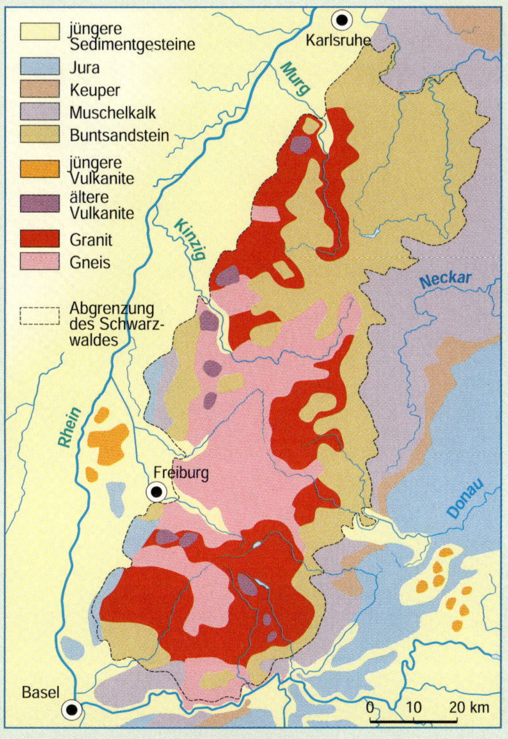

99.1: Gesteine im Schwarzwald

99.2: Gesteine des Schwarzwaldes

99.3: Wasserfall im Südschwarzwald

1. a) Der Schwarzwald wird in drei Teile gegliedert: den Nordschwarzwald, der nördlich der Kinzig liegt, den mittleren Schwarzwald und den Südschwarzwald, der etwa südlich der Dreisam liegt. Schlagt im Atlas die Kinzig und die Dreisam nach.

   b) Abb. 98.1 zeigt den Nordschwarzwald und Abb. 98.2 zeigt den Südschwarzwald. Beschreibt die beiden Fotos mit eigenen Worten.

2. Ordne folgende Merkmale entweder dem Nord- oder dem Südschwarzwald (vgl. Abb. 98.1, 98.2 und 99.3) in einer Tabelle zu:
   - große Siedlungen (vor allem in den Tälern)
   - Wechsel von Wiesen, Weiden, Nadel- und Mischwald
   - dichter Nadelwald
   - verstreut liegende Einzelhöfe
   - zum Teil schluchtartige Täler
   - breite, kastenförmige Täler

3. Die Ursache für die Unterschiede zwischen dem Nord- und dem Südschwarzwald liegt im Untergrund (Abb. 99.1).
   a) Nennt die Gesteine, die im Nord- und im Südschwarzwald vorkommen. (Fügt der Tabelle von Aufgabe 2 eine Zeile für die Gesteine hinzu.)
   b) Beschreibt den Unterschied zwischen dem Vorkommen der Gesteine im Nord- und im Südschwarzwald.

4. Die verschiedenen Gesteine sind unterschiedlich hart. In hartem Gestein bilden sich tiefe Täler mit steilen Wänden und Wasserfällen, während sich in weichem Gestein breite wannen- und kastenförmige Täler bilden. Erklärt mithilfe der Abb. 99.1 und 2 die Talformen im Nord- und im Südschwarzwald.

Aufgabe 1:
a) Die Kinzig fließt durch …
Die Dreisam fließt durch …

b) Abb. 98.1:
Abb. 98.2:

Aufgabe 2:

Merkmale	Nordschwarzwald	Südschwarzwald
Bewuchs	–	
Siedlung	–	
Talform	–	

Aufgabe 3:

a)

Gesteine		

b) Im Nordschwarzwald gibt es hauptsächlich …
Im Südschwarzwald dagegen gibt es hauptsächlich …

Aufgabe 4:
Im Nordschwarzwald sind die Täler …, weil …

Im Südschwarzwald sind die Täler …, weil …

GEO Praxis

Station 6: Freizeit im Schwarzwald

- Wald
- Bebauung
- Ferienwohnungen
- Hotel, Pension, Gaststätte
- Aussichtspunkt
- Loipe d. Schwarzwälder Skimarathon
- Trimm-Dich-Pfad
- Skirollerstrecke

100.1: Ortsplan von Schönwald

1. Auf den Fotos (Abb. A–I) auf dieser Doppelseite sind Freizeitaktivitäten dargestellt, die im Schwarzwald ausgeübt werden können. Ordnet die Aktivitäten nach den Jahreszeiten, in denen sie ausgeübt werden.
2. Die Abb. 100.1 zeigt eine Karte von Schönwald. Was würdet ihr gerne in Schönwald unternehmen? Plant einen einwöchigen Winter- und einen einwöchigen Sommerurlaub.
3. Der Feldberg ist wegen seiner Pflanzen- und Tierwelt zum Teil Naturschutzgebiet. Gleichzeitig wird der Feldberg als höchster Schwarzwaldgipfel im Winter an Spitzentagen von etwa 10000 Personen besucht. Zu welchen Problemen führt das?
4. Die Tabelle in Abb. 101.1 zeigt, dass nur wenige Besucher mit Bus oder Bahn reisen, obwohl der öffentliche Nahverkehr am Feldberg gut ausgebaut ist.
   a) Ein Grund dafür ist, dass viele die Möglichkeiten, die der öffentliche Nahverkehr bietet, nicht kennen. Was sollte man eurer Meinung nach tun, damit sich das ändert?
   b) Manche Touristen wissen über die guten Bus- und Bahnverbindungen Bescheid und fahren trotzdem mit dem Auto. Welche Gründe könnten sie haben?
   c) Ihr möchtet mit eurer Familie einen Tag Skifahren am Feldberg. Begründe, warum ihr mit Bus bzw. Bahn oder dem Auto fahren würdet.

Aufgabe 1: Aktivitäten
Sommer:
Winter:
Sommer und Winter:

Aufgabe 2:
Winterurlaub:
Sommerurlaub:

Aufgabe 3:
Probleme:

Aufgabe 4:

a) Meiner Meinung nach ...

b) Gründe:

c) Wir fahren mit ..., weil ...

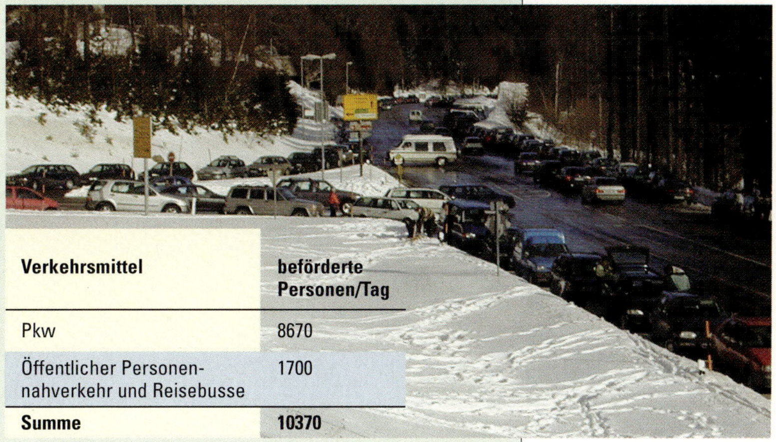

Verkehrsmittel	beförderte Personen/Tag
Pkw	8670
Öffentlicher Personennahverkehr und Reisebusse	1700
Summe	**10370**

101.1: Wintersonntag am Feldberg

GEO Praxis

Station 7: Wandern im Schwarzwald

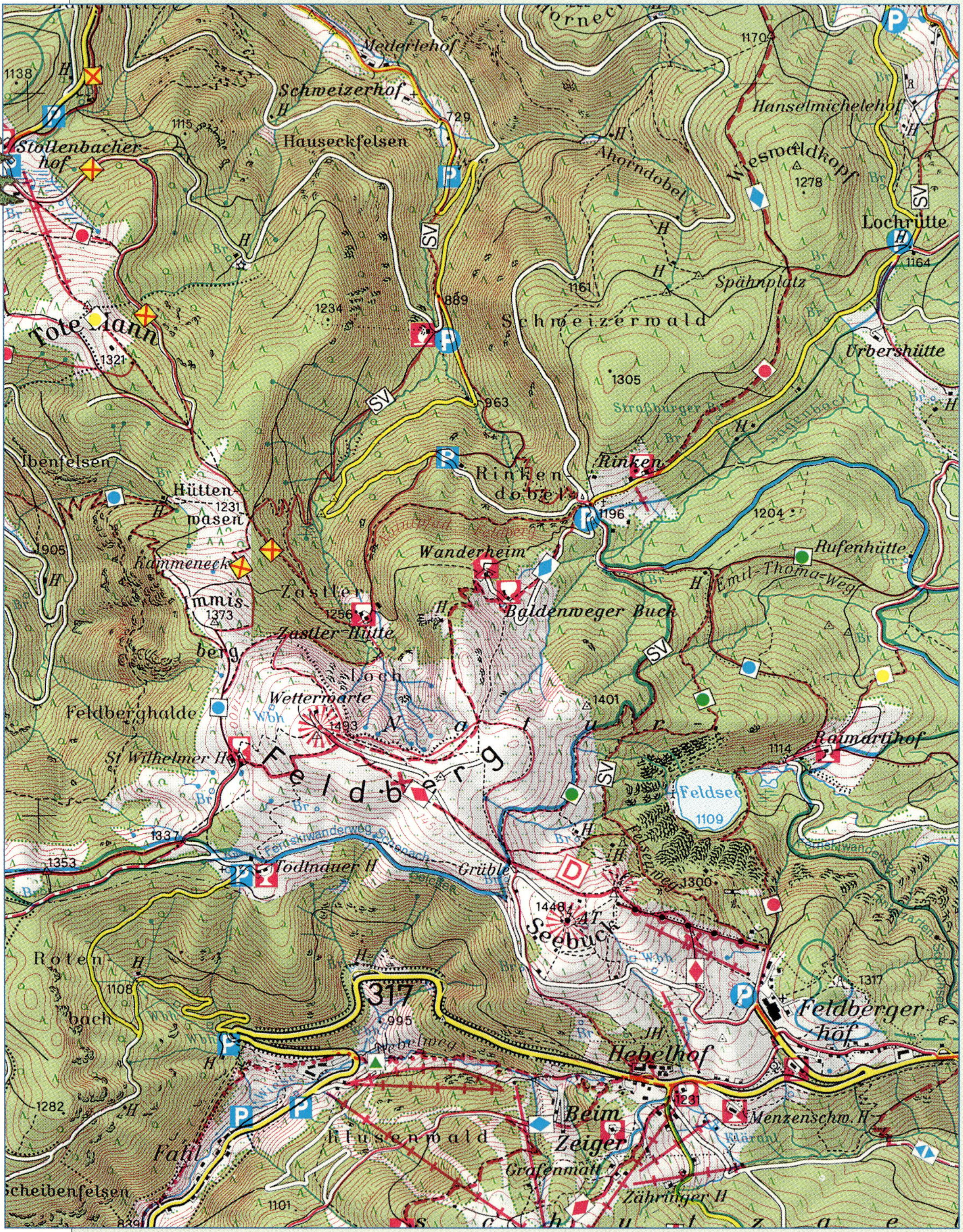

102.1: Wandern am Feldberg

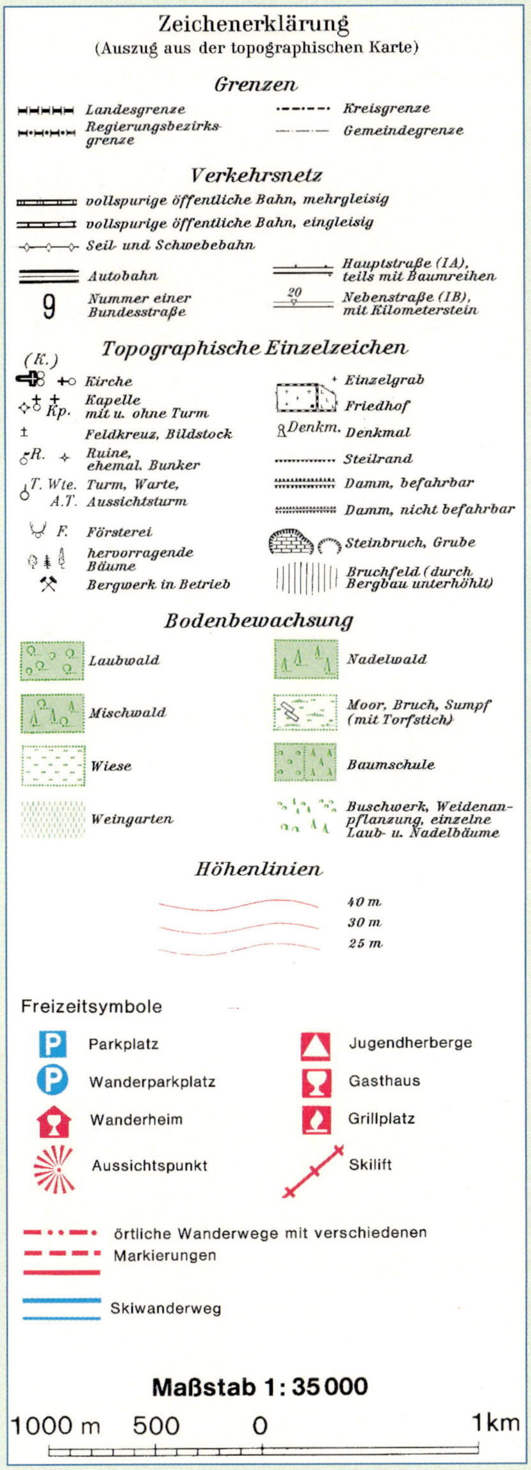

103.1: Legende zur Wanderkarte in Abb. 102.1

Ihr habt gehört, dass folgende Wanderung besonders schön sein soll: Der Startpunkt ist der Parkplatz beim „Feldberger Hof". Die Wanderung führt zum Feldsee, dann auf dem Weg mit dem blauen Punkt und dem Naturpfad Feldberg zur Zastler Hütte. Dort ist ein guter Platz für eine Pause. Danach erfolgt der Aufstieg zum Feldberggipfel. Anschließend geht es über den Seebuck zurück zum Feldberger Hof.

103.2: Feldberggipfel

1. Die Abb. 103.2 zeigt den Feldberggipfel und die Karte in Abb. 102.1 die gesamte Route. Verfolgt den Weg auf der Karte. Würde es euch Spaß machen, hier zu wandern? Gebt Gründe für die Antwort an.
2. a) Gebt den Maßstab der Karte an.
   b) 1 cm auf der Karte hat in der Wirklichkeit eine andere Länge. Wie lang ist in Wirklichkeit 1 cm auf der Karte?
   c) Wie lang ist die Wanderung? Um das herauszufinden, braucht ihr einen Faden und ein Lineal. Wenn ihr keinen Faden dabeihabt, erledigt die Aufgabe zu Hause. Besprecht die Vorgehensweise.
3. Welche Höhenunterschiede müssen auf der Wanderung bewältigt werden?
4. Startpunkt ist der Parkplatz am Feldberger Hotel. In welche Himmelsrichtung müsst ihr losgehen? In welcher Richtung liegt der Feldberg?
5. Würdet ihr an der Zastler Hütte rasten? Begründet eure Antwort.
6. Stellt anhand der Legende fest, welche Besonderheiten auf dem Weg zu sehen sind.
7. Der Schauinsland ist ein beliebtes Wanderziel im Schwarzwald. Plant eine Wanderung zum Schauinsland. Überlegt, wie lange ihr wandern möchtet, wie anstrengend es werden soll und was ihr sehen möchtet.
   Hinweis: In 1 Stunde wandert man etwa 4 km und bewältigt maximal 400 Höhenmeter.

Aufgabe 1:
Ja/Nein ..., weil ...

Aufgabe 2:
a) 1: ?
b) 1cm auf der Karte entspricht in Wirklichkeit ... cm oder ... m
c) Die Wanderung ...

Aufgabe 3:
Höhenunterschied: ...

Aufgabe 4:
In Richtung ...
Der Feldberg liegt ...

Aufgabe 5:
Ja/Nein ..., weil ...

Aufgabe 6:
Besonderheiten:

Aufgabe 7:
Wanderkarte:
Route:
Länge:
Höhenmeter:
Rastplätze:
Besonderheiten:

GEO Praxis | Station 8: Bollenhut, Sunnewirbili und

Schäppele und Bollenhut

Der Bollenhut ist der bekannteste Trachtenhut des Schwarzwaldes (Abb. 104.1, rechts). Bollen sind kleine rote oder schwarze Wollrosen. Es gibt sie seit 1800 als Zier von Hüten. Damals hatten die Farben Rot und Schwarz noch nicht die allgemeine Bedeutung, die ihnen heute zukommt: Schwarz für verheiratete Frauen und Rot für Mädchen. Die Bollen wurden im Laufe der Zeit immer größer, bis sie nahezu das Gewicht von 2 kg erreichten. Der Bollenhut wurde nicht überall im Schwarzwald getragen, sondern nur in den Orten Gutach, Kirnbach und Reichenbach, die alle im Gutachtal liegen. Es gibt mehrere Gründe, warum der Bollenhut der Gutacher Tracht weit über den Schwarzwald hinaus bekannt und neben der Kuckucksuhr zum Symbol des gesamten Schwarzwaldes wurde: Zum einen gefiel der Bollenhut der Badischen Großherzogin. Sie trug ihn bei Fahrten im Schwarzwald gerne und die Damen der höheren Gesellschaft ahmten sie eifrig nach und verbreiteten somit den Bollenhut. Zudem stellte der Maler Wilhelm Hasemann in seinen Bildern immer wieder die Gutacher Tracht dar. Dies trug ebenso wie die Operette „Das Schwarzwaldmädel“ zum Bekanntwerden des Bollenhutes bei. Denn bei keiner Aufführung der Operette von Leon Jessel, die zwischen 1917 und 1925 auf über 2200 Bühnen in aller Welt gespielt wurde, fehlte der Bollenhut der Gutacher Tracht.
Der Bollenhut ist aber bei weitem nicht der einzige Trachtenhut des Schwarzwaldes. Eine andere sehr schöne Kopfbedeckung des Schwarzwaldes ist das „Schäppele“, eine aus Glasperlen, silbrigen Plättchen und Flittergold bestehende Rundkrone (Abb. 104.1, links). Sie wird mit roten Bändern ins Haar eingeflochten. Das Schäppele tragen die unverheirateten jungen Frauen im Glottertal, in der Gegend um St. Peter und auch in St. Georgen.

104.1: Der Bollenhut – Markenzeichen des gesamten Schwarzwaldes

„Bi uns cha me au alemannisch schwätze“

104.2: „Asterix schwätzt schwäbisch“

Etwas mehr als vier Fünftel der Fläche des Schwarzwaldes gehören zur Mundart des Alemannischen. Im übrigen Teil wird schwäbisch gesprochen. Eine Linie, die sich etwa in Nord-Süd-Richtung vom Murgtal über Alpirsbach und das Schiltachtal bis zur Baar erstreckt, trennt die alemannische Mundart im Westen von der schwäbischen Mundart im Osten.

alemannisch	hochdeutsch
Gutseli	ärgern, verhöhnen
Kuchikanschterli	zappeliger Mensch
dusma	erschreckt
all(e)ritt	still, leise
Sunnewirbili	Handvoll
Ziserli	dösen
Gispel	zartes Kind
vergelschtert	Bonbon
Chralle	Küchenschrank
Hampfle	Christbaumkugel
zittig	immer wieder
pfuuse	reif
verhohnebipple	Feldsalat

104.3: Alemannischer Sprachtest
(Achtung: Begriffe sind durcheinander geraten)

schmutzige Dunschtig

schwäbisch	hochdeutsch
Ziggerle	Maulwurfshügel
Botschamberle	Beine
rahagla	Kartoffeln
Howatheufl	es eilig haben
Zeischdig	Erdbeeren
Gsälz	Dienstag
Fiaß	Marmelade
hudla	Bonbons
Grummbiere	herunterfallen
Preschtling	Nachttopf

105.1: Schwäbischer Sprachtest
(Achtung: Begriffe sind durcheinander geraten)

Der „Schmutzige Dunschtig"

Die Fasnet mit ihren Umzügen und Aufzügen dauert vom Schmutzigen Donnerstag bis Aschermittwoch. In der Volksfasnet ist der Schmutzige Dunschtig der Auftakt und auch bereits einer der Haupttage. „Schmutzig" heißt er nach allemanisch „Schmutz" für „Schmalz" oder „Fett", weil in diesen Tagen die Fasnetküchle in Fett gebacken werden.

105.2: Elztäler Schuttig

1. a) Lest den Text „Der Bollenhut – Markenzeichen des gesamten Schwarzwaldes". Wo im Schwarzwald wurde und wird der Bollenhut getragen?
   b) Wie wurde der Bollenhut bekannt?
   c) Der Bollenhut wird in der Werbung für den Schwarzwald häufig als Markenzeichen des gesamten Schwarzwaldes verwendet. Was meint ihr dazu?
   d) Welche andere Schwarzwälder Kopfbedeckung kennt ihr?

2. a) Lest den Text „Bi uns cha me au alemannisch schwätze". Die Tabelle 104.3 zeigt Begriffe aus dem Hochdeutschen und dieselben Begriffe im Alemannischen. Leider ist die Tabelle durcheinander geraten. Ordnet den hochdeutschen Begriffen die richtigen alemannischen zu.
   b) Die Tabelle 105.1 zeigt Begriffe aus dem Hochdeutschen und dieselben Begriffe im Schwäbischen. Leider ist auch diese Tabelle durcheinander geraten. Ordnet den hochdeutschen Begriffen die richtigen schwäbischen zu.

3. Lest den Text „Der Schmutzige Dunschtig". Woher kommt der Name?

4. Projektvorschlag
   Führt eine Umfrage zum Schwarzwald unter Verwandten, Freunden und Bekannten durch. Hier sind Vorschläge für eure Fragen:
   a) Wo wird der Bollenhut getragen?
   b) Sucht euch drei schwäbische und drei alemannische Begriffe aus und fragt nach den hochdeutschen Begriffen.
   c) Woher kommt der Name „Schmutzige Dunschtig"?

5. Wertet die Umfrage aus:
   Wie hoch ist die Anzahl der Befragten?
   Wie viele haben die Antwort zu Frage a richtig?
   Wie viele haben die Antwort zu Frage b richtig?
   ...

Aufgabe 1:
a) Verbreitung des Bollenhutes: ...

b) Drei Gründe für Bekanntheit des Bollenhutes:
c) Meine Meinung:

d) Schwarzwälder Kopfbedeckung:

Aufgabe 2:
a) Lösung

alemannisch	hochdeutsch
...	...

b) Lösung

schwäbisch	hochdeutsch
...	...

Aufgabe 3:
„Schmutziger Dunschtig": Der Name kommt ...

Aufgabe 4:
Fragebogen
a) ...
b) ...
c) ...

Aufgabe: 5:
Umfrageergebnis:
Anzahl der Befragten: ...
Nr. a: ... richtig/ ... falsch
Nr. b: ...

Die Schwäbische Alb – ein natürlicher Erlebnispark

Wo ist es heute noch möglich, verschiedene Zeitalter und Phänomene der Erdgeschichte, die seit über 200 Mio. Jahren andauern, unmittelbar und in ihrer ganzen Vielfalt zu erleben? Vielleicht in einem Hollywood-Film oder einem Science-Fiction-Roman, ganz sicher aber bei einem Ausflug auf die Schwäbische Alb.

Kaum ein anderes Mittelgebirge bietet auf engem Raum so viele Sehenswürdigkeiten wie die Schwäbische Alb. Aus diesem Grund ist die Schwäbische Alb ein beliebtes **Naherholungsgebiet** und eines der meistbesuchten Mittelgebirge überhaupt. An schönen Wochenenden kommen Tausende von Kurzurlaubern aus allen Himmelsrichtungen. Hier wollen sie die zahlreichen Möglichkeiten nutzen, auf der Schwäbischen Alb ihre Freizeit aktiv zu erleben.

www.schwaebischealb.de

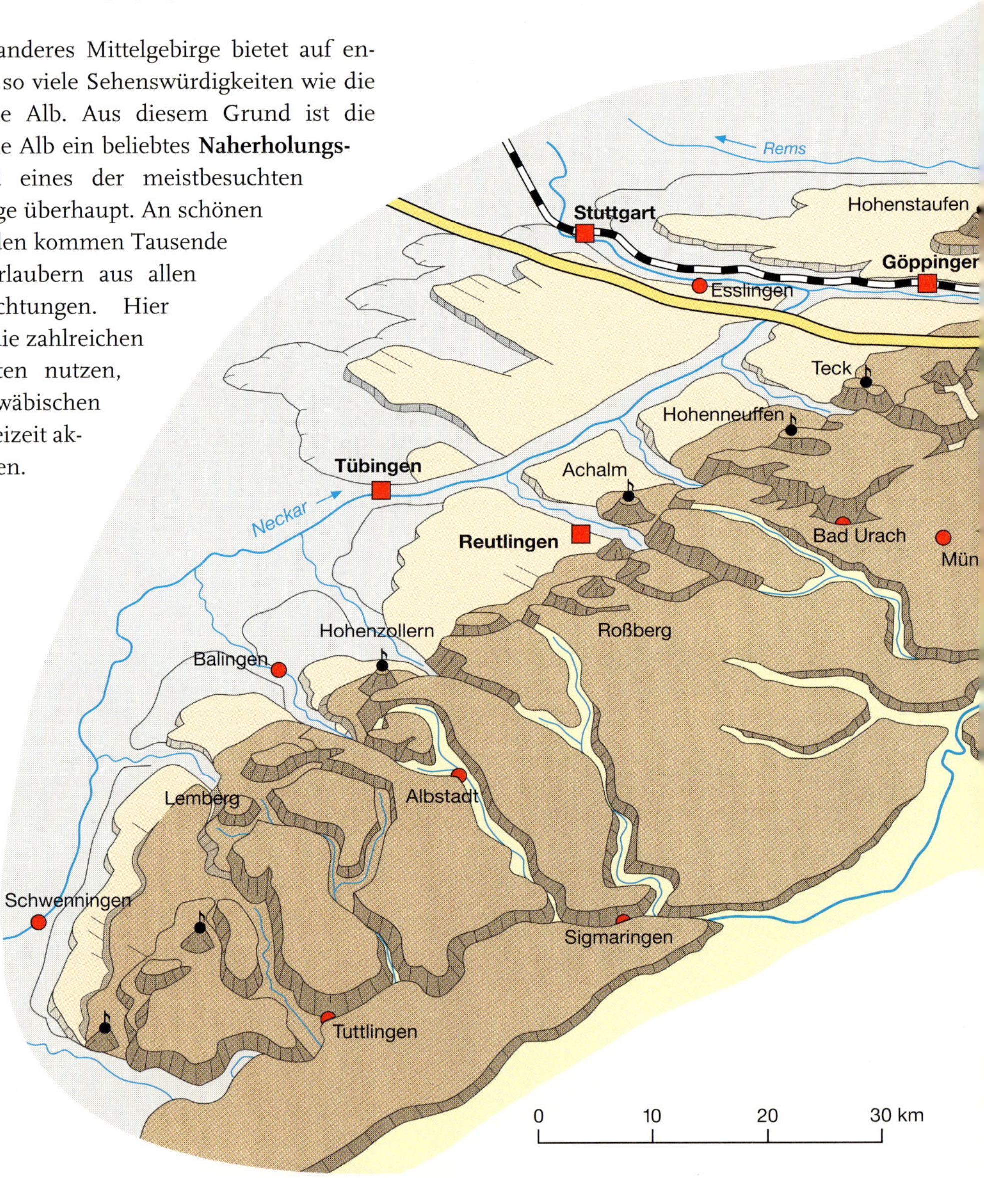

106.1:
Die Schwäbische Alb

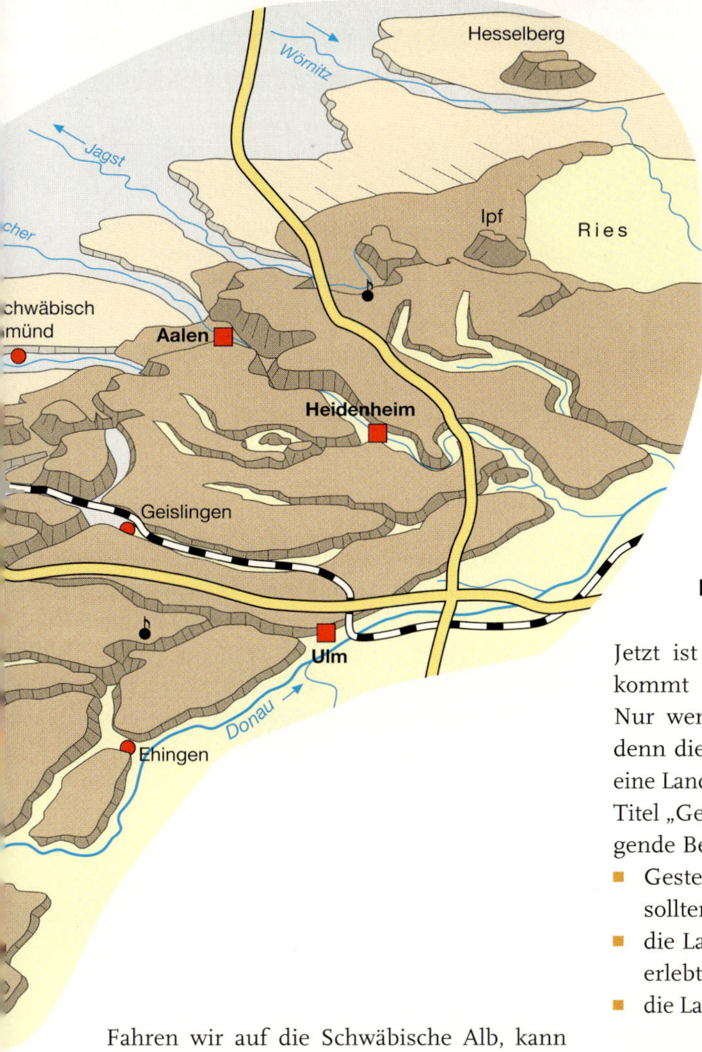

Fahren wir auf die Schwäbische Alb, kann unser erster Eindruck sehr unterschiedlich sein: Wir erleben die Schwäbische Alb als Mauer oder als sanft ansteigende Hochfläche oder als tiefe Tallandschaft, aus der gewaltige weiße Kalkfelsen senkrecht aufragen.

Doch immer ist eine Fahrt auf die Schwäbische Alb wie eine Zeitreise durch 200 Millionen Jahre Erdgeschichte. Auf dieser Reise begegnen wir längst ausgestorbenen Tintenfischen, Meereskrokodilen oder Sauriern. Wir können live beobachten, wie Tropfsteine entstehen, und wir können Werkzeuge und Kunstwerke von Steinzeitmenschen oder Skelette von Höhlenbären bestaunen.

Die Schwäbische Alb: ein „Geopark"

Jetzt ist es amtlich: Die Schwäbische Alb bekommt das Gütesiegel „nationaler Geopark". Nur wenige Geoparks gibt es in Deutschland, denn die Fachleute untersuchen sehr genau, ob eine Landschaft diese Auszeichnung verdient. Den Titel „Geopark" erhält eine Region nur, wenn folgende Bedingungen erfüllt sind:

- Gesteine, Oberfläche, Natur und Gewässer sollten Besonderheiten aufweisen
- die Landschaft sollte von den Menschen aktiv erlebt werden können
- die Landschaft sollte schonend genutzt werden.

AUFGABEN

1. *Errechne die Länge und die Breite der Schwäbischen Alb anhand des Maßstabes in Abb. 106.1.*
2. *„Auf der einen Seite präsentiert sich die Schwäbische Alb steil, wild und zerklüftet, auf der andern flach, brav und ebenmäßig." Erkläre diesen Satz aus einem Reiseführer.*
3. *Was macht die Schwäbische Alb für Touristen so attraktiv? Nenne Beispiele.*
4. *Ein „Geopark" muss bestimmte Bedingungen erfüllen. Beurteile, ob diese bei der Schwäbischen Alb erfüllt sind.*

A

Ammonit

B

Belemnit

C

Plesiosaurus

D

Seelilien

E

Steneosaurus

F

Schmelzschuppenfisch

108.1: Fossilien aus dem Jura

108.2: Auf Fossilienjagd

„Jurassic Alb“ - auf den Spuren der Saurier

In der Klasse 5b ist das „Jagdfieber“ ausgebrochen. Mit Hammer und Meißel „bewaffnet“ verteilen sich die Schülerinnen und Schüler im Steinbruch bei Holzmaden. Aufgeregt, aber vorsichtig zerteilen sie die herumliegenden Schieferplatten. Die Freude über jeden Fund ist riesengroß und er muss von allen Mitgliedern der Klasse ausgiebig bestaunt werden.

Mit etwas Glück können die „Fossilienjäger“ Versteinerungen (**Fossilien**) von Lebewesen entdecken, die vor rund 180 Millionen Jahren hier lebten: Muscheln, Schnecken, Korallen, Seeigel, Seelilien, Krebse, Fische oder Reste von Sauriern, vor allem aber Ammoniten sowie Belemniten. Das sind kleine Tintenfische, deren versteinerte Überreste im Volksmund auch Donnerkeile oder Teufelsfinger genannt werden. Nirgendwo auf der Welt sind diese Tiere so zahlreich und so gut erhalten geblieben wie hier. Nicht umsonst wird die Schwäbische Alb auch als „Jurassic Park“ Deutschlands bezeichnet.

GEO *Praxis* — Fossilienabdrücke - selbst gemacht

Zunächst brauchst du ein faustgroßes Stück Knetmasse, Klarlack, Gips, Wasser, etwas Fett und eine Muschel. Drücke die Muschel vorsichtig in die Knetmasse. Lackiere anschließend den Abdruck mit Klarlack.Um den Abdruck bildest du mit einer Knetrolle einen Rand. Gieße nun den mit Wasser angerührten Gips in den vorher eingefetteten Abdruck. Nimm nach dem Trocknen des Gipses den Knetrand ab und löse den Gipsabdruck der Muschel vorsichtig aus der Knetform heraus.

Im Meer versunken

Vor 180 Millionen Jahren war die Schwäbische Alb Meeresboden, überflutet von einem flachen, tropischen Meer. Deshalb findet man hier vor allem Fossilien von Meeressauriern, aber auch von Flugsauriern, die von der nahen Küste auf das Jura-Meer hinausflogen, um dort Fische zu fangen. Starben die Lebewesen, sanken ihre Überreste langsam auf den Grund. Dort wurden sie mit Sand und Schlick überdeckt. Durch das Gewicht der Schichten wurden die Ablagerungen zusammengepresst und zu Kalkstein verfestigt. In diesen Kalkschichten blieben die zu Stein gewordenen Pflanzen- und Tierreste bis heute erhalten.

109.2: Ichthyosaurier

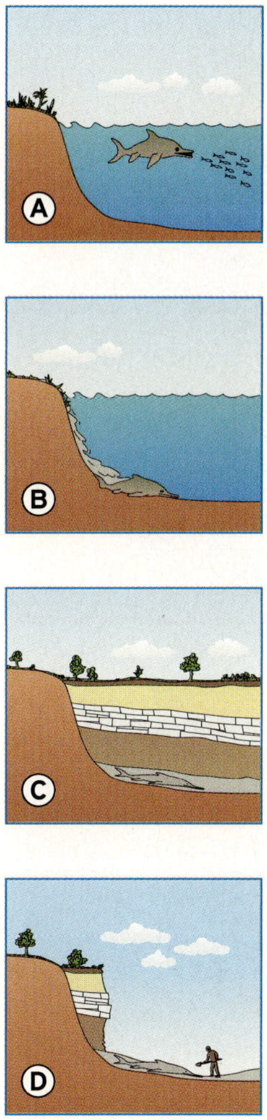

109.3: Entstehung eines Fossils

Besuch im Urweltmuseum

Die schönsten Fossilien aus dem Jurameer sind im weltberühmten Urweltmuseum Hauff in Holzmaden zu bewundern. Zu den bekanntesten Ausstellungsstücken gehört ein fast vier Meter langer Ichthyosaurier – ein Muttertier mit einem bereits geborenen Jungen und fünf Embryonen im Leib. Ichthyosaurier sahen aus wie Fische, waren aber wie alle Saurier Reptilien. Mit ihren Flossen konnten sie nicht mehr an Land kriechen. Die Weibchen brachten daher ihre Jungen im Wasser zur Welt. Die Jungtiere schlüpften bereits im Mutterleib aus den Eiern. Lieblingsspeise der Ichthyosaurier waren Ammoniten und Belemniten. In ihrem langen Maul waren bis zu 200 spitze Zähne aufgereiht. Die größten Ichthyosaurier waren 20 Meter lang – mehr als doppelt so lang wie der weiße Hai.

AUFGABEN

1. *Eine „Fossilienjagd“ muss gut vorbereitet sein. Betrachte der Ausrüstungsgegenstände (Abb. 108.2a) und beschreibe jeweils, wozu diese nötig sind.*
2. *Warum sind gerade auf der Schwäbischen Alb so viele Fossilien zu finden?*
3. *Beschreibe, wie Fossilien entstehen (Abb. 109.3).*
4. *Welche auf dieser Doppelseite abgebildeten Fossilien erkennst du in Abb. 109.1 wieder? Benenne die Ziffern 1 bis 5.*
5. *Sammle Informationen über das Leben in der Jurazeit. Erstelle eine Wandzeitung.*

109.1: Leben in der Jurazeit

www.urweltmuseum.de
www.schwaebischealb.de
www.erdgeschichte.de

Schwarzer Jura (Lias)
40–120 m mächtig,
besteht aus dunklen Kalken und Tonen (Schieferton), teilweise auch aus Sandsteinen, bildet zusammen mit dem Braunen Jura das Albvorland

Brauner Jura (Dogger)
140–180 m mächtig,
besteht aus Tonen (Schieferton), Kalken und Sandsteinen, bildet zusammen mit dem Schwarzen Jura das Albvorland

Weißer Jura (Malm)
400–600 m mächtig, besteht aus hellgrauen Kalken, dazwischen Schichten aus Mergel (ein Mischprodukt aus Kalk und Ton), bildet den Steilanstieg, den Trauf und die Hochfläche der Schwäbischen Alb

110.1: Der geologische Aufbau der Schwäbischen Alb

Die Gesichter der Alb

111.3: Rückverlegung des Albtraufes

Die Schwäbische Alb besteht aus den Gesteinsschichten des Schwarzen, Braunen und Weißen Jura. Sie alle sind aus verschiedenen Ablagerungen des Jurameeres entstanden. Vor 20 Millionen Jahren wurden diese Gesteinsschichten durch mächtige Kräfte im Erdinnern gehoben und schräg gestellt. So ist die Schwäbische Alb heute wie eine schräge Tischplatte zur Donau hin geneigt.

Von Nordosten aus betrachtet erhebt sich die Schwäbische Alb wie eine mehrere hundert Meter hohe Mauer aus dem **Albvorland**. Die Straße führt in mehreren scharfen Kehren diesen **Albtrauf** hinauf. Die steilen Hänge sind dicht bewaldet. Unterhalb der Traufkante leuchten zahllose weiße Kalkfelsen und laden zum Klettern ein. Jetzt öffnet sich eine weite, wellige Landschaft, die **Kuppenalb**. Wiesen, Weiden und Ackerflächen wechseln sich ab. Nur die Kuppen sind bewaldet, ausgedehnte Wälder gibt es nicht. Zur Donau hin folgt die fast ebene **Flächenalb**. Hier herrscht Ackerbau vor. Auf der gesamten **Albhochfläche** gibt es nur wenige Dörfer und Städte.

111.1A: Albtrauf, B: Kuppenalb, C: Flächenalb

Wissenschaftler haben festgestellt, dass die Schwäbische Alb vor 10 Millionen Jahren wesentlich größer war als heute. Damals verlief der Albtrauf ungefähr 30 km weiter nördlich in der heutigen Stuttgarter Gegend. Als Beweise dienen zahlreiche Berge, die dem heutigen Albtrauf vorgelagert sind. Da sie von einer einst größeren Alb zeugen, werden sie **Zeugenberge** genannt.

Eine ganz normale Katastrophe

Ein nebliger, regnerischer Morgen wie an zahlreichen Tagen davor. Es herrscht gespenstische Ruhe am Hirschkopf. Doch plötzlich rumort es leise im Boden, ein leichtes Zittern ist vernehmbar, und dann gerät der ganze Berghang in Bewegung. Die anfängliche Stille geht in ein lautes Krachen und Knacken über. Bäume zersplittern oder rutschen senkrecht stehend zu Tal. Gesteinsbrocken stürzen von der Hochfläche und bersten beim Aufschlag mit einem ohrenbetäubenden Lärm auseinander. Der ganze Berg rutscht und sackt scheinbar in sich zusammen. Wo einst ein dichter Wald vorherrschte, ist nun eine riesige vegetationslose Steinwüste mit meterhohen Geröllhügeln. Tausende von Bäumen sind kreuz und quer ineinander verkeilt. Das betroffene Gelände zwischen Farrenberg und Dreifürstenstein bei Mössingen umfasst eine Fläche von 50 Hektar, und 5 bis 6 Millionen Kubikmeter Erde und Geröll gingen ab.

111.2: Zeitungsmeldung (April 1983)

AUFGABEN

1. *Zeugenberge beweisen, dass die Schwäbische Alb einst viel größer war als heute. Erkläre dies anhand der Abb. 110.1.*
2. *Die Schwäbische Alb weicht durchschnittlich 1,6 mm pro Jahr zurück. Wie muss man sich das Zurückweichen vorstellen (Abb. 111.2 und 4).*
3. *Die Schwäbische Alb wird auch „Mittelgebirge ohne Berge" genannt. Erkläre!*

Tanker-unglück bei Merklingen

Kommt es im Blautopf zum Fischsterben?

112.1: Zeitungsmeldung

112.2: Donauversickerung bei Immendingen

112.3: Blautopf in Blaubeuren

„Mangelware" Wasser

Kannst du dir vorstellen, mitten im Flussbett der Donau zu stehen ohne nasse Füße zu bekommen? Immerhin entwickelt sich die Donau, die im Schwarzwald entspringt, im weiteren Verlauf zu einem der mächtigsten Flüsse Europas. Tatsächlich gibt es zwei Stellen im Oberlauf der Donau (bei Immendingen und bei Fridingen) wo das Wasser der Donau plötzlich im Untergrund verschwindet. Zurück bleibt ein mit Schotter gefülltes, trockenes Flussbett. Doch wo geht das Wasser hin, das eigentlich dazu bestimmt ist, in das Schwarze Meer zu fließen?
Um diese Frage zu klären, haben Wissenschaftler Farbstoffe in die Versickerungsstelle gegeben und festgestellt, dass gefärbtes Wassers nach wenigen Tagen im 12 km entfernten Aachtopf zutage tritt. Der Aachtopf ist mit einer durchschnittlichen Schüttung von 8000 Liter Wasser pro Sekunde (!) die größte Quelle Deutschlands.

Regenwasser nimmt beim Durchsickern der Humusschicht Kohlenstoffdioxid auf und bildet Kohlensäure. Dieses kohlensäurehaltige Wasser kann das Kalkgestein leicht auflösen. Kleine Risse werden dadurch zu Spalten erweitert und es können mit der Zeit große Höhlensysteme entstehen. Dort, wo das Wasser auf eine wasserundurchlässige Tonschicht trifft, verlaufen große Höhlenbäche. Viele Kilometer weiter tritt das Wasser als **Quelltopf** wieder zutage.

GEO Praxis – Wir untersuchen Kalkstein

Du kannst diese Eigenschaften von Kalkstein selbst überprüfen, indem du zusammen mit deinem Erdkundelehrer folgenden Versuch durchführst:

1. Bitte deinen Lehrer, dir ein Stück Granit, ein Stück Kalkstein, eine Flasche mit verdünnter Salzsäure (Vorsicht, ätzend!) und eine Pipette zu besorgen.
2. Tropfe vorsichtig etwas verdünnte Salzsäure auf den Granit und beobachte, was passiert.
3. Tropfe vorsichtig etwas verdünnte Salzsäure auf den Kalkstein und beobachte, was passiert.

Beschreibe das Versuchsergebnis.

112.4: Versuchsdurchführung

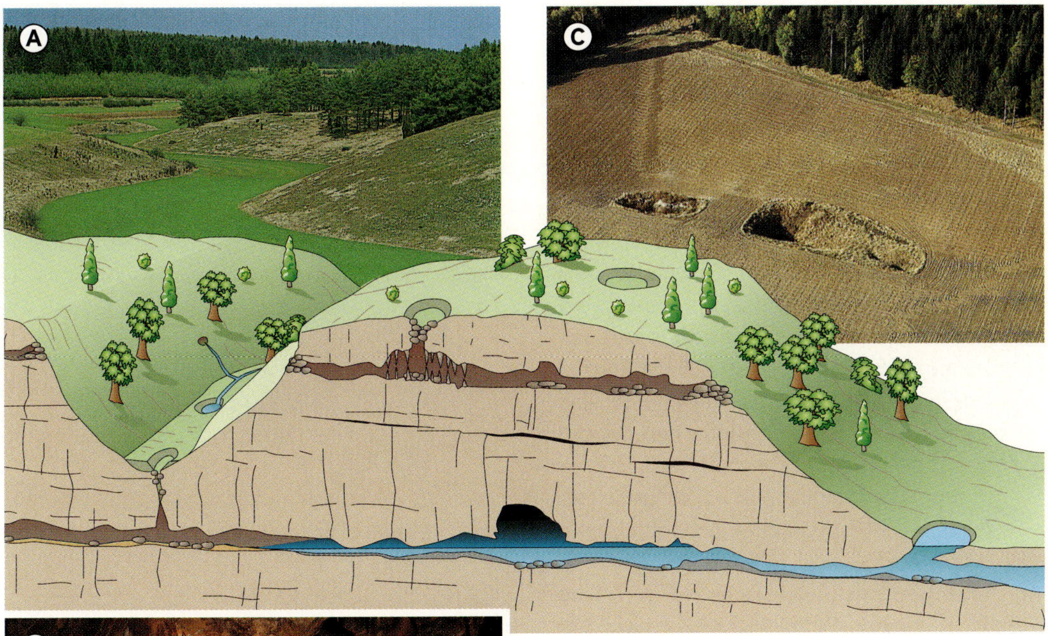

113.1: Karsterscheinung

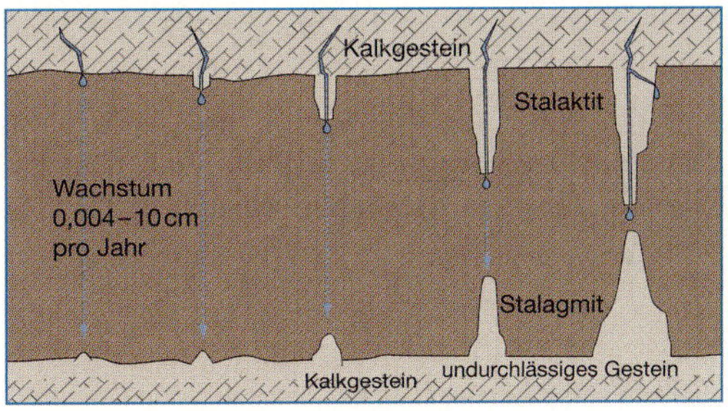

113.2: Entstehung von Tropfsteinen

Innerhalb der Höhlen scheidet das kalkhaltige Sickerwasser beim Abtropfen wieder festen Kalk aus. So entstehen die **Tropfsteine**. An den Decken bilden sich schlanke Stalaktiten. Beim Auftreffen des Wassertropfens auf dem Boden wächst über die Jahrtausende ein Stalagmit in die Höhe, bis sich beide zu einer Tropfsteinsäule (Stalagnat) zusammenfinden können.

Wenn über einer Höhle das Gestein einbricht, entstehen trichterförmige Mulden in der Erdoberfläche. Sie werden **Dolinen** oder Erdfälle genannt. Weil die Dolinen in früheren Zeiten häufig als Müllkippen benutzt wurden, nannten die Albbewohner sie auch „Saulöcher“.

Bei einer Wanderung über die Hochfläche der Schwäbischen Alb fällt auf, dass es zwar Täler gibt, aber die Flüsse, die zu erwarten wären, sind nicht zu finden. Diese **Trockentäler** wurden von Bächen und Flüssen während der Eiszeiten geschaffen. Danach verschwand das Wasser im Kalkgestein des Weißen Jura.

AUFGABEN

1. *Suche den Aachtopf im Atlas. In welches große Meer fließt das Wasser der Aach und damit auch Wasser vom Oberlauf der Donau?*
2. *Beschreibe, wie das Donauwasser in den Aachtopf gelangt.*
3. *Trotz hoher Niederschläge ist die Schwäbische Alb eine wasserarme Landschaft. Erkläre.*
4. *Im Silbensalat sind sieben Karstbegriffe versteckt – finde sie und erkläre die Begriffe.*
   Fluss – quel – stein – li – lag – Sta – ver – höh – tal – Do – Schicht – tit – ne – ung – Tro – Tropf – topf – le – lak – Quell – cken – Sta – mit – sicker – le
5. *Wie entstehen Tropfsteine (Abb. 113.2)?*
6. *Ist die Frage in Abb. 112.1 berechtigt? Begründe!*

In allen Kalkgebirgen der Erde kann man ähnliche Phänomene beobachten wie auf der Schwäbischen Alb. Sie werden **Karsterscheinungen** genannt, da sie im Karst, einem Gebirge im nördlichen Kroatien, zuerst beschrieben wurden.

Höhlen – Erforschung der Unterwelt

Entdeckung durch Zufall

Die meistbesuchte **Höhle** Deutschlands ist die Bärenhöhle bei Erpfingen. Dabei verdankt die Höhle ihre Entdeckung einem Zufall. Als sich im Jahre 1834 der Dorfschullehrer Karl Fauth beim Heilkräutersammeln zu tief bückte, fiel seine Tabakdose in eine Felsspalte. Darunter ahnte Fauth einen Hohlraum. Er erweiterte den Spalt und ließ sich an einem Seil hinab. Da sah er nun, dass diese Höhle schon anderen Menschen bekannt war. Man fand Skelette, die wahrscheinlich aus dem Mittelalter stammen. Vermutlich waren es Pestopfer, die in die Höhle geworfen wurden.

Eine Überraschung gab es hundert Jahre später, als der Hobby-Höhlenforscher Karl Bez Fledermäuse beobachtete, die durch einen Spalt verschwanden. Bez kroch hinterher und entdeckte ein weiteres Höhlensystem. Schon in dem kleinen Verbindungsgang lagen die ersten Bärenskelette. Sehr viel mehr Knochen waren in den nachfolgenden größeren Räumen zu finden. Aufgrund der vielen Knochen wurde diese Höhle Bärenhöhle genannt.

www.showcaves.com
Hier findest du Links zu allen bekannten Schauhöhlen der Schwäbischen Alb und vieles mehr.

www.tiefenhoehle.de
Hier kannst du die Laichinger Tiefenhöhle von zu Hause aus in einer virtuellen Höhlentour zu erkunden.

114.1: Erforschung der Blautopfhöhle

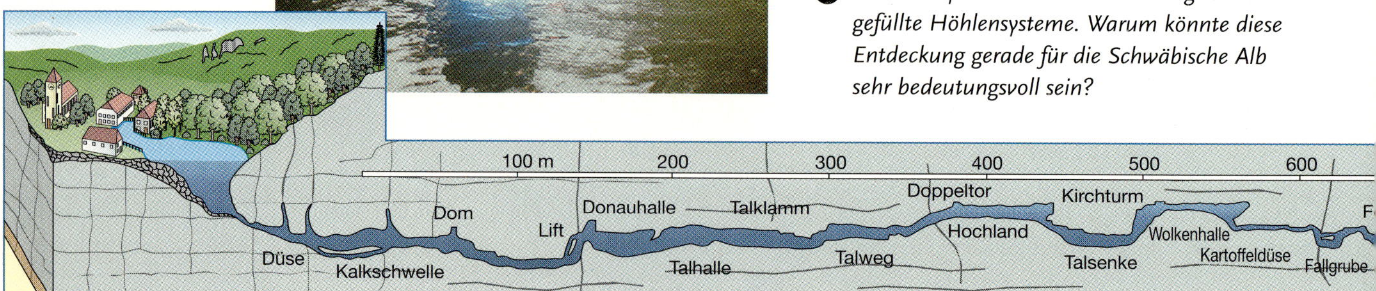

114.2: Bärenskelett in der Bärenhöhle

Höhlenbären lebten vor etwa 20 000 Jahren auf der Alb. Sie waren über zwei Meter groß und wogen mehr als zwei Tonnen. Die Bärenhöhle war ihr Winterquartier, hier brachten sie auch ihre Jungen zur Welt. Am Ende der letzten Eiszeit sind die Höhlenbären ausgestorben.

AUFGABEN

1. *Nenne Gründe, welche die Bärenhöhle zu einem Besuchermagneten machen.*
2. *Suche Schauhöhlen im Atlas. Sammle Informationen zu den Höhlen und berichte.*
3. *Beschreibe, welchen Gefahren die Höhlenforscher besonders in Karsthöhlen ausgesetzt sind.*
4. *Welche Sicherheitsmaßnahmen sollten Höhlenforscher unbedingt beachten?*
5. *Betrachte das Profil durch die Blautopfhöhle (Abb. 114.1). Welche großen Schwierigkeiten musste Hasenmayer bewältigen?*
6. *Hasenmayer vermutet weitere riesige wassergefüllte Höhlensysteme. Warum könnte diese Entdeckung gerade für die Schwäbische Alb sehr bedeutungsvoll sein?*

Ein Höhlenforscher berichtet

115.1: Höhlenforscher im Einsatz

„... Bei normalem Wasserstand und klarem Wasser wanderten wir weiter. Um 23 Uhr rasteten wir bei 1200 m auf einigen Blöcken. Wir hatten Wasser für einen kräftigenden Kakao aufgesetzt und aßen die ersten Brote. Plötzlich sahen wir, dass das Wasser des Höhlenbaches, das 4–5 Minuten vorher bei der Entnahme noch völlig klar gewesen war, sich getrübt hatte. Es trug auf der Oberfläche vereinzelte Schaumblasen. Sofort ritzte ich Wasserstandsmarken in die Seite eines fast senkrecht aus dem Wasser ragenden Felsblocks. Wir stellten fest, dass das Wasser in drei Minuten um vier Zentimeter anstieg. Dies konnte nur der Beginn eines Wassereinbruchs sein ... von Minute zu Minute stieg der Höhlenbach an und die beim Hinweg kleinen Wasserfälle und kaum ausgefüllten Kolke verwandelten sich schnell in mächtig rauschende Sturzwasser und gefährlich tiefe Löcher. Wir konnten nur noch bis ca. 50 Meter vor den Siphon (enge Röhre) vordringen, dann konnten wir nicht mehr weiter. Die stark angewachsene Strömung machte jedes Weiterkommen unmöglich ...“
(Die drei Tage lang in der Falkensteiner Höhle eingeschlossenen Forscher wurden nach einer dramatischen Rettungsaktion lebend geborgen.)

Eine Tauchfahrt ins Ungewisse

12.30 Uhr: Der Pforzheimer Höhlenforscher Jochen Hasenmayer legt seine 300 kg schwere Tauchausrüstung an.
16.30 Uhr: Der Unterwasserforscher taucht ab und zwängt sich 22 m unter der Wasseroberfläche durch eine Öffnung in den Berg hinein, durch die dem Blautopf das Wasser zufließt.
19.00 Uhr: Plötzlich weitet sich der Raum. Jochen Hasenmayer erkennt im Licht seines Scheinwerfers zahlreiche Tropfsteine. Langsam taucht er auf und entdeckt nach einem Tauchgang von 1240 m den bisher größten Hohlraum der Schwäbischen Alb: 120 m lang, bis zu 25 m breit und etwa 30 m hoch. Er gibt ihm den Namen „Mörike-Dom“.
21.30 Uhr: Jochen Hasenmayer kommt zum Blautopf zurück. Seine Vermutung, dass der Blautopf der Ausgang eines riesigen Höhlensystems ist, hat sich an diesem 4. November 1985 bestätigt. Seither hat der „Mörike-Dom“ keinen menschlichen Besuch mehr erlebt.

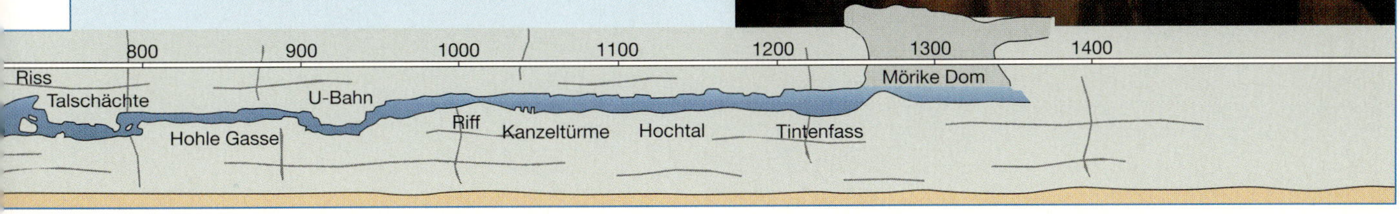

116.1: Lage der Eifel in Deutschland

116.3: In der Eifel vor ca. 50000 Jahren

116.2: Logo Vulkaneifel

116.4: Schalkenmehrer Maare – die „Augen" der Eifel

Legende der vulkanischen Karte:
- Schlackenkegel mit Lavastrom
- Maar
- Tuffring (= verfestigte Asche)

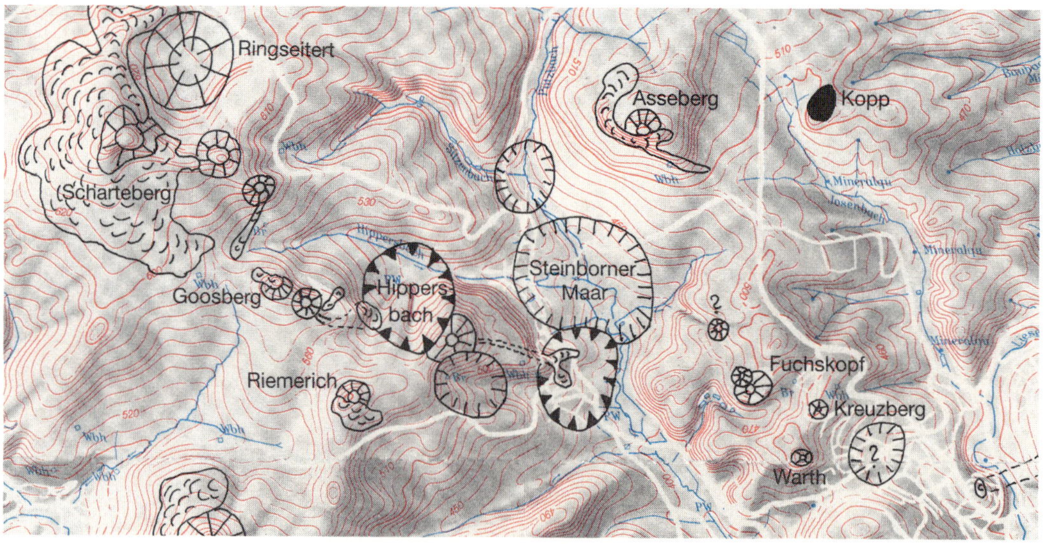

116.5: Ausschnitt der vulkanischen Karte West- und Hocheifel (Maßstab 1:50000)

Die Vulkaneifel

117.2: Vulkankegel in der Eifel

Feuerland zum Anfassen

Die junge **Vulkan**landschaft der Eifel ist eine touristische Attraktion ersten Ranges. Die Vielfalt der vulkanischen Formen mit ihren schwarzen bis leuchtend roten Gesteinen lassen keinen Zweifel zu, dass das vulkanische Feuerwerk noch nicht so lange her sein kann. In der Tat stellen die Eifelvulkane das mit Abstand jüngste Vulkangebiet Mitteleuropas dar.

Die Vulkanfelder der Eifel entstanden in den letzten 700 000 Jahren, als durch Aufwölbung und Dehnung der Erdkruste das Magma an Spalten aus der Tiefe des Erdinneren bis zur Erdoberfläche aufsteigen konnte. Demzufolge sind die Vulkane in nordwestlich-südöstlicher Richtung wie Perlen einer Kette aneinander gereiht. Die Westeifel, nördlich und südlich Daun, besteht aus 240 Vulkanen, die Osteifel, im weiteren Laacher-See-Gebiet am Mittelrhein, aus ca. 100 Vulkanen. An den Ausbruchszentren entstanden oft innerhalb weniger Wochen oder Monate ganze Vulkangruppen. Alle Vulkanablagerungen sind eine einzigartige Bibliothek der vulkanischen Aktivität und zugleich Geschichtsbuch jahrtausendelanger Umweltveränderungen.

Viele Eifelvulkane sind heute wichtige Baustoff- und Werksteinlieferanten. So wird der Bims wegen seinem geringen Gewicht und den optimalen Isoliereigenschaften als „Klimaleichtbaublöcke“ vermarktet, findet aber auch für Zahnpasta und Katzenstreu weitere Verwendungen.

Nur wenige Vulkangebiete der Erde sind durch Steinbrüche so gut aufgeschlossen wie die Eifel; den Aufbau und die Entstehung von Vulkanen kann man daher selten so gut studieren wie hier. Geologen und Vulkanologen haben sich bei der Einrichtung örtlicher Vulkanzentren und Vulkanparks engagiert, um die spannende Naturgeschichte der Eifel für Jedermann zugänglich zu machen.

117.1: „Aktiver Vulkan“ im GEO-Zentrum Daun

AUFGABEN

1. *Suche die Vulkanfelder der Eifel auf einer Atlaskarte.*
2. *Schildere mit eigenen Worten die Entwicklung des Eifelvulkanismus.*
3. *Nenne Beispiele der vulkanischen Formen in der Karte 116.5.*
4. *Plane selbst eine Eifelvulkantour mithilfe des Internets.*

Internet-Tipp

Die Vulkaneifel im Internet:
www.vulkaneifel.de
www.eifel-direkt.de
www.geopfad.de
www.vulkanpark.com

118.1: Weinfelder Maar

118.4: Im Lavastrom

Willy Basalt

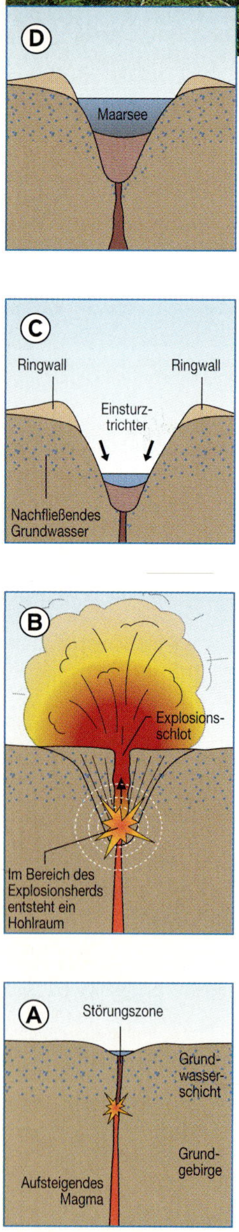

118.2: Entstehung eines Maares

Auf Geopfaden zu den Fenstern ins Erdinnere

Nico und Anna sind schon erfahrene Hobbyvulkanologen. Mit ihrer Familie haben sie die berühmten Feuerspucker Süditaliens, Ätna und Stromboli, schon live erlebt. Gespannt haben sie die Geschichten von Willy Basalt über die Hexenküche Vulkaneifel gelesen und wollen sich nun vor Ort selbst von der Wahrheit überzeugen.

Rätselhafte Vulkanerscheinungen sind aufzudecken:

- *„Bombenkrater"*, die gar nicht durch Bomben entstanden sind. Tatsächlich gibt es kreisförmige Talkessel mit wenigen hundert Metern Durchmesser, die von einem deutlichen Wall umgeben sind. Manche sind mit einem kreisrunden See gefüllt. Es sind **Maare**, durch eine Explosion entstandene Einsturztrichter, die beim Auftreffen des heißen aufsteigenden Magmas auf eine Grundwasserschicht in die Erdoberfläche gesprengt wurden. Später füllten sie sich oft mit Wasser.
- *„Bomben"*, die von Vulkanen abgefeuert wurden. Die 120 Tonnen schwere Riesenbombe von Strohn flog jedoch wohl nie durch die Luft, sondern verblieb im Kraterbereich und vergrößerte bei jedem Ausbruch ihre Rinde. Die 4 m hohe und 5 m lange Basaltkugel wurde 1969 bei Sprengarbeiten im Wartgesberg-Vulkan gefunden.
- *„Halbe Hügel"*, die Einblick in erloschene Hexenkessel erlauben. Die schwarzen äußeren und durch heiße Gase rötlich gefärbten Schlacken im Innern sind heute für die Baustoffindustrie interessant. Zwei Drittel aller Eifelvulkane sind Schlackenkegel. Sie türmten sich aus erstarrten Magmafetzen auf, die mit den Lavafontänen aus den Förderschloten herausgeschleudert wurden.
- *„Vulkanunterwelten"* in Lavaströmen, die von den Menschen seit Jahrtausenden künstlich geschaffen wurden.

118.3: Basaltbombe bei Strohn

119.1: Kohlenstoffdioxid-Blasen im Laacher See

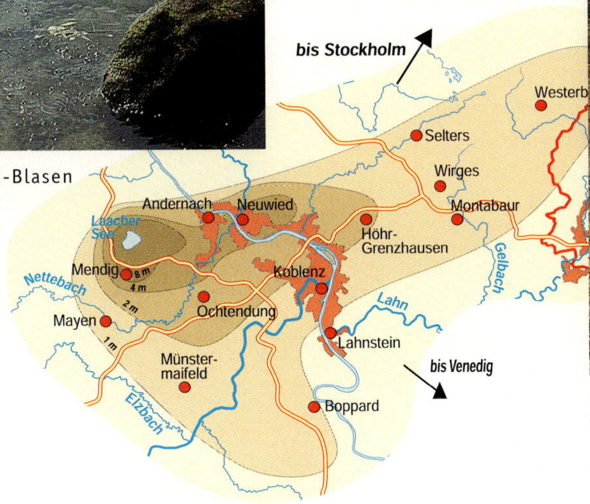

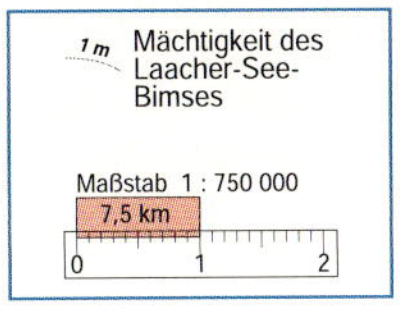

119.2: Ausbruch des Laacher Sees

119.4: Bimsablagerungen in der Nähe des Laacher Sees

Die zu meterhohen, festen Sechsecksäulen erstarrte einst dünnflüssige Lava war begehrt zur Herstellung von Werkzeugen, Mühlsteinen und Bausteinen.

- *„Born"*, eine verbreitete Ortsnamenendung, deutet auf Mineralquellenvorkommen als letzten Hauch vulkanischer Aktivität hin. Spektakulär ist der Wallenborn, eine Stoßquelle. Sein kohlenstoffdioxidreiches Quellwasser tritt alle 55 Minuten sprudelnd und wallend an die Oberfläche.
- *„Brubbel"* ist „Eiflerisch" und meint die sprudelnden Kohlenstoffdioxid-Blasen im Laacher See, die hier die noch andauernde Entgasung des Magmas in der Tiefe andeuten. Auch kleinere Erdbeben erinnern noch heute an die gewaltige Vulkanexplosion des Laacher-See-Vulkans vor 12 900 Jahren. Innerhalb weniger Tage wurden 6 km³ Magma ausgeschleudert, viel mehr als aus allen anderen Eifelvulkanen zusammen. Die Vulkanasche gelangte bis in 30 km Höhe und kam bis Venedig und Stockholm. Heiße Glutlawinen füllten die umliegenden Täler mit bis zu 60 m mächtigen Ablagerungen.

Anna und Nico sind erstaunt, dass man dem Vulkanismus in der Eifel auf Schritt und Tritt begegnet. Sie halten durchaus die Vorhersage der Geowissenschaftler für wahrscheinlich, dass trotz jahrtausendelanger Ruhe die Vulkane der Eifel nur schlafende Feuerberge sind.

119.3: Der Wallenborn

119.5: Kohlenstoffdioxid-Nachweis

120.1: Boden auf Löss

Steckbrief Löss
- mehlfeiner, kalkhaltiger, gelblicher Gesteinsstaub,
- am Ende der letzten Eiszeit aus eiszeitlichen Ablagerungen ausgeweht und am Nordrand der Mittelgebirge abgelagert,
- an der Oberfläche zu fruchtbarem Lösslehm verwittert,
- darauf Entstehung feinkörniger, lockerer, mineralstoff- und humusreicher (dunkel gefärbter) Böden mit guter Wasserspeicherung

Vom Viehfutter zur Zuckerpflanze – Landwirtschaft in der Börde

Wohl jeder hat schon einmal zu Hause beobachtet, dass Zucker beim Einmachen oder beim Backen eine wichtige Rolle spielt. Zucker ist ein wichtiger Bestandteil vieler Speisen und Getränke. In Deutschland werden in Industrie und Haushalten im Jahr über drei Millionen Tonnen Zucker verbraucht, das sind pro Kopf der Bevölkerung über 36 kg. Doch woher kommt der ganze Zucker?

Bis ins 18. Jahrhundert hinein war Zucker ein kostbares Gut, das ausschließlich aus tropischem Zuckerrohr gewonnen wurde. 1747 entdeckte der Berliner Naturwissenschaftler Andreas Sigismund Marggraf, dass die Runkelrübe, eine Futterpflanze, den gleichen Zucker enthält wie das Zuckerrohr. Aus der Runkelrübe wurde die bei uns zuckerreichste Pflanze, die Zuckerrübe, gezüchtet. Aus zehn Zuckerrüben kann man etwa ein Kilogramm Zucker gewinnen.

Ein Schwerpunktgebiet für den Anbau von Zuckerrüben sind die **Börden** am Nordrand der Mittelgebirge. Auf **Löss** haben sich hier die fruchtbarsten Böden Deutschlands gebildet. Sie lassen sich gut bearbeiten und die weiten Felder ermöglichen einen großflächigen Maschineneinsatz. Wegen der hohen **Hektarerträge** und der voll mechanisierten Ernte ist der Zuckerrübenanbau sehr wirtschaftlich. Früher war der Anbau der **Hackfrucht** Zuckerrübe sehr mühsam. Der Boden musste zur Lockerung und zur Unkrautbekämpfung mehrmals im Jahr von Hand gehackt werden.

Steckbrief der Zuckerrübe
Wachstumszeit*: 180–230 Tage,
hoher Wasserbedarf,
sehr hoher Mineralstoffbedarf,
gute bis sehr gute Böden
* Anzahl der Tage mit Durchschnittstemperaturen über 5° C

120.3: Die Zuckerrübe

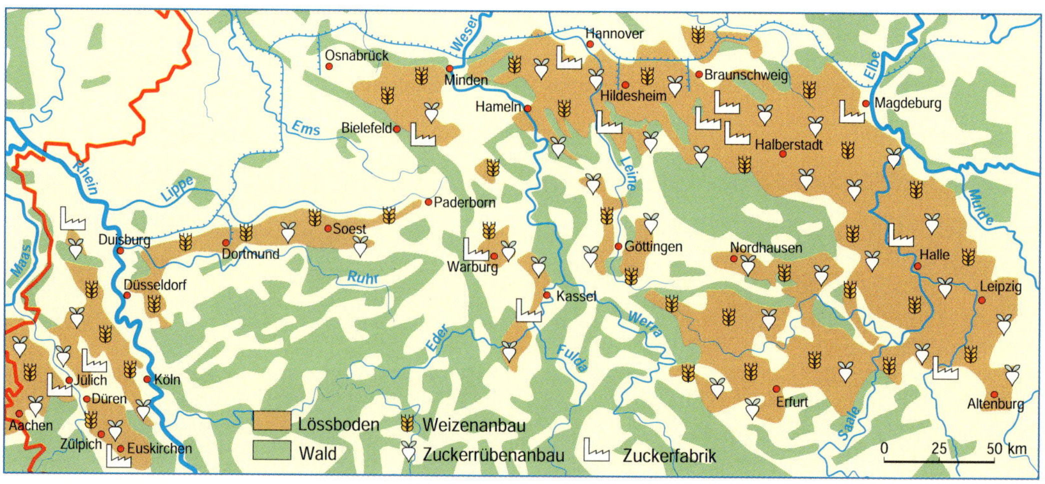

120.2: Börden und Zuckerrübenanbau

121.1a–d: Von der Zuckerrübe zum Zucker

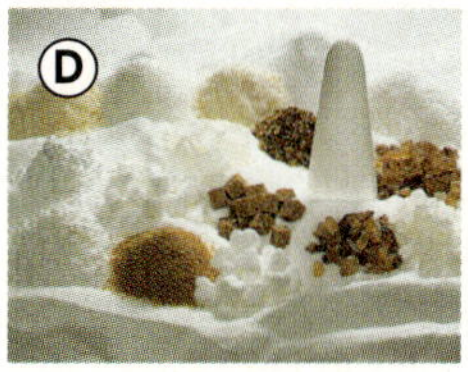

Zuckerkampagne in der Börde

„Zuckerkampagne" wird die Zeit der Ernte und Verarbeitung der Zuckerrüben genannt. Sie beginnt Mitte September und dauert bis Ende Dezember. Moderne Vollerntemaschinen entfernen schon auf dem Feld die Blätter, roden und sammeln die Rüben und reinigen sie von der anhaftenden Erde. Nach einem ausgeklügelten Zeitplan werden die Rüben vom Acker zur nahen Zuckerfabrik transportiert. Das bedeutet weniger Verkehrsbelastung und kürzere Wartezeiten. Außerdem ist die Fabrik bei der Verarbeitung immer ausgelastet.

In der Zuckerfabrik wird während der „Kampagne" rund um die Uhr gearbeitet. Die Rüben werden über Förderbänder in die Waschanlage transportiert und anschließend in schmale Schnitzel zerkleinert. Heißes Wasser löst den Zucker aus ihnen heraus. Der so gewonnene Rohsaft wird gereinigt und eingedickt, bis sich Zuckerkristalle bilden. Durch Schleudern werden die Zuckerkristalle vom zähflüssigen Sirup, der Melasse, getrennt, getrocknet und zu verschiedenen Zuckersorten weiterverarbeitet. Eine moderne Zuckerfabrik produziert täglich etwa 1500 t Zucker.

AUFGABEN

1. *Die Böden der Börde aus Löss bieten anspruchsvollen Pflanzen wie der Zuckerrübe ideale Anbaubedingungen. Erkläre.*
2. *Beschreibe die Verarbeitung der Zuckerrübe vom Feld bis zum Verbraucher (Abb. 121.2).*
3. *Beschreibe die Standorte der Zuckerfabriken und begründe ihre Lage (Abb. 120.2).*
4. *Notiere beim Besuch im Supermarkt, welche Zuckersorten angeboten werden.*
5. *Beschreibe, für welche Zwecke der meiste Zucker verwendet wird (Abb. 121.3).*

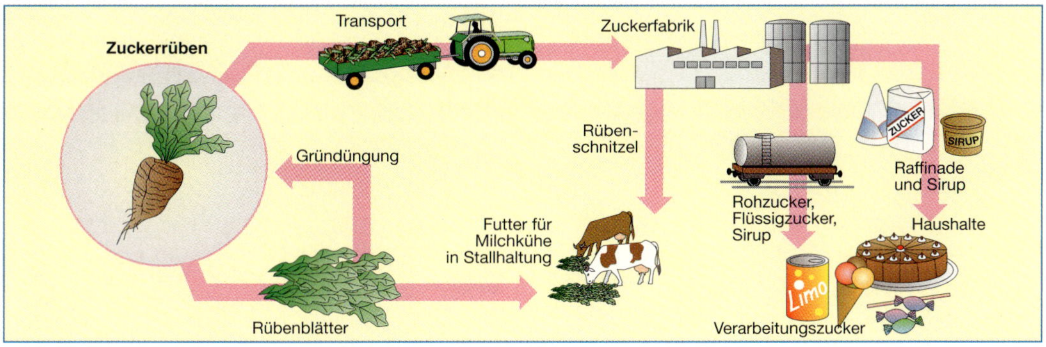

121.2: Verarbeitung und Verwendung der Zuckerrübe

Von 100 kg Zucker werden verwendet:

21 kg	für Süßwaren
20 kg	für Getränke
16 kg	im Haushalt
11 kg	für Backwaren
6 kg	für Milchprodukte und Speiseeis
6 kg	für Marmelade
3 kg	in Bäckereien
7 kg	für Sonstiges

121.3: Zuckerverwendung in Deutschland 2002

Der „Alte Schwede" in Hamburg

Im September 1999 wurde bei Baggerarbeiten in der Elbe in ca. 15 m Tiefe ein großer Findling gefunden. Ein erster Bergungsversuch mit einem Schwimmkran schlug leider fehl: Beim Herausheben des Findlings aus dem Elbwasser riss sich dieser los und versank wieder in der Tiefe. Erst der zweite Versuch am 23. Oktober 1999 war erfolgreich. Der Findling wurde am Elbufer bei Övelgönne an einem vorbereiteten Platz abgesetzt. Der riesige Findling hat ein Gewicht von 217 t und einen Umfang von fast 20 m, seine Höhe beträgt etwa 4,5 m.

122.1: Zeitungsmeldung vom 24. Oktober 1999

Das Norddeutsche Tiefland

Südlich von Nord- und Ostsee erstreckt sich bis zu den Mittelgebirgen die breite Zone des Norddeutschen Tieflands. Auf einer Atlaskarte erscheint sie einförmig und wenig gegliedert. Die Höhenunterschiede liegen unterhalb von 200 m. In den Flussniederungen und an der Küste liegt das Land besonders tief, z. T. unter dem Meeresspiegel.

Fast alle Landschaften Norddeutschlands wurden durch die **Eiszeiten** geprägt. Mindestens viermal schoben sich seit 600 000 Jahren von Skandinavien her riesige Gletschereismassen nach Süden. Als das Eis abgeschmolzen war, blieb das mitgeführte Material als **Moräne** liegen. Es bedeckt den Untergrund in einer Mächtigkeit von bis zu 200 m. Der jüngste Eisvorstoß der Weichsel-Eiszeit war erst vor ca. 15 000 Jahren zu Ende und schuf die Jungmoränenlandschaft des Nördlichen Landrückens. Das kuppige Relief, die waldreichen Hügel und die vielen Seen sind typisch. Die Moränen des Südlichen Landrückens stammen aus älteren Eiszeiten. Durch die länger wirkende Abtragung wurden Hügel eingeebnet und Senken aufgefüllt. Die **Endmoränen**züge werden wegen der schlechten Böden kaum ackerbaulich genutzt und sind häufig bewaldet. Die Böden der flachen **Grundmoränen**landschaft sind fruchtbar und gut zu nutzen. Besonders nährstoffarm sind die sandig-kiesigen **Sander**flächen, die vor dem Eisrand abgelagert wurden. Die Lüneburger Heide ist die größte zusammenhängende Sanderfläche in Deutschland. Die gewaltigen Schmelzwassermengen sammelten sich in **Urstromtälern**. In ihren breiten Niederungen fließen noch heute die großen Flüsse Norddeutschlands meerwärts.

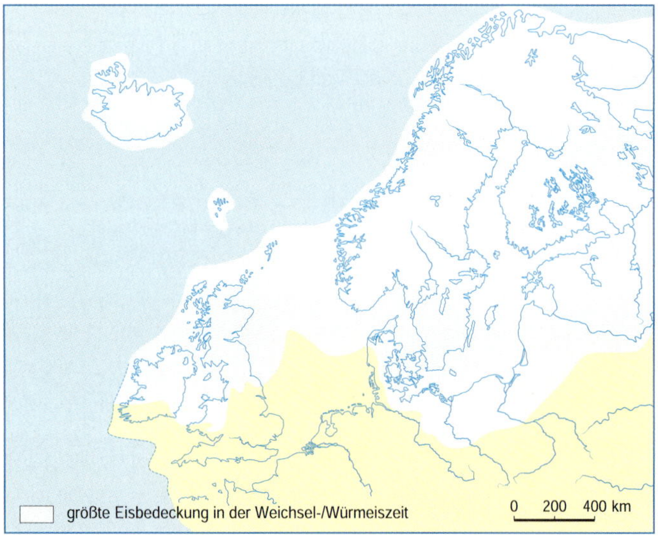

122.2: Eiszeiten im nördlichen Europa

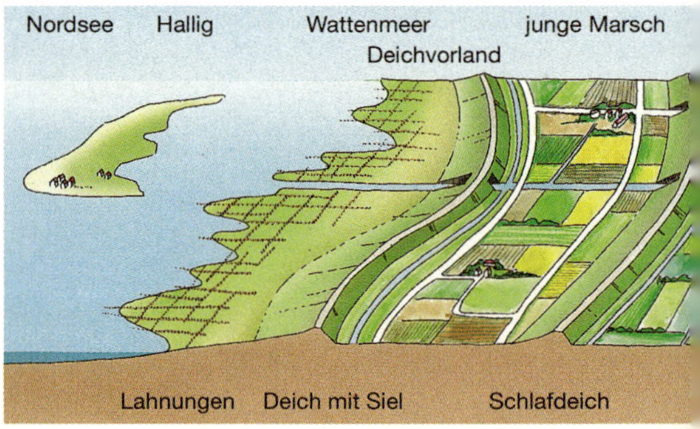

122.3: West-Ost-Profil durch Schleswig-Holstein

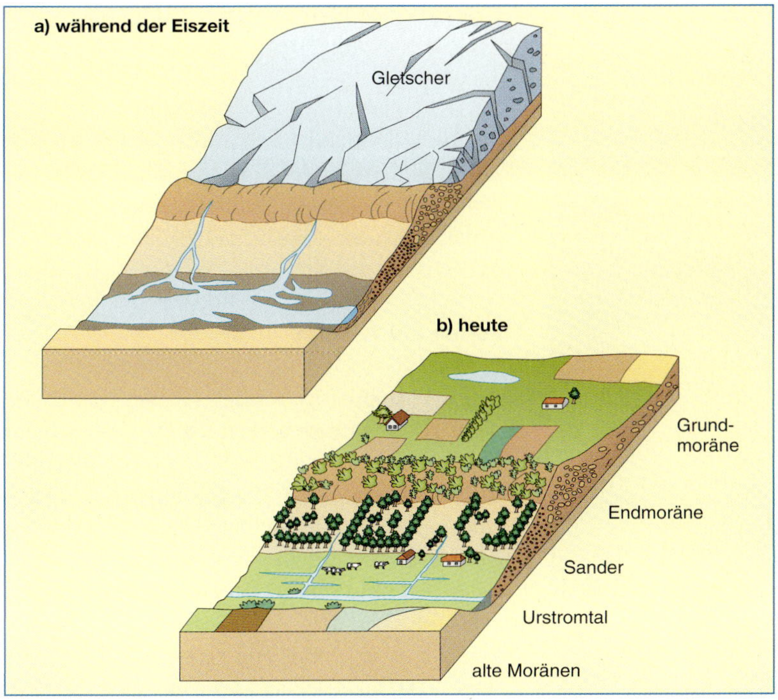

123.1: Entstehung der **glazialen Serie**

123.2A–D: Die glaziale Serie

AUFGABEN

1. *Warum wird der Findling am Elbufer „Alter Schwede" genannt (Abb. 122.1)?*
2. *Beschreibe, wie weit die Eisbedeckung in Norddeutschland in den Eiszeiten reichte (Abb. 122.2 und hintere Umschlaginnenseite).*
3. *Stelle in einer Tabelle die Landschaften der „glazialen Serie" zusammen. Beschreibe die typischen Oberflächenformen (Abb. 123.2A–D).*
4. *Benenne fünf Seen in der norddeutschen Jungmoränenlandschaft (Atlas).*
5. *Betrachte das West-Ost-Profil durch Schleswig-Holstein (Abb. 122.3).*
   a) Ordne Landschaften des Profils der glazialen Serie zu.
   b) Aus welcher Himmelsrichtung kamen die Gletscher?

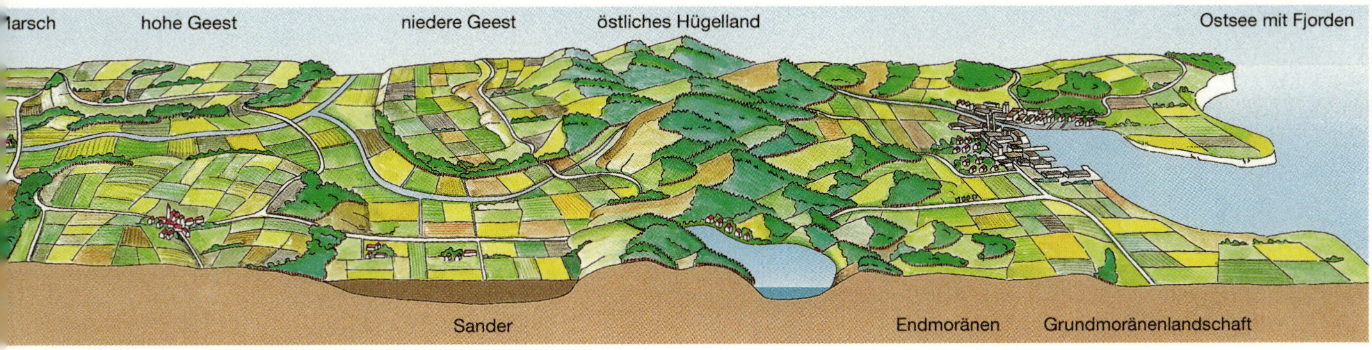

von der Nordsee bis zur Ostsee

124.1: Luftbild von Amrum

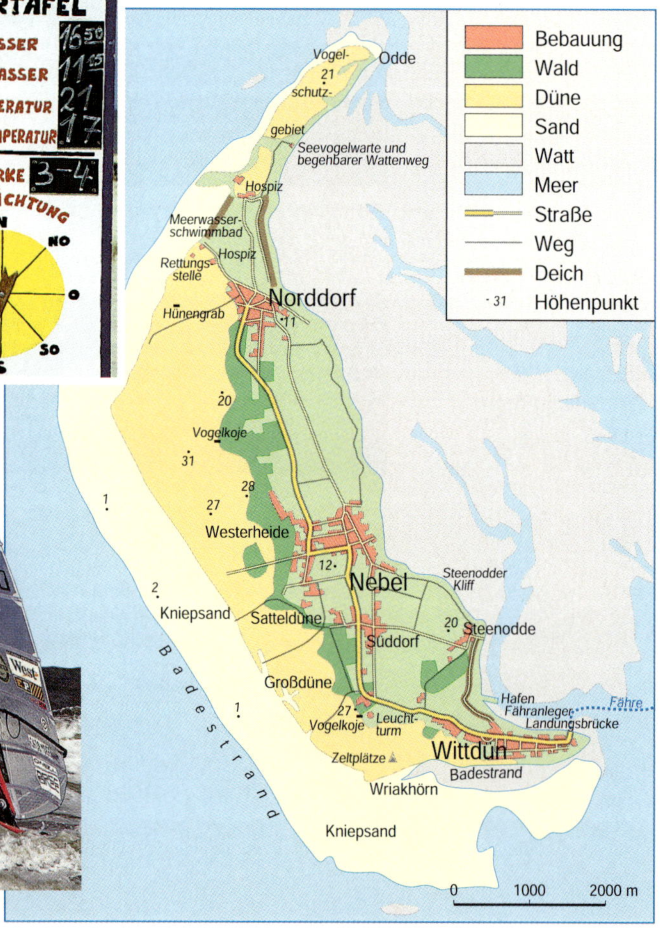

124.2: Karte von Amrum

Ferien an Nord- und Ostsee

Viele Urlauber zieht es in den Sommermonaten an die deutsche Küste. Es fällt nicht leicht, sich zwischen den Urlaubsorten an Nord- und Ostsee zu entscheiden, denn durch die Naturgegebenheiten gibt es viele unterschiedliche Urlaubsangebote.

Ferien auf Amrum

Amrum ist eine der Nordfriesischen Inseln. Sie liegt im Wattenmeer und ist seit 1890 Seebad. Im Inselhafen von Wittdün legen die Ausflugsschiffe und Fähren an, die die Verbindung mit dem Festland herstellen. Den besten Überblick über die Insel hat man vom Leuchtturm. Von hier oben können wir die verschiedenen Landschaftszonen der Insel erkennen. Am offenen Meer erstreckt sich der 15 km lange und 1,5 km breite „Kniepsand". Daran anschließend zieht sich ein teilweise bewachsener Dünengürtel über die Insel. Dem folgt ein breiter Streifen mit Heide. Im Osten der Insel sieht man Weide- und Ackerland. Das Wichtigste an den Inselferien sind jedoch die Freizeitmöglichkeiten: ein erfrischendes Bad in den Nordseewellen, Windsurfen bei einer steifen Briese oder Sonnenbaden im warmen Sand der Dünen. Doch auch wenn das Wetter schlecht ist, kann viel unternommen werden. Strand- und Dünenspaziergänge sind bei jedem Wetter erholsam. Ein besonderes Erlebnis sind die Wattwanderungen (▷ S. 131). Beheizte Meerwasser-Wellenbäder bieten ganzjährigen Badespaß. Das Nordseeklima ist jedoch das wirksamste Kurmittel. Die Luft enthält wenig Schadstoffe, und das Reizklima mit dem Wechsel von Sonne, Wolken und Wind ist ideal für die Gesundheit.

124.3: Am Strand von Amrum

Ferien auf Rügen

Rügen ist Deutschlands größte Insel. Sie besteht aus mehreren Inselkernen, die durch Nehrungen zusammengewachsen sind. Der besondere landschaftliche Reiz liegt im Wechsel zwischen den Steilküsten mit hoch aufragenden Kreidefelsen und Kliffs sowie den feinsandigen, flachen Sandstränden, die sich kilometerweit erstrecken. An der Ostküste der Insel liegen die meisten bekannten Seebäder wie Binz, Sellin, Baabe und Göhren. Die windabgewandte Lage im Schutz der hohen, waldbestandenen Kliffs, der feinsandige breite Strand und das klare relativ salzarme flache Wasser sind ideale Bedingungen für ungetrübten Badespaß. Rügen bietet aber noch mehr als das Strandleben. Beliebte Ausflugsziele sind die alte Hansestadt Stralsund, der nördlichste Punkt der Insel bei Kap Arkona, die Kreidefelsen der Stubbenkammer oder eine Fahrt mit der historischen Schmalspurbahn „Rasender Roland“. Mit etwas Glück findet man am Strand Zeugen einer längst versunkenen Welt, das Harz subtropischer Nadelbäume – Bernstein.

125.1: Seebad Sellin auf Rügen

125.2: Nationalpark Jasmund auf Rügen

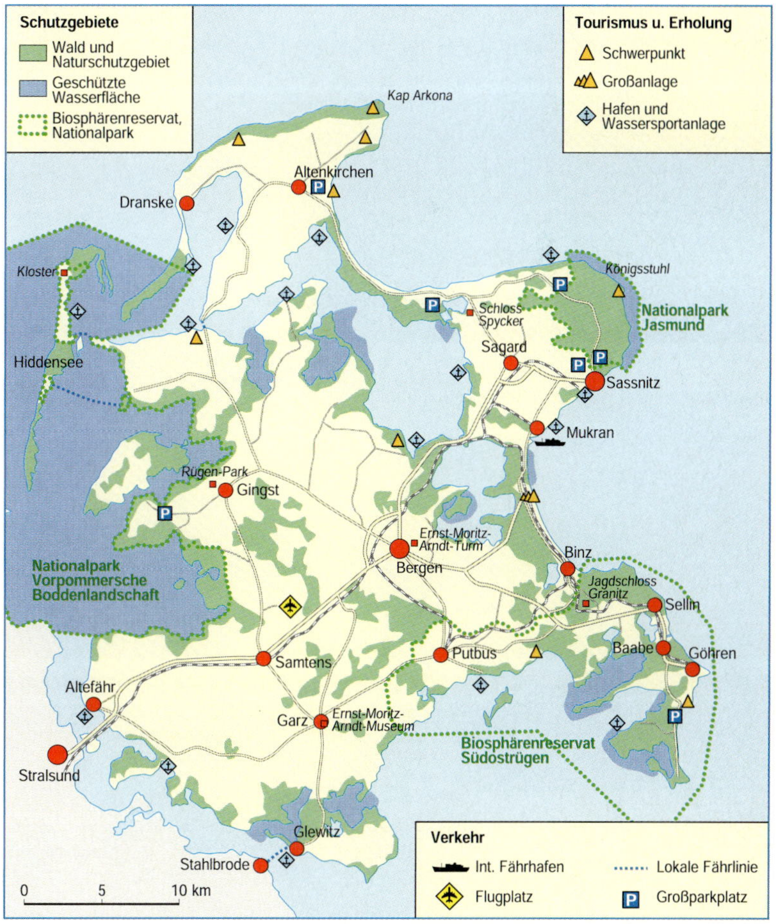

125.3: Karte von Rügen

AUFGABEN

1. *Wo würdest du lieber Urlaub machen, an Nord- oder Ostsee? Begründe deine Entscheidung durch die unterschiedlichen Freizeitmöglichkeiten, die Strand, Wasser und Wind bieten.*
2. *Beschreibe eine Fahrtroute mit dem Zug oder mit dem Auto von deinem Heimatort nach Amrum und nach Rügen (Atlas).*
3. *Stellt mithilfe des Internets (www.amrum.de, www.ruegen.de) die Freizeitmöglichkeiten auf Amrum und Rügen zusammen.*

Küsten an Nord- und Ostsee

Jedes Jahr verbringen viele Menschen ihre Sommerferien an der Küste. Sie schätzen die schöne Landschaft, die Bademöglichkeiten und das gesunde Klima. Auch Svens Familie hat sich dieses Reiseziel ausgesucht. In Deutschland hat man die Wahl zwischen Nordsee und Ostsee. Ein Blick auf die physische Karte in seinem Atlas gibt Sven einen ersten Eindruck von den verschiedenen Küstenlandschaften: An der Nordsee wird der Grenzraum zwischen Land und Meer von der **Wattküste** gebildet. Als Watt wird der im Wechsel der Gezeiten mal überspülte und mal trockenfallende Meeresboden bezeichnet. Er besteht aus Sand und Schlick und wird von Wasserrinnen, den Prielen durchzogen. Die Ostfriesischen- und die Nordfriesischen Inseln begrenzen die Wattküste zum offenen Meer.

Der Verlauf der Ostseeküste zeigt sich gegenüber der Nordseeküste vielfältiger: Er ist geprägt von dem Wechsel zwischen **Steilküste** und **Flachküste**. Die Entstehung dieser Landschaft geht auf die Vorgänge während der Eiszeiten zurück. Nach dem Abschmelzen des Eises überdeckte das Meer die Moränenlandschaft. Es entstand die **Boddenküste** mit ihren unregelmäßigen Umrissen, zerlappten Halbinseln und Inseln. Aus ehemaligen Schmelzwasserrinnen entstanden die lang gestreckten **Förden**.
Steilküsten mit hohen Kliffs bilden sich dann, wenn die Wellen auf ein hohes Ufer prallen. Die Brandung höhlt den Steilhang aus, bis das überhän-

126.1: Küstenformen an Nord- und Ostsee

gende Gestein herunterbricht. Es wird weiter zu Geröll und Sand zerkleinert. Durch die Meeresströmung und den Wind wird dieses Material weitertransportiert und schließlich abgelagert. So kann eine ursprünglich buchtenreiche Küste begradigt werden, es entsteht eine **Ausgleichsküste** (Abb. 127.1).

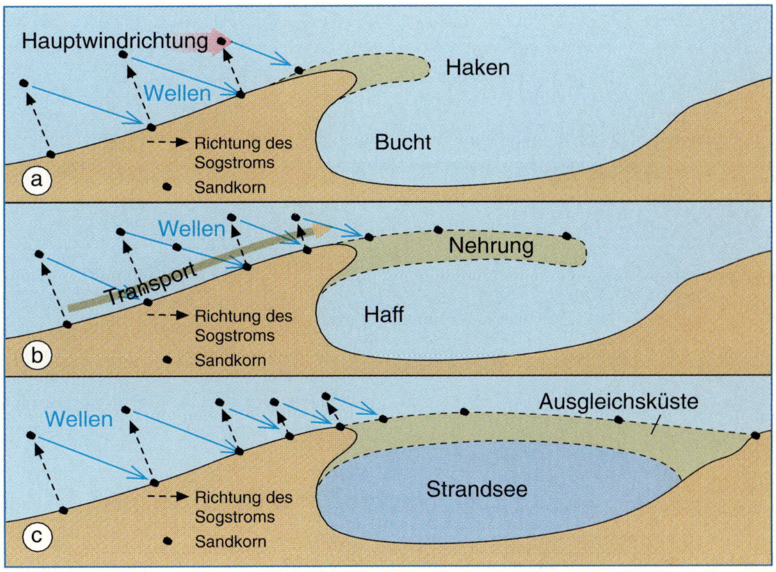

127.1: Entstehung einer Ausgleichsküste

AUFGABEN

1. *Beschreibe die Fotos 126.A–D und ordne sie den Küstenabschnitten an Nord- und Ostsee zu.*
2. *Erkläre die Entstehung einer Ausgleichsküste (Abb. 127.1).*
3. *Beurteile die Küsten an Nord- und Ostsee nach ihrer Eignung für die Anlage von Häfen.*
4. *Begründe, ob du lieber an der Nord- oder Ostseeküste Ferien machen möchtest.*

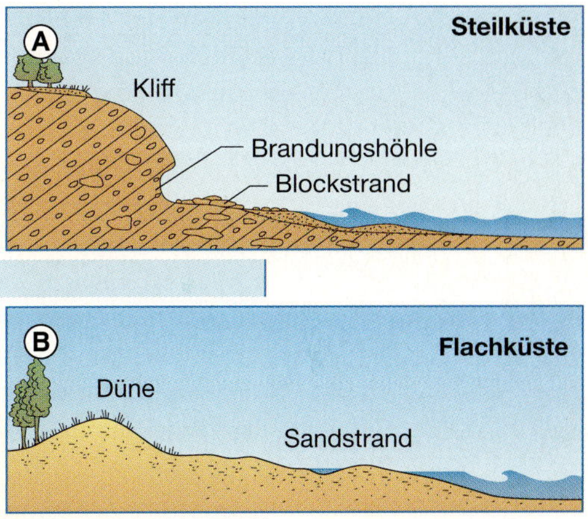

127.2: Der Wechsel von Steilküste (A) und Flachküste (B) kennzeichnet die Ostseeküste

128.1 und 2: Der Hafen von Dorum bei Niedrigwasser und bei Hochwasser

Der Mensch - Gestalter der Küste

An der Nordsee liegt das Land nur wenige Meter über dem **Meeresspiegel**, manchmal sogar darunter. Vor dem Festland erstreckt sich bis zu einer Breite von 20 km das Watt, das zweimal am Tag überflutet wird und wieder trockenfällt. Das Fallen des Wasserspiegels bis zum **Niedrigwasser** nennt man **Ebbe**, das Ansteigen bis zum **Hochwasser** nennt man **Flut**. Zusammen bezeichnet man Ebbe und Flut, die sich alle zwölf Stunden und 25 Minuten wiederholen, als **Gezeiten** oder **Tide**. Der Tidenhub, das ist der Unterschied zwischen Hoch- und Niedrigwasser, beträgt stellenweise mehr als 3 m. Jede Flut bringt Sand und feinere Schwebstoffe, den Schlick mit.

Wenn das Wasser zur Ruhe kommt, werden Sand und Schlick abgelagert. Sie bilden neuen Meeresboden, der sich langsam erhöht, bei Sturmfluten jedoch auch wieder weggespült werden kann.

AUFGABEN

1. *Stelle Ebbe und Flut in einer einfachen Skizze dar. Trage in die Skizze auch die Begriffe Hochwasser, Niedrigwasser und Tide und Tidenhub ein.*
2. *Überlege, welche Bedeutung die Gezeiten für den Badebetrieb, den Fischfang und den Schiffsverkehr haben.*

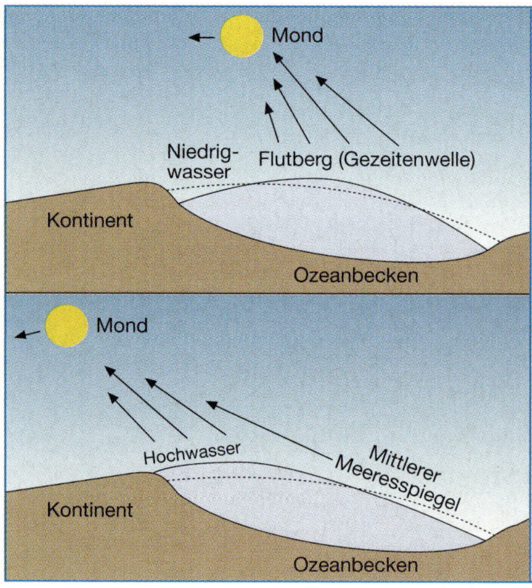

Einst glaubte man, ein riesiges Ungeheuer, das im Meer wohnt, verursache durch Aus- und Einatmen das Steigen und Fallen des Wasserspiegels. Heute weiß man, dass vor allem der Mond dafür verantwortlich ist (die Sonne und die Erdumdrehung spielen auch eine gewisse Rolle). Die Anziehungskraft des Mondes hebt das Ozeanwasser zu einem Flutberg an. Steht der Mond über der Mitte des Ozeans, zieht der Flutberg das Wasser von den Küsten fort, es herrscht Ebbe. Auf seiner „Wanderung" um die Erde zieht der Mond den Flutberg als Gezeitenwelle mit sich. Beim Auftreffen des Flutberges an den Küsten herrscht Flut. Es gibt aber nicht nur eine Gezeitenwelle in Richtung auf den Mond, sondern noch eine zweite auf der dem Mond abgewandten Seite der Erde. Sie entsteht durch die bei der Erdumdrehung erzeugte Fliehkraft und drückt das Ozeanwasser als Flutberg von der Erdoberfläche weg. (Natürlich kann das Wasser der Ozeane nicht aus den Ozeanbecken „herausschwappen", denn die Anziehungskraft der Erde hält es zurück!) An der deutschen Nordseeküste kann der Unterschied zwischen Hoch- und Niedrigwasser (Tidenhub) bis zu 4 m betragen.

128.3: Entstehung der Gezeiten

Sturmfluten an der Nordsee

So ruhig, wie wir die Nordsee in den Sommerferien oft erleben, ist sie nicht immer. In den Herbst- und Wintermonaten tobt sich der „Blanke Hans“, wie die Friesen die **Sturmflut** nennen, an der Küste aus. Dann kann die Nordsee zur „Mordsee“ werden. Immer wenn die Flut mit Voll- oder Neumond zusammenfällt, entstehen besonders hohe „Springfluten“. Kommt dazu noch ein Sturm aus Nordwest, gibt es die gefürchteten Sturmfluten, die den Hochwasserstand um einige Meter erhöhen. Auf den **Halligen** heißt es dann oft „Land unter“.

Seit fast 2000 Jahren versuchten sich die Menschen vor der zerstörenden Kraft des Meeres zu schützen. Sie bauten ihre Häuser auf aufgeworfenen Erdhügeln, den **Warften**, auf. Ein flächendeckender Schutz wurde erst durch Erdwälle, die Deiche, erreicht. Die heutigen **Deiche** sind fast 9 m hoch und über 100 m breit (Abb. 129.1). Der technische Aufwand für solche Bauwerke ist sehr groß und sie sind sehr teuer. Doch für die Küstenbewohner gilt noch heute das alte Sprichwort: „De nich will dieken, mutt wieken!“

AUFGABEN

1. *Beschreibe die Veränderungen an der nordfriesischen Küste. Wo gab es Landverluste, wo Landgewinne (Abb. 129.5)?*
2. *Warum ist hauptsächlich die Nordseeküste und nicht die Ostseeküste von Sturmfluten bedroht?*
3. *Erkläre, durch welche besonderen Umstände eine Flut zu einer Sturmflut werden kann.*

129.2: Hallig Habel bei Ebbe und Sturmflut

16. 2.1164	Julianeflut	20000 Tote
16. 1.1219	Erste Marcellusflut	36000 Tote
14.12.1287	Luciaflut	50000 Tote
16. 1.1362	Zweite Marcellusflut (Große Mannsdränke)	100000 Tote
11.10.1634	Zweite Mannsdränke	6000 Tote
24.12.1717	Weihnachtsflut	20000 Tote
1. 2.1953	1. große Sturmflut des 20. Jh.	1836 Tote
16. 2.1962	2. große Sturmflut des 20. Jh.	312 Totel
3. 1.1976	3. große Sturmflut des 20. Jh.	keine Toten
25.11.1981	4. große Sturmflut des 20. Jh.	keine Toten

129.3: Sturmflutchronik

129.4: Veränderung der Küstenlinie in Nordfriesland

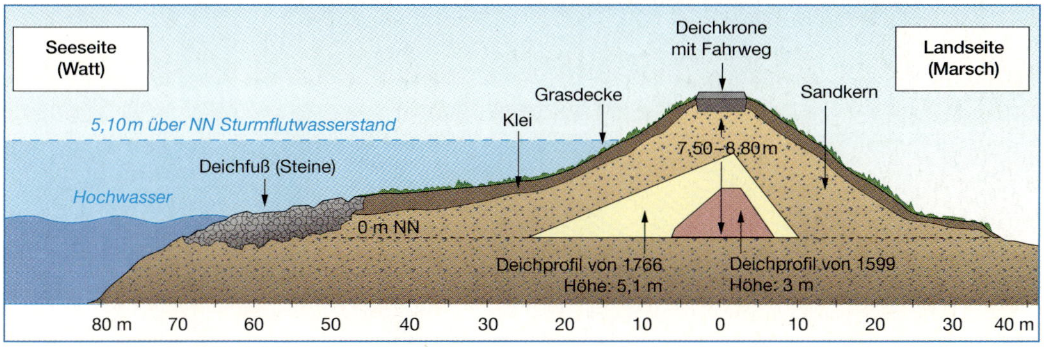

129.1: Modernes Deichprofil (im Vergleich mit älteren Deichprofilen)

130.1: Watt mit Prielen

Lebensraum Wattenmeer

Das **Wattenmeer** ist eine der wenigen noch halbwegs intakten Naturlandschaften Deutschlands. Die Gezeiten haben hier einen Lebensraum für viele Pflanzen- und Tiergemeinschaften entstehen lassen, der auf der Erde einzigartig ist. Bei Ebbe kann man auf dem trockenen gefallenen Meeresboden, dem Watt, wandern. Bei Flut wird das Watt erneut zum seichten Meer. Eine Wattwanderung sollte jedoch nur mit einem kundigen Wattführer unternommen werden, der die Gefahren kennt und die Naturphänomene erklären kann.

Austernfischer

1 Küstenseeschwalbe
2 Garnele
3 Scholle
4 Miesmuscheln
5 Seepocken
6 Strandschnecken
7 Bäumchen- oder Röhrenwurm
8 Schlickkrebs
9 Herzmuschel
10 Wattringelwurm
11 Sandpier
12 Sandklaffmuschel
13 Pfeffermuschel
14 Eikapsel des Nagelrochen
15 Wellhornschnecke
16 Strandkrabbe
17 Queller

130.2: Lebensraum Watt

Eine Wattwanderung

Wir treffen unseren Wattführer von der Schutzstation Wattenmeer am Strand. Er ist mit einem Spaten bewaffnet. Die Ebbe hat bereits vor einiger Zeit eingesetzt und wir ziehen los in Richtung zum offenen Wasser, das schon weit entfernt ist. Der Untergrund ist fest, mit kleinen wellenförmigen Rippeln bedeckt, die wir deutlich unter unseren nackten Fußsohlen spüren. Bald lassen sich auch die ersten Lebensspuren mit den Füßen ertasten: glitschige bräunliche Mikroalgen. Sie bilden die Nahrungsgrundlage für viele andere Wattbewohner.

131.1: Muscheln im Watt

131.2: Wattwanderung

131.3: Wattwurm (Sandpier)

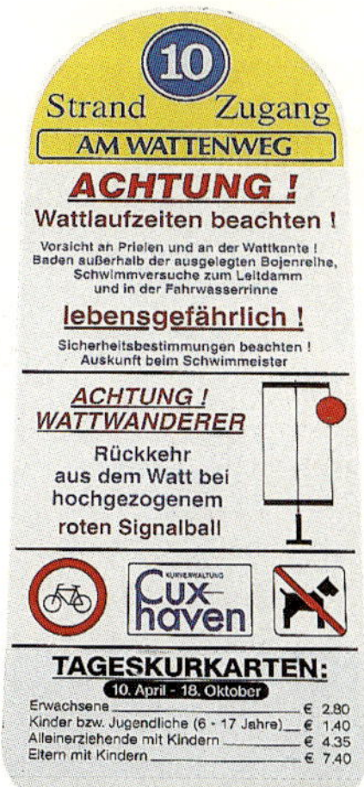

131.4: Hinweistafel

Die vielen Seevögel, die sich in großen Schwärmen zum Fressen niederlassen, deuten an, dass das Watt belebt sein muss. An der Oberfläche ist davon nicht allzu viel zu sehen: Muschelschalen, Schneckengehäuse und die auffälligen kleinen Häufchen, die wie Spaghetti aussehen. Jetzt kommt der Spaten zum Einsatz. In 30 bis 40 cm Tiefe finden wir den Verursacher der Häufchen, den Wattwurm. Erlebt in einer u-förmigen Röhre und frisst den Sand. Dabei verdaut er die organischen Substanzen und scheidet den Sand als Kothäufchen wieder aus. Beim Graben finden wir auch verschiedene Muscheln. Weit verbreitet sind die Herzmuscheln und die Miesmuscheln. Auffällig sind auch die Schwertmuscheln mit ihren lang gestreckten Schalen.
Wir sind an einem flachen Priel angekommen, den wir durchwaten. Priele sind weit verästelte Wasserrinnen, in denen das Wasser bei Ebbe ablaufen und bei Flut wieder auflaufen kann. Große Priele können gefährlich werden, denn sie sind tief und ihr Sog bei ablaufendem Wasser ist sehr stark. Einige große Priele werden als Schifffahrtsrinnen genutzt.

Im ablaufenden Wasser entdecken wir eine Strandkrabbe, die drohend ihre Scheren ausstreckt, dann aber schnell seitwärts davonläuft und sich im Boden eingräbt. Ein kleiner Einsiedlerkrebs hat sich ein viel zu großes Schneckengehäuse als Wohnung ausgesucht und ähnelt einem schwer gepanzerten Ritter.
Für über zehn Millionen Watt- und Wasservögel ist das Watt der natürliche Lebensraum. Im flachen Wattwasser machen sie Jagd auf Würmer, Schnecken, Muscheln, Krebstiere und kleine Fische. Zugvögel nutzen das Watt als Rastgebiet zum „Auftanken“ der Energiereserven. Auf den entfernt liegenden Sandbänken können wir mit dem Fernglas Seehunde erkennen. Es gibt so viel zu entdecken, dass wir die Zeit vergessen haben. Der Wattführer mahnt zum Aufbruch, denn der Rückweg ist noch weit. Das Watt täuscht durch seine Weite. Alles scheint zum Greifen nah, ist aber doch weit entfernt. Die Flut kommt schnell durch die Priele heran und überflutet in kürzester Zeit die eben noch trockenen Wattflächen. Manchmal wird unachtsamen Wattwanderern der Rückweg abgeschnitten, dann sind sie in Lebensgefahr.

Großer Brachvogel

132.1: Helfer mit ölverschmierter toter Ente

Das Watt in Gefahr

Die Küstenregion ist aufgrund ihrer Schönheit, der Vielfalt ihrer Tier- und Pflanzenarten, ihrer Freizeit- und Erholungsmöglichkeiten zu einem der beliebtesten Tourismusziele in Deutschland geworden. Tausende von Menschen verbringen hier ihren Jahresurlaub, viele Großstädter nutzen die Küste zur Naherholung am Wochenende.
Doch die Beliebtheit der Küste bringt auch Probleme mit sich. Der Massentourismus gefährdet die Tier- und Pflanzenwelt. Oft werden die scheuen Tiere durch unachtsame Wassersportler gestört. Frei laufende Hunde scheuchen am Boden brütende Vögel auf. Wanderer betreten gesperrte Dünengebiete und zertrampeln Strandhafer und Strandroggen, der das Auswehen des Sandes verhindern. Das Wattenmeer selbst ist durch die Einleitung von Schadstoffen bedroht. Das Meer hat keinen Abfluss und irgendwann landen alle Giftstoffe im Meer. Abwässer der Industrie und von Haushalten gelangen über die Flüsse ins Meer. Von landwirtschaftlich genutzten Flächen kommen die Rückstände von Düngern und Pflanzenschutzmitteln dazu. Die Tiere und Pflanzen werden durch diese Stoffe geschwächt und werden krank.
Im Flachwasser kommt es durch Überdüngung zu einer explosionsartigen Vermehrung der Algen, der „Algenblüte". Nach dem Absterben zersetzen Bakterien die Pflanzen und verbrauchen den restlichen Sauerstoff. Dadurch sterben Muscheln, Krebse, Würmer und Jungfische ab.
Der Mensch greift aber noch weiter in diesen empfindlichen Lebensraum ein: Die Küstenfischer fangen mit modernsten Methoden Plattfische, Muscheln und Garnelen in viel zu großen Mengen. Manchmal lassen Kapitäne aus Kostengründen altes Motoröl einfach ins Meer ab. Nach Tankerunglücken oder bei Lecks im Bereich von Bohrinseln können Unmengen von Öl ins Meer gelangen. Dieses Öl verklebt nicht nur das Gefieder der Seevögel und lässt sie qualvoll verenden, es verschmutzt auch die Strände und das Watt.

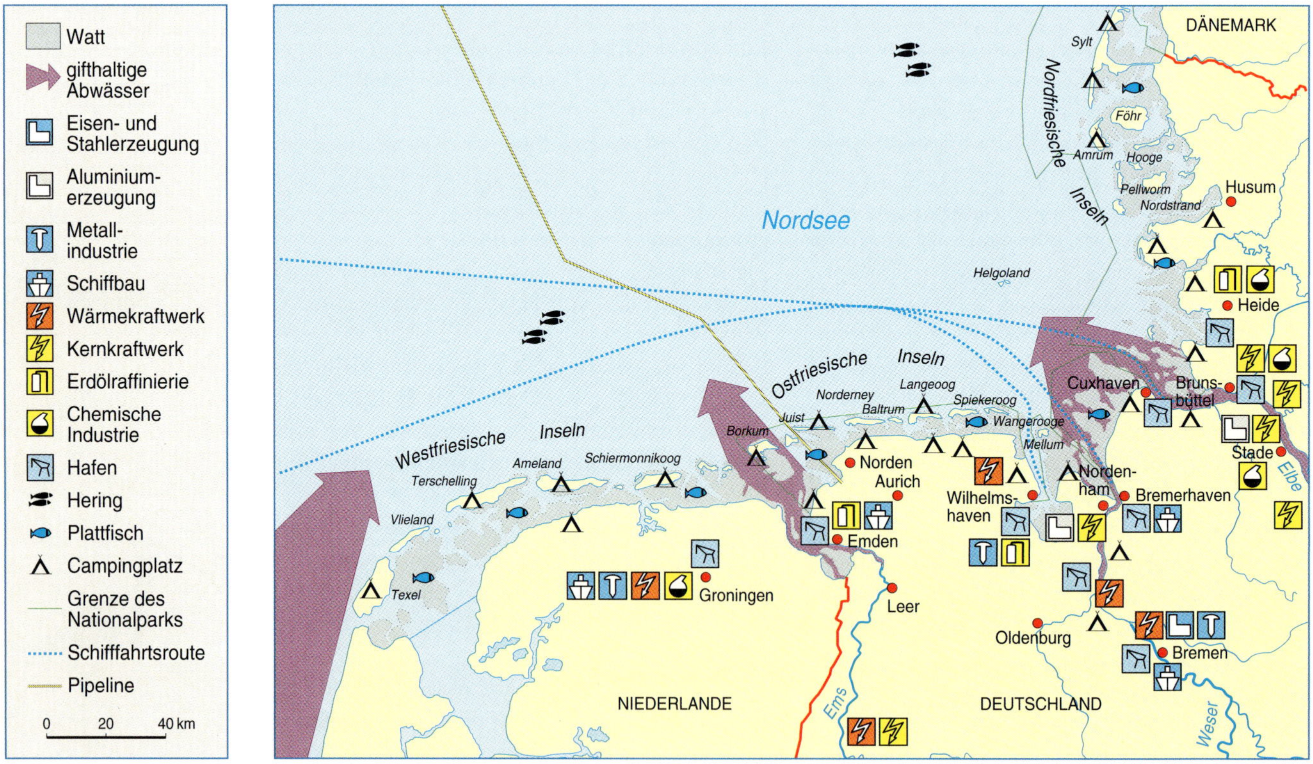

132.2: Umweltbelastungen an der Küste

133.1: Seehunde auf einer Sandbank im Nationalpark Wattenmeer und Hinweisschilder

133.3: Nationalpark-schild

Der Nationalpark Wattenmeer

1986 wurden weite Teile des Wattenmeers zum **Nationalpark** erklärt (Abb. 133.4). Hier soll sich die Natur weitgehend frei entfalten dürfen. Gleichzeitig musste berücksichtigt werden, dass Fischerei, Landwirtschaft, Industrie und Tourismus die Lebensgrundlage der Küstenbewohner sind. Deshalb wurden für die Nutzung dieses Gebietes strenge Vorschriften erlassen. Es gibt drei verschiedene Schutzzonen, in denen unterschiedliche Beschränkungen gelten (Abb. 133.2). Dabei kommt es immer wieder zu Problemen, weil manche Menschen die Notwendigkeit solcher Bestimmungen nicht verstehen wollen. Aber wir müssen einsehen, dass wir ohne die Natur nicht leben können und es sich lohnt, sie zu schützen.

Ruhezone/Zone 1:
Hierzu gehören Salzwiesen, Seehundbänke, Brutgebiete der Vögel. Die Ruhezone darf nicht betreten werden, gewerblicher Fisch- und Krebsfang ist nur in bestimmten Gebieten erlaubt.
Zwischenzone/Zone 2:
Sie darf, mit Ausnahme der Brutgebiete von Vögeln, betreten werden. Autoverkehr ist auf wenige Straßen beschränkt. Baden, Fischerei und Jagd sind erlaubt.
Erholungszone/Zone 3:
Hier findet Ferien- und Kurbetrieb statt. Örtlich gelten verschiedene Einschränkungen. Häfen können errichtet und Erdöl darf gefördert werden.

133.2: Schutzzonen im Nationalpark

133.4: Nationalpark Wattenmeer

AUFGABEN

❶ *Erkläre die Hinweisschilder aus dem Nationalpark und schildere die Folgen von solchem Fehlverhalten (Abb. 133.1).*

❷ *„Nutzung und Gefährdung liegen eng beieinander.“ Erläutere anhand von Abb. 132.1 und 132.2, inwiefern dies für das Wattenmeer zutrifft.*

GEO Wissen

Die Großlandschaften Deutschlands

Deutschland sieht auf der Karte 134.1 aus wie ein bunter Flickenteppich. Er ist das Ergebnis einer viele Millionen Jahre langen Erdgeschichte, in der das Meer, Flüsse, Gletscher und Wind, aber auch Kräfte aus dem Erdinneren gewirkt haben. So ist ein Mosaik aus vielfältigen Einzellandschaften entstanden.

1. Benenne die Einzellandschaften 1–10 in Abb. 134.1 und ordne sie in die Großräume (s. Legende in Abb. 134.1) ein.
2. Zu welchen Landschaften passen die Ausschnitte (A–H) auf dieser Seite? Begründe deine Zuordnung.

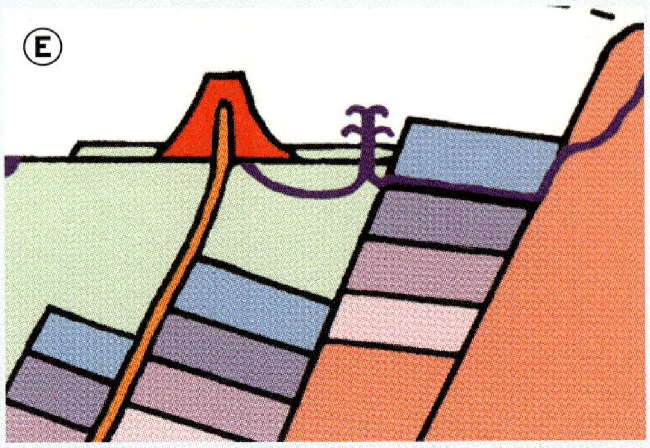

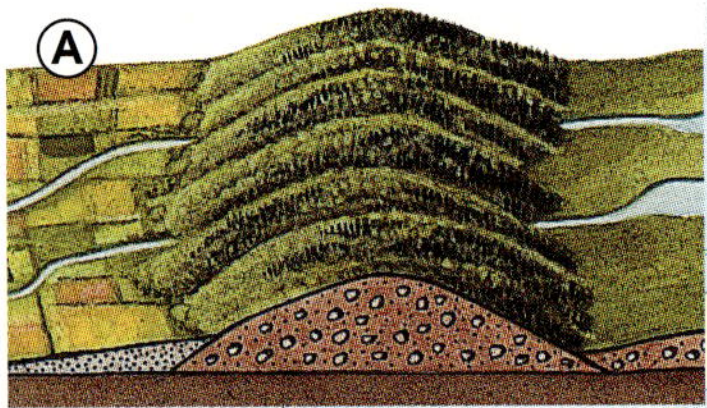

D

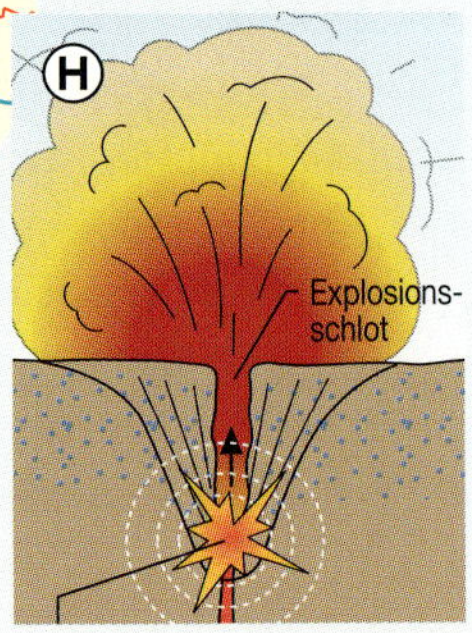

Kreuz und quer durch Deutschland

1. Die Karte zeigt zwei Reisewege durch Deutschland. Verfolge die beiden Routen A und B und schreibe jeweils die Reiseziele 1 bis 24 in dein Heft.
2. Ordne die Fotos A–F auf dieser Seite bestimmten Punkten der Reisewege zu.
3. Zähle jeweils fünf deutsche Inseln, Flüsse, Seen und Mittelgebirge auf, die von den Reiserouten nicht berührt werden.

Lebens- und Wirtschaftsrä
Deutschland

Stuttgart

ume in

950: „Stuotgarten", Herzogsgestüt

1290: Stadtrecht

ab 1316: Stiftskirche und Altes Schloss als Hauptsitz der Grafen und Herzöge von Württemberg

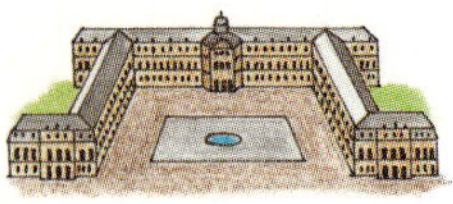

ab 1806: Neues Schloss in der Hauptstadt des Königreichs Württemberg

ab 1953: Landtag in der Landeshauptstadt von Baden-Württemberg

138.1: Stadtgeschichte

138.2: Luftbild der Stuttgarter City

Landeshauptstadt Stuttgart

Die City – Herz von Stadt und Bundesland

„Die Fünftklässler der Gymnasien absolvieren nur noch acht Schuljahre und lernen gleich zwei Fremdsprachen."

Dieser Beschluss, der alle Gymnasiasten in Baden-Württemberg betrifft, wurde, wie so viele, in Stuttgart gefasst. Denn Stuttgart ist die **Landeshauptstadt** und damit Sitz der Regierung, der Ministerien und der meisten Landesbehörden.

Auf dem Schlossplatz spürt man noch heute den Glanz der einstigen Königsresidenz. Das politische Zentrum heute ist der Landtag, der Sitz des Landesparlaments, wo der Ministerpräsident, seine Minister und die vom Volk gewählten Abgeordneten die Landesgesetze beschließen.

Typisch für die Stuttgarter **City** ist das enge Nebeneinander stattlicher Bauwerke aus der Vergangenheit, moderner Hochhäuser aus Stahl und Beton sowie Einkaufspassagen aus Glas.
Doch auch im modernen Stuttgart ist die ursprüngliche Keimzelle der Stadt an den Namen und am Verlauf der Straßen sowie der Lage und Nutzung wichtiger Gebäude klar erkennbar. So spiegelt jeder Stadtplan in seinem **Grundriss** die älteste, einst durch Graben, Mauern und Türme gesicherte mittelalterliche Kernstadt mit Altem Schloss und Stiftskirche eindeutig wider. Dieser Stadtteil wird heute von der Königsstraße, Eberhardstraße und Planie umschlossen.
Die zukünftige Entwicklung der City wird durch das Konzept „Stuttgart 21" vom Stadtplanungsamt gesteuert. Hierbei bildet der Bau des neuen Hauptbahnhofs mit seinen unterirdischen Gleis-

139.1: Stadtplan der Stuttgarter City

Jahr	Einwohner
1400	ca. 4000
1500	ca. 6000
1600	ca. 19000
1801	21000
1850	51000
1900	209348
1925	411322
1950	497677
1962	639103
1970	633158
1980	580648
1990	598648
2000	586978
2003	588561

139.3: Stadtentwicklung

139.2: Neues Schloss

zufahrten das Herzstück der Stadt des 21. Jahrhunderts.

Die natürliche Lage im Talkessel stellt dabei an den Klimaschutz hohe Anforderungen. Nur durch angepasste Bebauung und die Schaffung von Frischluftschneisen ist gewährleistet, dass Stuttgart auch künftig „durchatmen“ kann.

Heute pulsiert in der Königsstraße das Leben der Stadt rund um die Uhr. Die verkehrsfreie Einkaufsmeile mit Großkaufhäusern, eleganten Fachgeschäften, Banken und Versicherungen, aber auch Kinos und originellen Lokalen ist der Magnet der Metropole.

Neben dem Geschäftszentrum und Regierungsviertel zählen auch das Museums- und Hochschulviertel zur City von Stuttgart.

Als größte Stadt Baden-Württembergs gilt Stuttgart im bundesdeutschen Vergleich als reichste Großstadt. Das Zentrum einer wirtschaftsstarken Region ist weit über die Grenzen des „Musterländles“ hinaus bekannt.

AUFGABEN

1. *Beschreibe die Entwicklung Stuttgarts zur Landeshauptstadt (Abb.138.1).*
2. *Bestimme die im Schrägluftbild (Abb. 138.2) markierten Gebäude mithilfe des Stadtplans.*
3. *Suche im Stadtplan Gebäude, die für eine Landeshauptstadt kennzeichnend sind.*
4. *Beschreibe die „Keimzelle“ von Stuttgart anhand des Stadtplans (Abb. 139.1).*
5. *Nenne alle kulturellen Einrichtungen und Bildungsstätten.*
6. *Ordne mithilfe des Atlas Stuttgarts Partnerstädte den Staaten und Kontinenten zu.*

Straßburg
Cardiff
St. Helens (GB)
Lódź
Brno (Brünn)
St. Louis, Missouri
Menzel-Bourguiba
Mumbai (Bombay)
Kairo
Sumara

139.4: Partnerstädte von Stuttgart

Stuttgart – ein Multizentrum

Der 217 m hohe Fernsehturm auf dem Hohen Bopser ist der Sendeturm des Süddeutschen Rundfunks. Von der Aussichtsplattform in 153 m Höhe hat man einen weiten Ausblick auf die Region Stuttgart.

In und um Stuttgart leben 2,6 Millionen Menschen, nahezu jeder fünfte ist ausländischer Mitbürger. Rund 440 000 Arbeitsplätze bietet die Stadt allein, 1,3 Millionen die ganze Region. Damit gehört der mittlere Neckarraum zu den wirtschaftsstärksten Regionen Deutschlands.
Stuttgart ist bedeutender Industriestandort. „Große“ Namen weltberühmter Automobilhersteller wie DaimlerChrysler und Porsche, aber auch Bosch und Firmen der High-Tech- und Computerbranche sind der Motor im Südwesten Deutschlands und weit darüber hinaus. Insgesamt stärken etwa 140 000 Unternehmen die Wirtschaftskraft der Region Stuttgart.
Stuttgart ist überragendes **Dienstleistungszentrum**. Die größten Kaufhäuser, Einzelhandelsgeschäfte, Reisebüros, Restaurants, Versicherungen und Banken sowie die wichtigsten Behörden, Bildungs- und Kultureinrichtungen, Fachärzte und Rechtsanwälte befinden sich in der City. Sie sind somit gut erreichbar für die Menschen aus dem Umland bzw. aus ganz Baden-Württemberg.
Stuttgart ist ebenso weltbekannte Kulturmetropole, gilt als heimliche Sporthauptstadt Deutschlands und ist zentraler Verkehrsknoten.

AUFGABEN

1. *Erkläre, weshalb Stuttgart Multizentrum für die Stadt, die Region und das Bundesland ist.*
2. *Beschreibe die Routen vom Hauptbahnhof zu den Sehenswürdigkeiten (Abb. 141.1).*

Das Volksfest auf dem Cannstatter Wasen, die Heimspiele des VfB Stuttgart im Gottlieb-Daimler-Stadion oder ein Event in der Hanns-Martin-Schleyer-Halle sind Freizeitangebote für jedermann: Es bleibt nur die Qual der Wahl.

Ein Muss ist der Besuch in der Staatsgalerie, einer international bekannten Kunstsammlung. Empfehlenswert ist jedoch auch das Staatstheater, die Museen sowie das SI-Centrum mit Musical-Theatern und Spielbank.

„Es gibt nichts, was es nicht gibt“ auf der Einkaufsmeile Königsstraße.

Trotz Tuchfühlung hat man in der Wilhelma, Deutschlands einzigem zoologisch-botanischen Garten, „keine Angst vor großen Tieren".

WILHELMA

Wie in einem Spinnennetz laufen die „Fäden" des regionalen und internationalen Verkehrs in Stuttgart zusammen: 3500 km Straßen, außerdem im ÖPNV 350 km Schienen und etwa 10 000 km Buslinien.

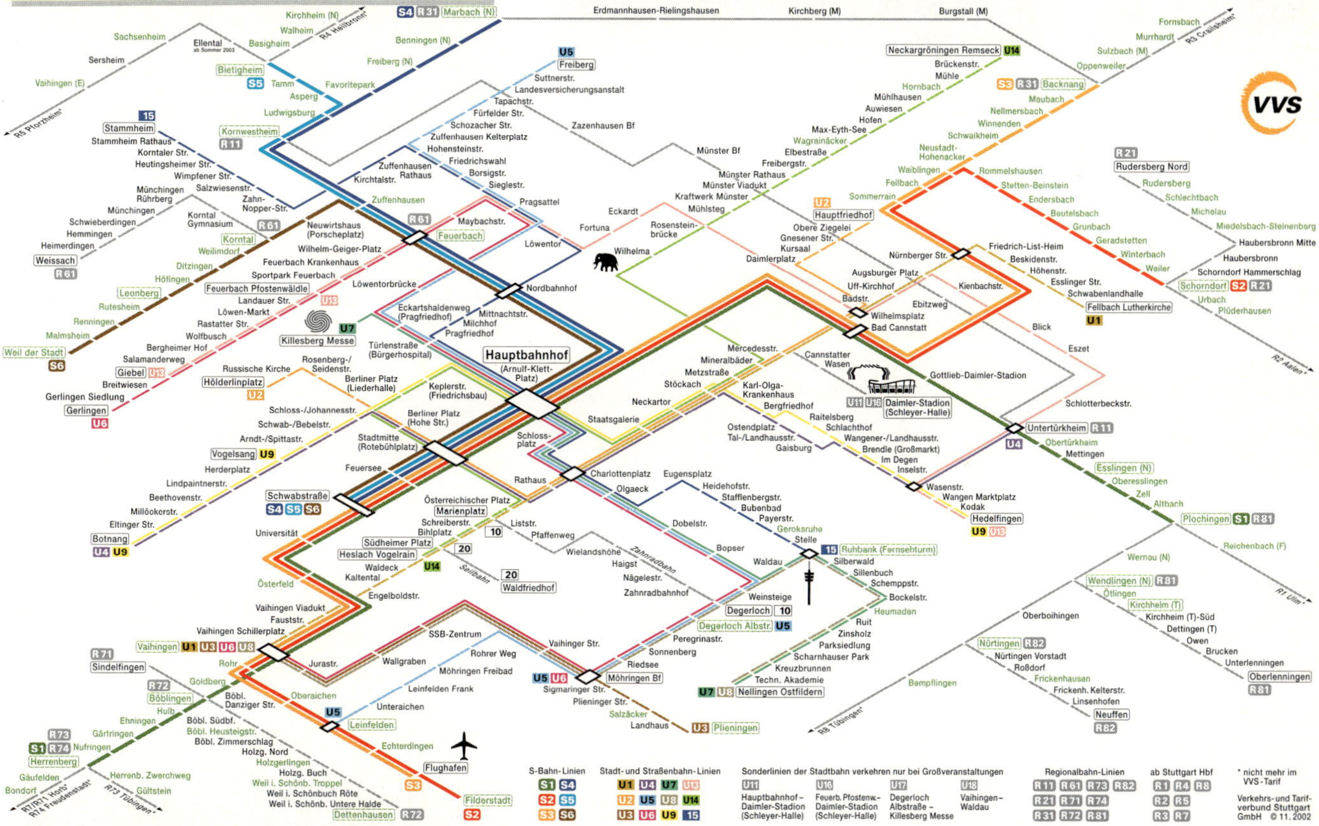

Verbund-Schienennetz *mit P+R-Stationen*

141.1: VVS-Plan

Der Flughafen Stuttgart ist mit über 7,2 Millionen Fluggästen und ca. 4 Millionen Besuchern pro Jahr ein internationaler Treffpunkt. 70 Airlines starten und landen 400-mal pro Tag, um die Personen, die Luftfracht und Luftpost zu befördern.

142.1: Region Stuttgart

Die Region Stuttgart – ein Wirtschaftsraum der Superlative

- hier liegen 20 größere Städte im Umkreis von nur 25 km
- hier wohnen auf einem Zehntel der Fläche ein Viertel der Bevölkerung von Baden-Württemberg
- hier wird von allen Regionen in Baden-Württemberg am meisten produziert
- hier gibt es rund 140 000 Unternehmen, damit hat die Region die höchste Firmendichte Deutschlands

Die Region umfasst die Landkreise Böblingen, Esslingen, Göppingen, Ludwigsburg, Rems-Murr und den Stadtkreis Stuttgart mit insgesamt 179 Städten und Gemeinden.

142.4: Steckbrief

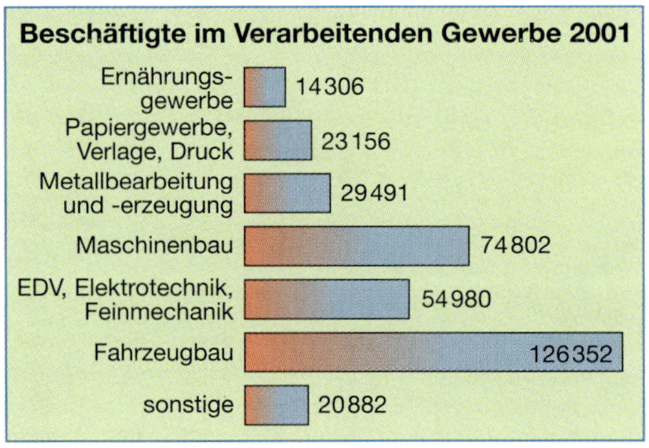

142.2: Beschäftigte in der Industrie in der Region Stuttgart

	Baden-Württemberg	Region Stuttgart
Fläche	35752 km²	3650 km²
Bevölkerung	10,7 Mio.	2,7 Mio.
Erwerbstätige	5 Mio.	1,4 Mio.

142.5: Die Region Stuttgart im Vergleich mit Baden-Württemberg

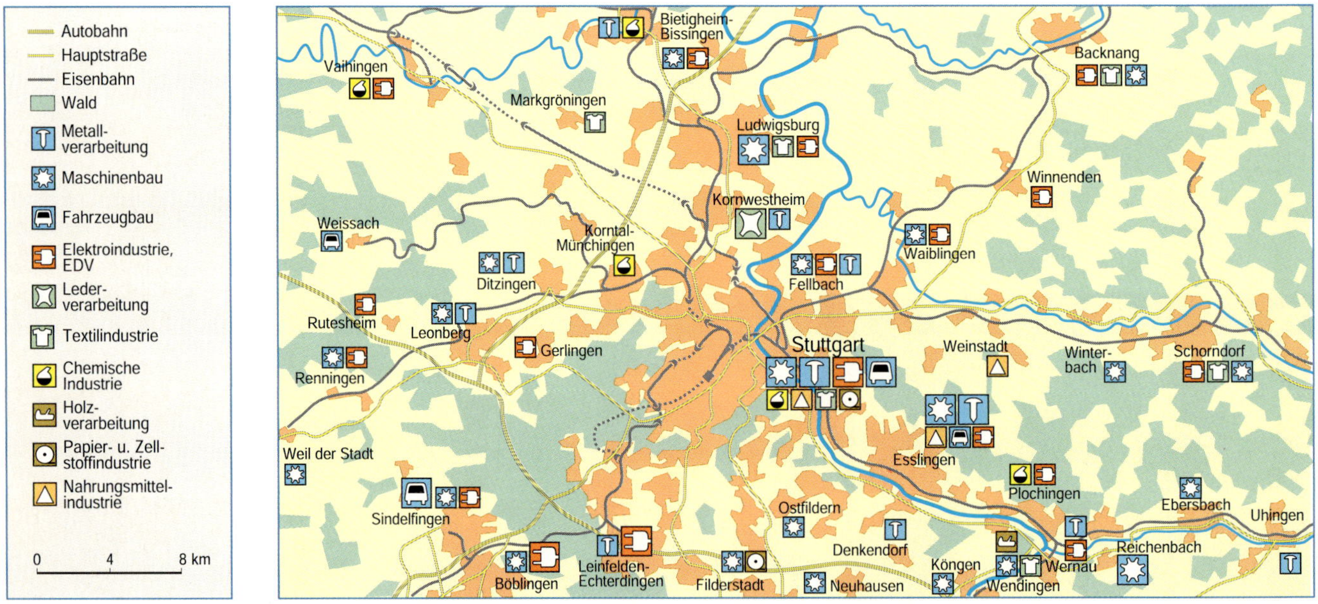

142.3: Der Industrieraum mittlerer Neckar

Schwabens gute Stube

Noch im 19. Jahrhundert war die Bevölkerung im mittleren Neckarraum „bettelarm". Die kleinen Höfe konnten ihre Besitzer nicht mehr ernähren. Tausende von ihnen verließen ihre Heimat und wanderten nach Amerika aus, um dem sicheren Hungertod zu entgehen. Diejenigen, die blieben, versuchten ein Handwerk auszuüben oder sie betrieben Heimarbeit. Fabriken gab es nicht, denn die Landschaft am mittleren Neckar war von Natur aus industriefeindlich, weil bedeutende Rohstoffvorkommen fehlten. Und doch sollte sich hier später einer der größten Industrieräume Europas entwickeln.

Den Startschuss zum Aufbruch ins Industriezeitalter gab 1845 die Eröffnung der ersten Eisenbahn zwischen Cannstatt und Untertürkheim. Entlang der nun entstehenden Eisenbahnstrecken und der Flüsse entwickelten sich aus handwerklichen Betrieben die ersten Fabriken.

Zuerst wurden einfache Artikel des täglichen Gebrauchs hergestellt, vor allem Textilien und Bekleidung. Die Maschinen, die anfangs aus England eingeführt wurden, wurden bald selbst gebaut und ständig verbessert. In den Fabriken wurden viele Ideen der erfindungsreichen „Tüftler" umgesetzt. So entwickelte sich im Laufe der Zeit eine wachstumskräftige Maschinenindustrie und Metallverarbeitung. Diese Betriebe konnten sich den Erfordernissen der neuen Zeit gut anpassen, und so wurde die Industrie der Region immer vielseitiger und spezieller.

Auch heute noch holen die Betriebe die benötigten Rohstoffe oder Halbfertigwaren, wie Bleche, Stahl oder Leder, ins Land und verarbeiten diese zu hochwertigen Fertigwaren wie Werkzeugen, Maschinen, Schuhen oder Fahrzeugen. Diese Art von Industrie, die spezialisierte Qualitätserzeugnisse herstellt, nennt man **Veredlungsindustrie**. Viele Erzeugnisse der Region sind im Ausland so stark gefragt, dass zahlreiche Betriebe heute mehr Artikel dort als im Inland verkaufen. Neben Weltfirmen wie Bosch, DaimlerChrysler und Porsche prägen heute zahlreiche Klein- und Mittelbetriebe die Wirtschaft der Region.

AUFGABEN

1. *„Not und Mangel wurden zum Erfolgsgeheimnis einer ganzen Landschaft." Erkläre diese widersprüchliche Aussage.*
2. *Welches sind die vorherrschenden Industriezweige in der Region Stuttgart (Abb. 142.2)?*
3. *Die Region Stuttgart ist ein Verdichtungsraum. Wo sind Siedlungen und Betriebe besonders dicht angesiedelt (Abb. 142.3)? Nenne Gründe.*
4. *Beschreibe, was man unter „Veredelungsindustrie" versteht.*

GEO Praxis – Wir recherchieren im Internet

Die meisten Industriebetriebe in der Region Stuttgart sind auch im Internet vertreten. Besuche eine Internetseite. Suche die Seite über die Firmengründung. Dort erfährst du, wer die Firma gegründet hat, vor welchen Schwierigkeiten die Firmengründer standen und wie sie diese erfolgreich gemeistert haben. Notiere alle Informationen, die dir interessant erscheinen und berichte vor der Klasse.

Firma	Internetadresse	wichtige Menüpunkte (zum Anklicken)	
DaimlerChrysler	www.mercedes-benz.de	Tradition	Historie
Bosch	www.bosch.com	Bosch-Archiv	
Porsche	www.porsche.de	Das Unternehmen	Porsche-Geschichte
Salamander	www.salamander.de	Unternehmen	Historie
Kärcher	www.karcher.de	Über uns	Geschichte
Trumpf	www.trumpf.com	Trumpf-Gruppe	Geschichte

Von der Werkstatt zur Weltfirma

1886 baut Gottlieb Daimler seinen Motor in eine vierrädrige Kutsche ein; erste Probefahrt.

1890 gründet Gottlieb Daimler die Daimler-Motoren-Gesellschaft; in den ersten fünf Jahren werden insgesamt 20 Automobile produziert.

1926 entsteht die Firma Daimler-Benz; die Automarke Mercedes wird zu Mercedes-Benz.

1998 vereinigen sich die beiden Firmen Daimler-Benz (Deutschland) und Chrysler (USA) zur DaimlerChrysler AG.

heute beschäftigt die Firma über 365 000 Menschen in aller Welt. In 37 Ländern der Erde produzieren sie rund 4,5 Millionen Fahrzeuge im Jahr.

144.1: Geschichte von DaimlerChrysler

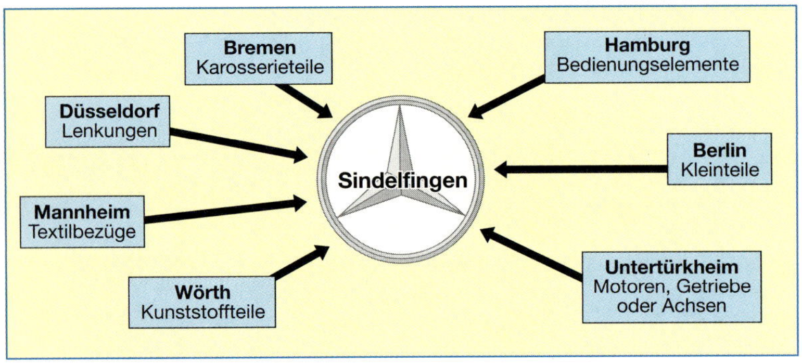

144.2: Produktionsverbund bei DaimlerChrysler

DaimlerChrysler – größter Industriebetrieb im Südwesten

Das ist einmalig: Auf einer Fläche von rund zwei Quadratkilometern arbeiten mehr als 32 000 Menschen. Damit ist das Werk Sindelfingen nicht nur das weltweit größte Produktionswerk von DaimlerChrysler, sondern auch der größte Industriebetrieb im Südwesten Deutschlands. Rund eine halbe Million Pkw der Marke Mercedes-Benz verlassen pro Jahr die Werkhallen in Sindelfingen – 2100 Automobile pro Tag. Um kostengünstiger zu produzieren, teilen sich mehrere DaimlerChrysler-Werke an verschiedenen Orten die Arbeit auf. Sie bilden einen **Produktionsverbund** (Abb. 144.2). In dem einen Werk formen Pressen aus Stahlblech Karosserieteile, in einem anderen werden sie zusammengeschweißt, um schließlich in einem weiteren lackiert zu werden. Alle Teile werden exakt vorgefertigt, damit die Endmontage in Sindelfingen zügig ablaufen kann. Hier sind die meisten Vorgänge computergesteuert; Menschen sind oft durch Roboter ersetzt. Alle Teile müssen zeitgenau zur Montage angeliefert werden („just-in-time“). Eine Lagerhaltung findet nicht statt. Aus diesem Grund rollen täglich rund 700 Lastwagen und 65 Bahnwaggons aufs Werksgelände.

DaimlerChrysler baut nicht allein

Ein Kraftfahrzeug besteht aus mehr als 10 000 Einzelteilen. Sie werden nur zum Teil von DaimlerChrysler selbst hergestellt; mehr als die Hälfte wird aus anderen Industriebetrieben zugeliefert. Die DaimlerChrysler-Werke arbeiten mit mehreren tausend solcher **Zuliefererbetriebe** zusammen. Sie liefern Schalter, Sitze, Reifen, Türgriffe, Zündkerzen und andere Teile. Auch die Zulieferer liefern ihre Bauteile zeitgerecht ans Montageband. Würde nur ein Zulieferer ausfallen, müsste DaimlerChrysler die Produktion nach zwei bis drei Tagen einstellen. Viele von ihnen haben sich deshalb in unmittelbarer Nähe des DaimlerChrysler-Werks angesiedelt: In einem Umkreis von nur drei Kilometern arbeiten rund 1700 Menschen in Zulieferbetrieben für DaimlerChsysler. In Deutschland ist jeder siebte Arbeitnehmer von der Automobilindustrie abhängig. Sie wird deshalb auch als **Schlüsselindustrie** bezeichnet.

Ⓔ
Ein „feierlicher“ Moment: Karosserie und Chassis werden zusammengefügt. Die beiden Autoteile begehen sozusagen „einen Bund fürs Leben“.

Ⓐ
In diesem Arbeitsschritt wird das Auto mit Sitzen, Teppichen und Innenverkleidungen ausgestattet. Autos mit einer Serienausstattung sehen innen alle gleich aus. Mit einer Sonderausstattung kann man ein Auto ganz nach seinen eigenen Wünschen bestellen.

Ⓒ
Vom Schweißen ist die Karosserie noch verschmutzt und muss gereinigt werden. Die saubere Rohbau-Karosse erhält einen Rostschutz und wird für die Lackierung vorbereitet. Hierzu wird sie in ein Becken mit einer besonderen Grundierung getaucht, auf der die Farbe ganz fest haftet.

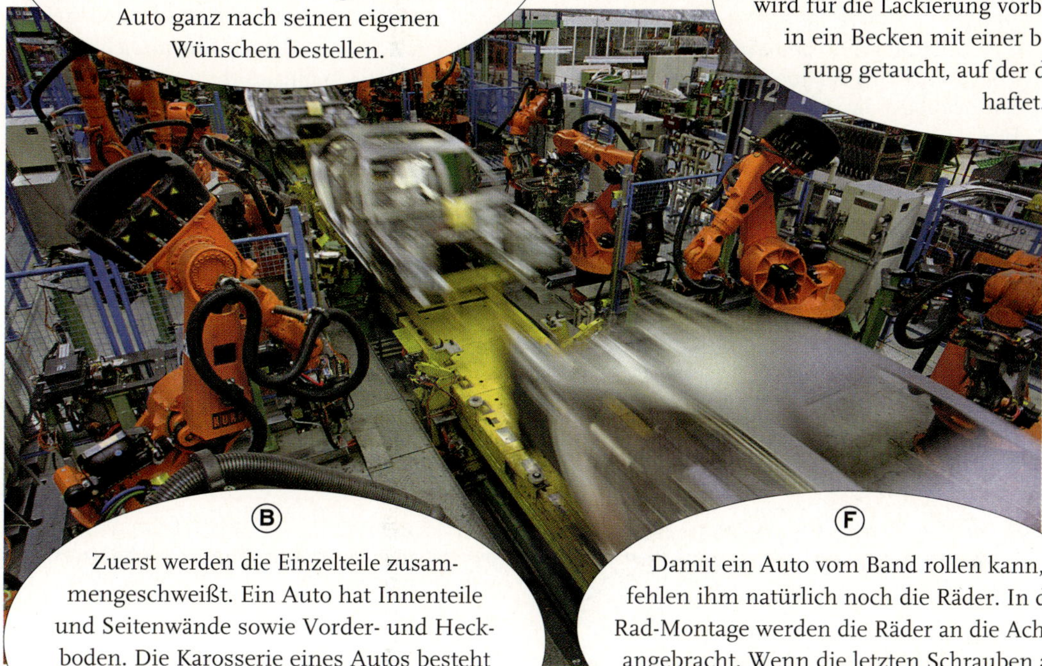

145.1: Fahrzeugmontage bei DaimlerChrysler

Ⓑ
Zuerst werden die Einzelteile zusammengeschweißt. Ein Auto hat Innenteile und Seitenwände sowie Vorder- und Heckboden. Die Karosserie eines Autos besteht aus verzinkten Blechen, die in riesigen Pressen in die entsprechende Form gebracht werden.

Ⓕ
Damit ein Auto vom Band rollen kann, fehlen ihm natürlich noch die Räder. In der Rad-Montage werden die Räder an die Achsen angebracht. Wenn die letzten Schrauben angezogen sind, kann der Wagen in die Endkontrolle fahren.

Ⓓ
Jetzt werden in den Fahrwerksrahmen, der auch Chassis genannt wird, das Getriebe und zuletzt der Motor eingesetzt. Das Chassis ist sozusagen der Boden des Autos, in dem sich die Achsen, die Federn und die Stoßdämpfer befinden.

Chassis-Montage

Karosserie-Montage

Lackierung

Innenausstattung

Rad-Montage

Hochzeit

145.2: Überschriften für die Texte A–F in Abb. 145.1

AUFGABEN

1. *Die Texte A–F auf der Seite 145 beschreiben den Produktionsprozess eines Pkw bei DaimlerChrysler. Sie sind durcheinander geraten. Bringe sie in die richtige Reihenfolge und nenne jeweils die passende Überschrift (Abb 145.2).*
2. *Was versteht man unter einem Produktionsverbund (Abb. 144.2)?*
3. *Warum kann man die Automobilindustrie als eine „Schlüsselindustrie“ bezeichnen?*
4. *Nenne Vorteile und Nachteile der „just-in-time“-Produktion.*

146.1: Pyramide am Marktplatz

„Carols Ruhe"

Manchmal werden Träume Wirklichkeit. So wird erzählt, dass im Jahre 1715 Markgraf Carl Wilhelm von Baden von einer Stadt geträumt hat, in der er sich zur Ruhe setzen wollte.
Und genau so kam es: Carl baute sich seinen Ruhesitz mit Namen „Carols Ruhe". Der Stadtgründer hat aber nicht nur im Stadtnamen seine Spuren hinterlassen, sondern auch in dem ungewöhnlichen Stadtbild Karlsruhes: Der Markgraf wollte nämlich, dass alle großen Straßen seiner Stadt wie Sonnenstrahlen sternförmig vom zentralen Schloss ausgehen. Die 32 sternförmig angeordneten Straßen wurden später ergänzt durch zwei Ringstraßen; seitdem führt Karlsruhe den Beinamen „Fächerstadt".
Zu Carl Wilhelms Ehren steht heute noch eine Pyramide am Marktplatz. Im Schloss selbst befindet sich heute das Badische Landesmuseum.

146.2: Die Gründung der Stadt Karlsruhe

Karlsruhe – eine Stadt mit Zukunft

Heute ist Karlsruhe mit rund 270 000 Einwohnern die drittgrößte Stadt Baden-Württembergs sowie eine der modernsten und attraktivsten Städte Deutschlands:

- Karlsruhe gilt als „Stadt im Grünen". Ein Viertel der Fläche ist von Wald bedeckt, der ebenso bis in den Stadtkern hineinreicht wie der Zoologische Stadtgarten.

- Karlsruhe ist Sitz der beiden höchsten deutschen Gerichte. Dies sind das Bundesverfassungsgericht und der Bundesgerichtshof. Wenn dort Recht gesprochen wird, gilt dies für ganz Deutschland.

- Karlsruhe besitzt einen Regionalflughafen. Es ist der ehemalige kanadische Luftwaffenstützpunkt Söllingen. Die internationalen Flughäfen Frankfurt, Stuttgart und Straßburg sind mit Bahn oder Auto in einer Stunde erreichbar.

146.3: Luftbild der Karlsruher Innenstadt

- Die Stadt Karlsruhe liegt an zwei wichtigen Verkehrsachsen: an der Bundesautobahn A5 und an der Bundesautobahn A8.

- Mit der Karlsruher Straßenbahn kann man ohne umzusteigen weit über die Stadtgrenzen hinaus fahren und sich zum Beispiel einen schönen Tag im Schwarzwald machen oder nach Baden-Baden fahren. Möglich machen dies speziell ausgerüstete Straßenbahnen, die auch das Schienensystem der Bundesbahn nutzen können.

- Mit einem Gesamtumschlag von sechs Millionen Tonnen im Jahr ist der Karlsruher Hafen einer der größten Binnenhäfen Deutschlands.

- Karlsruhe hat die größte Fachhochschule Baden-Württembergs, die älteste Technische Universität sowie die älteste Pädagogische Hochschule Deutschlands.

- An insgesamt sechs Hochschulen studieren rund 25 000 Studenten. Sechs Forschungseinrichtungen beschäftigen über 5000 Mitarbeiter.

- Im Zentrum für Kunst und Medientechnologie (ZKM) werden modernste Technologien erforscht. Hier ist auch das Medienmuseum untergebracht. In diesem weltweit einzigartigen Museum werden Kunst und neue Medien so verbunden, dass der Besucher selbst aktiv mitgestalten kann.

- Karlsruhe ist die Wiege des deutschen Internets. An der Uni Karlsruhe wurde der erste deutsche Internet-Knoten in Betrieb genommen. Heute werden über 8 Millionen Internet-Adressen in Karlsruhe verwaltet.

- In der Technologiefabrik Karlsruhe können sich junge Firmen mit pfiffigen Ideen ansiedeln. Sie erhalten günstige Räume und fachkundige Beratung. Rund 250 Hightech-Firmen mit über 3500 Arbeitsplätzen haben dieses Angebot schon angenommen. In direkter Nähe zur Universität liegt ein weiteres Gründerzentrum für Hightech-Firmen, der Technologiepark Karlsruhe. Hier sollten später bis zu 6000 Menschen arbeiten.

147.1: Stadtbahn in Karlsruhe

147.2: Technologiefabrik Karlsruhe

147.3: Hightech-Trend – immer kleinere Bauteile

AUFGABEN

1. *Karlsruhe ist die „Fächerstadt". Beschreibe die Entstehung (Abb. 146.2) und das Aussehen des Stadtgrundrisses (Abb. 146.3).*
2. *Karlsruhe wird als „moderne" und „zukunftsorientierte" Stadt bezeichnet. Erkläre!*
3. *In der Region Karlsruhe sind besonders viele Hightech-Firmen angesiedelt. Aus welchen Gründen ist diese Region für solche Firmen besonders attraktiv?*

TECHNOLOGIE
REGION
KARLSRUHE

147.4: Logo

- neun Städte und zwei Landkreise
- die „Denkfabrik Deutschlands"
- die Region mit der höchsten Forscherdichte in Europa
- Einwohner: 976 000
- Beschäftigte: 380 000 – davon 80 000 in der Hochtechnologie

147.5: Technologie-Region Karlsruhe

Hochtechnologie (Hightech)
Wissenschafts- und Technikbereiche, die an neuen, hoch spezialisierten Produkten für die Zukunft forschen. Die Mitarbeiter von Hightech-Firmen haben meist an Universitäten oder Fachhochschulen studiert.

148.1: Verkehrsdrehscheibe Rhein-Neckar

Die Region Rhein-Neckar

Drehscheibe des Verkehrs

Dort, wo der Neckar in den Rhein mündet, entwickelte sich einer der größten **Verdichtungsräume** Deutschlands: die Region Rhein-Neckar. Zwischen Worms und Speyer, zwischen dem Pfälzer Wald und dem Odenwald leben in einem Umkreis von 25 km über zwei Millionen Menschen. Viele Verkehrswege führen hier zusammen und machen die Region zu einer Drehscheibe des Verkehrs. Mannheim, Ludwigshafen und Heidelberg sind die größten Städte der Region. Zahlreiche Firmen von Weltruf haben sich hier niedergelassen.

Mannheim - das Zentrum der Region

Als sich der Oberrhein noch wild und ungezähmt zeigte, war für die Rheinschiffe im Hafen eines kleinen Fischerdorfes namens „Mannenheim" Endstation. Ein Teil der Güter musste auf kleinere Neckarschiffe, auf Pferdefuhrwerke, später auch auf Eisenbahnwaggons umgeladen werden. Heute ist der Oberrhein auch von größeren Schiffen bis Basel befahrbar. Doch die Rolle Mannheims als Hafen blieb auch nach dem Ausbau des Oberrheins erhalten. Heute zählt der Mannheimer Hafen mit über 60 km ausgebauten Hafenanlagen und acht Millionen Tonnen Jahresumschlag zu den bedeutendsten Binnenhäfen Europas. In weltbekannten Firmen werden Fahrzeuge, Maschinen, elektrische Geräte und Papierwaren hergestellt. Es gibt eine Erdölraffinerie, Chemiewerke, zahlreiche Mühlenwerke und Nahrungsmittelfabriken. Heute ist Mannheim mit 330 000 Einwohnern die zweitgrößte Stadt in Baden-Württemberg.

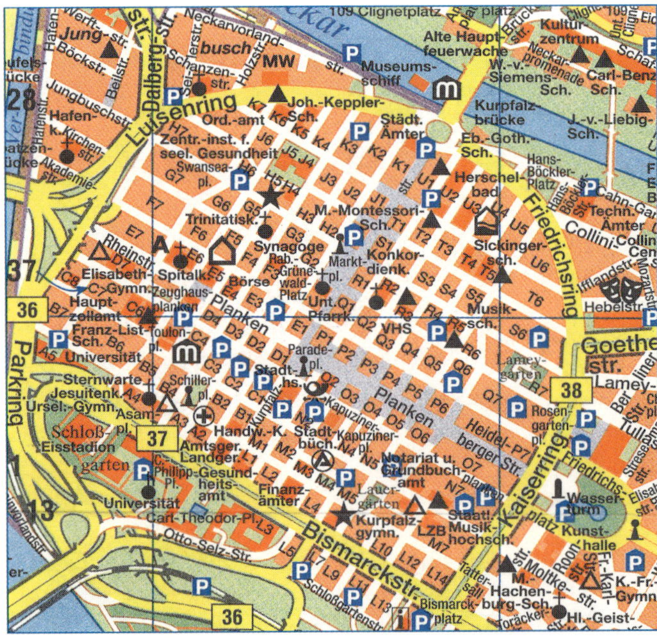

Die Mannheimer Innenstadt hat eine Besonderheit: Es fehlen Straßennamen. Stattdessen gibt es Quadrate, die mit Buchstaben und Zahlen geordnet werden. Und so ist die Stadt aufgeteilt: Die sog. „Breite Straße", die vom Ehrenhof des Schlosses wegführt, teilt die Innenstadt in zwei Hälften. Auf der linken Seite wurden die Quadrate von A bis K, auf der rechten Seite von L bis U benannt. Das Quadrat an der Breiten Straße ist jeweils Nummer 1. Dann wird nach links bzw. rechts durchgezählt: meistens bis auf 6 oder 7. Zur Orientierung gibt es an jeder Ecke an den Häusern Schilder für die Quadrate, auf denen auch die Hausnummern und die jeweilige Richtung (mit Pfeil) verzeichnet sind.

148.2: Innenstadtplan von Mannheim

149.1: Das Werksgelände der BASF in Ludwigshafen

Kaum zu glauben: Ohne die BASF-Forschung gäbe es keine ...

... Sportschuhe mit eingebauter Luftkühlung. Ein Kunststoff lässt frische Luft nach innen und Wärme und Feuchtigkeit nach draußen.

... Etiketten, die sich von allen Oberflächen problemlos wieder ablösen lassen ohne Spuren zu hinterlassen.

... Kickboards mit optimalen Rollen. Das Fahrverhalten der Rollen aus Kunststoff lässt sich genau auf die Fähigkeiten des Fahrers einstellen.

BASF – eine Stadt für sich

Das hätte sich Friedrich Engelhorn wohl nicht träumen lassen: Aus seiner Badischen Anilin- und Soda-Fabrik, die er im Jahre 1865 in Ludwigshafen gründete, entwickelte sich eines der größten chemischen Unternehmen in Europa. Auf einer Fläche von 660 Fußballfeldern erstrecken sich heute Fabrikhallen, Forschungsstätten, Verwaltungsgebäude, Tanklager, Silos, Lagerschuppen und Hafenbecken. Zwischen den 2000 Gebäuden schlängeln sich 115 Kilometer Straßen, 211 Kilometer Bahngleise und 2000 Kilometer oberirdische Rohrleitungen.

Der Firmenname gibt das Programm der Frühzeit an: Aus Teer, einem bis dahin lästigen Abfallstoff, ließen sich Farbstoffe gewinnen. Diese nannte man Anilin; und Soda benötigte man zur Herstellung von Seife und Waschmitteln. Heute umfasst das Angebot der BASF über 8000 Artikel: Dazu gehören Farben und Lacke, Kunststoffe und Reinigungsmittel, Mittel zur Bekämpfung von Schädlingen, Holzschutzmittel und Lacke, Medikamente und Kosmetik. Für die Herstellung dieser Fertigprodukte sind viele Rohstoffe notwendig wie Salze, Kalkstein, Kohle, Erdöl oder Erdgas. Diese Rohstoffe bezieht die BASF aus dem In- und Ausland. Um die Versorgung zu gewährleisten, müssen jeden Tag 600 Eisenbahnwaggons, 1500 Lkw und 23 Schiffe entladen werden. Mit über 40 000 Mitarbeitern ist die BASF der größte Arbeitgeber der Rhein-Neckar-Region. Darüber hinaus trägt der Standort direkt und indirekt zur Sicherung von 71 000 Arbeitsplätzen in Deutschland bei.

AUFGABEN

1. *Suche die Region Rhein-Neckar auf einer Atlaskarte. Nenne alle größeren Städte und beschreibe ihre Lage.*
2. *Die Region bezeichnet man auch als eine „Drehscheibe des Verkehrs“. Erkläre!*
3. *Nenne Gründe für die Entwicklung der Region Rhein-Neckar zu einem der bedeutendsten Verdichtungsräume Deutschlands.*
4. *Die BASF wird oft als eine „Stadt für sich“ bezeichnet. Warum ist diese Bezeichnung berechtigt?*

150.2: Reichstagsgebäude nach dem Umbau – Sitz des Bundestages

1237: erste urkundliche Erwähnung Cöllns
1440: Hauptstadt des Kurfürstentums Brandenburg
1710: Hauptstadt des Königreichs Preußen unter dem Namen Berlin
1871: Hauptstadt des Deutschen Kaiserreiches
1949: Teilung in Berlin-West und -Ost
13. August 1961: Bau der Berliner Mauer
9. November 1989: Öffnung der Mauer und der DDR-Grenze
seit 1991: Hauptstadt der Bundesrepublik Deutschland

150.1: Stadtgeschichte

Berlin – Bundeshauptstadt und Weltstadt

Seit 1991 ist Berlin wieder **Hauptstadt** von Deutschland. Dort, wo einst die Mauer des „Eisernen Vorhangs" verlief, entsteht das neue Stadtzentrum. Prachtstück und Herz des neuen Regierungsviertels ist der Reichstag. Hier beschließt der Bundestag die Gesetze, die für Deutschland gültig sind. Der Sitz des Bundespräsidenten, des Bundeskanzlers und die Bundesministerien repräsentieren zusammen mit den diplomatischen Vertretungen aus allen Teilen der Welt die politische Macht an der Spree.

Das Aufbruchssignal setzten die Menschen am Abend des 9. November 1989, als Hunderte von Menschen auf und über die Berliner Mauer am Brandenburger Tor kletterten. Die Volksfeststimmung läutete die ersehnte Wende ein. Die

150.3: Berlin mit Größenvergleich

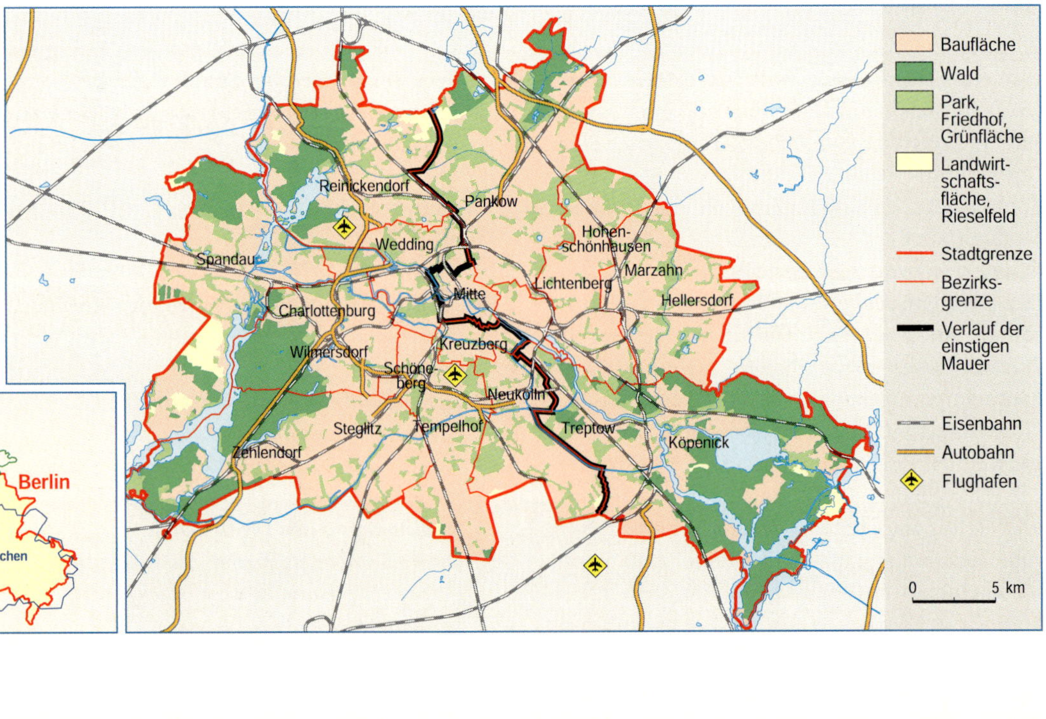

151.1A–C: Der Potsdamer Platz im Wandel der Zeit

friedliche Revolution, mit der die Bürger der DDR gegen die Herrschaft und die Missstände in ihrem Land protestiert hatten, war erfolgreich. Unverzüglich wurde der Mauerring, der West-Berlin wie eine Daumenschraube umschloss, bis auf ein winziges Museumsstück beseitigt.
Die Wiedervereinigung Deutschlands hat Groß-Berlin aus seiner lähmenden Vergangenheit geweckt. Das neue Berlin ist derzeit die größte Baustelle Europas. Führende Wirtschaftsunternehmen des In- und Auslands wählen ihren Firmensitz in Berlin, ebenso renommierte Banken und Versicherungen sowie Zeitungsverlage, Rundfunk- und Fernsehsender.
Der Ausbau der Hauptstadt ist einerseits eine Herausforderung für die Stadtplaner, andererseits wirtschaftlicher Motor für eine ganze Region und Bevölkerungsmagnet für Menschen aus allen Kontinenten. Berlins Bevölkerung ist gemischt und bildet eine multikulturelle Gesellschaft. „Berliner ist man nicht, Berliner wird man", behaupten die Zugezogenen und prägen das Bild dieser „Zukunftsfabrik".

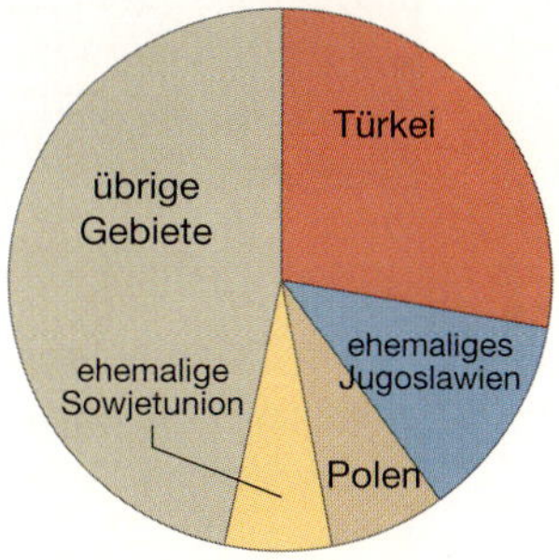

151.2: Ausländer in Berlin 2001 (Herkunft)

insgesamt: 442 554

AUFGABEN

1. *Ermittle die Ausdehnung Berlins und vergleiche sie mit deinem Schulort (Abb. 150.3).*
2. *Zähle die wichtigsten politischen Einrichtungen der Hauptstadt auf (▷ S. 152/153).*
3. *Informiere dich im Internet unter: www.chronik-berlin.de und erkläre, weshalb Berlin lange Zeit eine geteilte Stadt war.*
4. *Vergleiche die Situation Berlins während der Teilung mit der heute.*
5. *Der Potsdamer Platz wandelte im Laufe der Geschichte mehrmals sein Gesicht. Ordne die Abb. 151.1 A, B und C den Jahreszahlen 1930, 1987 und 2003 zu und begründe.*

151.3: Brandenburger Tor am 13. November 1989

Im Doppeldecker vom Ku'damm zum Alex

Julian besucht seinen Cousin Lukas in Berlin

Der gelbe Doppeldecker hält, die Türen schnappen auf. „Zweimal Logenplatz erster Rang, erste Reihe“, tönt Lukas, während ich schnell aufs Oberdeck stürme, um die Plätze freizuhalten.
Lukas erklärt: „Unser guter alter Ku'damm ist die First-Class-Adresse für edles Shopping – es gibt fast nichts, was es nicht gibt. Übrigens, der ‚Hohle Zahn‘ (1) da ist nur die Kriegsruine einer riesigen Kirche und der Zoo (2) dort, soll der älteste Deutschlands sein.“

Eine scharfe Kurve – ich werde gegen Lukas gepresst. „Da vorn thront ‚Goldelse‘ (3) in 67 Metern Höhe auf ihrer Säule. Sie erinnert an siegreiche Preußenkriege. Geradeaus sehen wir das Schloss Bellevue (4). Am Flaggenschmuck kann man die Anwesenheit des Bundespräsidenten erkennen.“ ... „Oh, schau her, die ‚Schwangere Auster‘ (5), eine Kulturhalle für Künstler aus aller Welt.“
„Schon sind wir mitten im Regierungsviertel, dem ‚demokratischsten Ort‘ der Stadt; manchmal wimmelt es nur so von prominenten Politikern.

Das neue Bundeskanzleramt (6) nennen wir Berliner liebevoll ‚Waschmaschine‘. Seine Scheiben sind sogar 8 cm dick. Auf der anderen Seite am Platz der Republik siehst du den Reichstag. In diesem Prunkbau tagt der Deutsche Bundestag. Von seiner gläsernen Kuppel hat man eine spitzenmäßige Aussicht ... Schau, das berühmte Brandenburger Tor (7), Siegestor früherer Herrscher und Symbol der Wiedervereinigung von Ost und West. Bei Festen ist hier echt ‚der Bär los‘. Wir fahren später durch, aber erst geht's zum Potsdamer Platz (8), der neuen Mitte Berlins. Wie du siehst, konstruierten die Architekten eine moderne Welt aus Stein, Stahl und Glas.“ Julian bestaunt das Sony-Center, DaimlerChrysler-Areal, Hyatt-Hotel und die Hollywoodkulisse vor dem Musicaltheater.

Schon erscheint das Brandenburger Tor hautnah. „Dahinter fahren wir über die Prachtstraße der Ost-City, das alte Herzstück Berlins. Hier ‚Unter den Linden‘ sind inzwischen alle berühmten Bauwerke restauriert und es entstehen immer

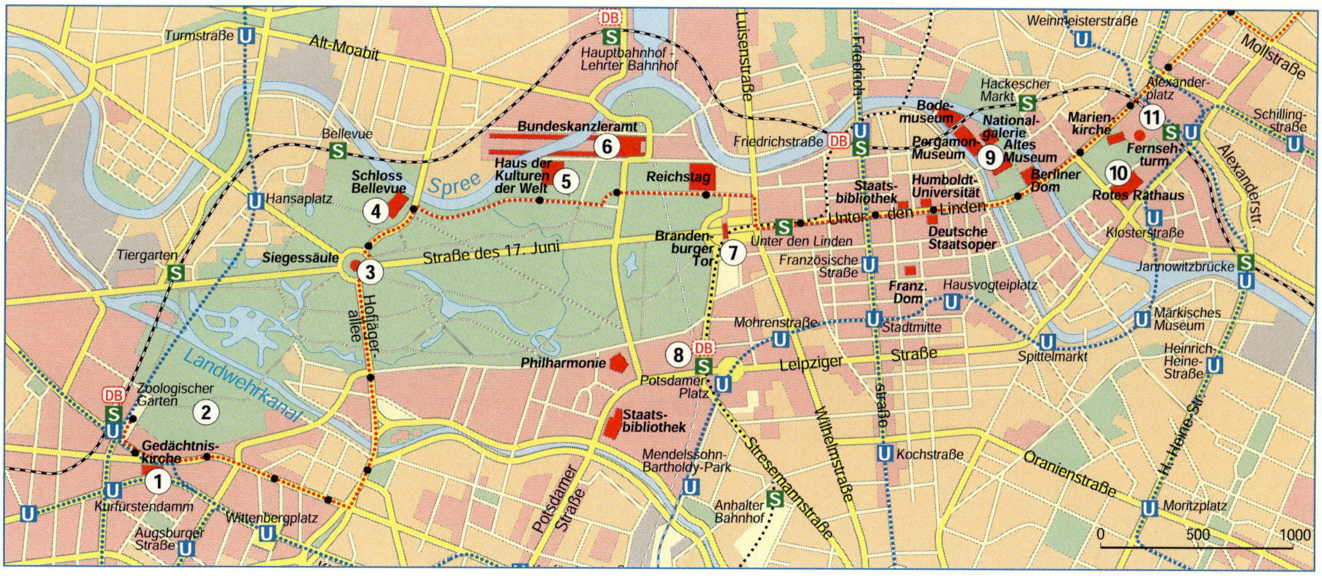

mehr Straßencafés. Dort auf der Museumsinsel in der Spree (9) sind antike und moderne Kunstschätze zu bewundern. Im Hintergrund ist der 365 m hohe ‚Telespargel', der drittgrößte Fernsehturm Europas, zu sehen. Gleich kommen wir näher dran, doch erst streifen wir noch das Rote Rathaus (10), den Sitz des Berliner Senats."

Schon ertönt es: „Alex, Endstation, bitte alles aussteigen." Beim Blick auf die Weltzeituhr am Alexanderplatz (11) und dem geschäftigen Treiben zwischen S- und U-Bahnen wird mir klar – Berlin ist eine der aufregendsten Städte, die ich kenne.

AUFGABEN

Verfolge die Stadtrundfahrt auf der Karte. Ordne dabei die Sehenswürdigkeiten (1–11) den Bildern zu. Die Buchstaben der Bilder ergeben in der richtigen Reihenfolge den Spitznamen für die Spreeinsel.

GEO Projekt — Leben in der Stadt - Beispiel Freiburg

Die meisten Schülerinnen und Schüler in Deutschland leben heute in Städten. Sie gehen zur Schule, verbringen ihre Freizeit, kaufen ein und sind dabei mobil, d.h., sie nehmen am Verkehr teil und bewegen sich schnell von einem Ort der Stadt zum anderen.

Viele meinen ihre Stadt zu kennen, doch jede Stadt hat viele Gesichter. Außerdem nutzen die Bewohner ihre Stadt, passen sie immer wieder ihren Bedürfnissen an und verändern dabei ständig ihr Aussehen.

Durch ein Projekt lernt ihr am besten eure Stadt von vielen Seiten kennen und entdeckt euch bisher Unbekanntes. Vielleicht entwickelt ihr sogar Vorschläge für die städtische Lebensqualität der Zukunft.
Das Projekt will euch Anregungen geben, das städtische Leben in Freiburg oder in eurem Schulort zu untersuchen.
Die Logos in Abb. 154.3 kennzeichnen mögliche Themenbereiche, die ihr bearbeiten könnt.
Wie ihr bei einem Projekt vorgeht, zeigt euch die Seite 155.

Bei einem **Projekt** arbeitet ihr in Gruppen über einen längeren Zeitraum an einem Thema. Jede Projektgruppe plant ihre Arbeit selbst, führt sie aus und stellt am Ende ihr Produkt vor

154.1: Was ist ein Projekt?

- Rathaus
- Kultur- und Verkehrsamt
- Stadtbibliothek
- Heimat- oder Stadtmuseum
- Stadtwerke
- Interviews
- Internet

154.2: Welche Quellen helfen weiter?

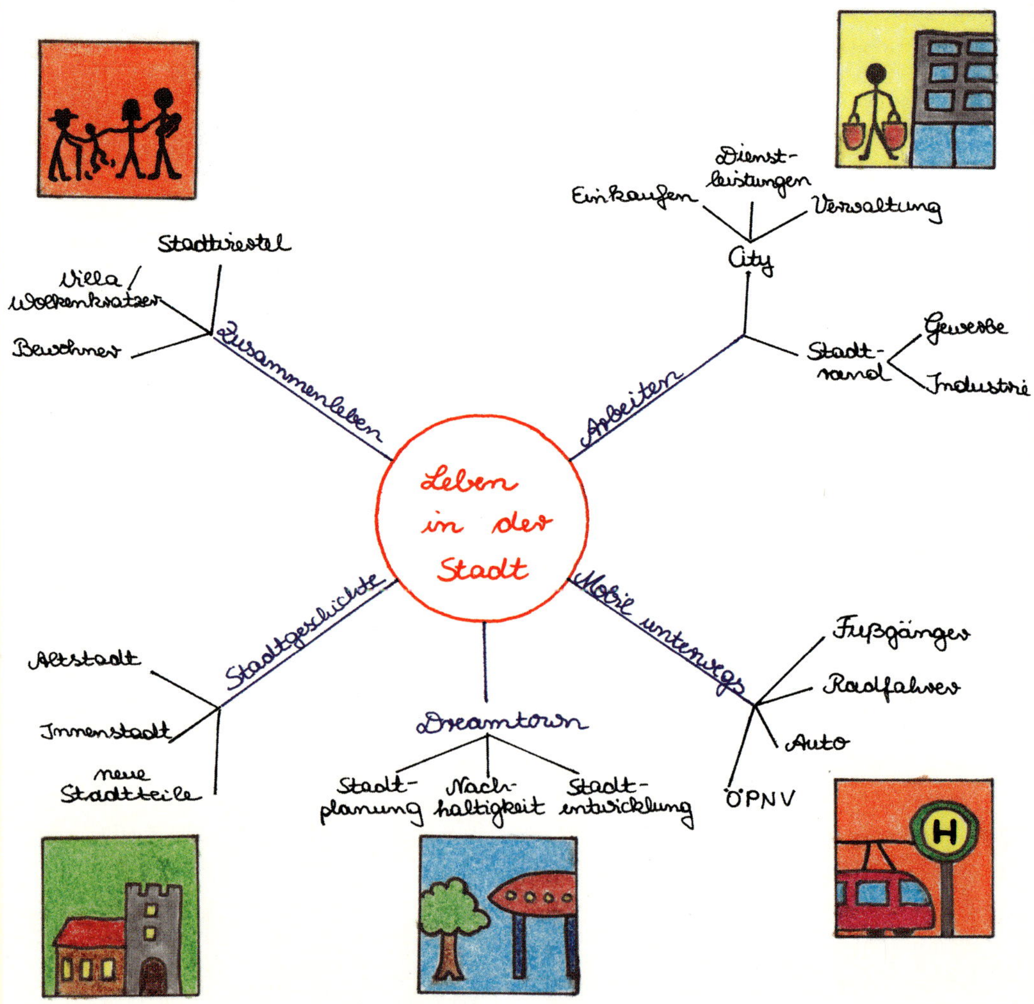

154.3: Die Projektskizze – eine Mind-map als Ergebnis der Ideensammlung

Internet-Tipp

Projekt Freiburg:
www.freiburg.de

GEO Projekt | Wir führen ein Projekt durch

1. Vorbereitung
Überlegungen der Projektgruppe:
- Was wollen wir untersuchen?
- Welche Themenbereiche wählen wir aus?
- Wie, wo und wann präsentieren wir die Ergebnisse?
- Ideen werden gesammelt und eine Projektskizze (Mind-map) erstellt (Abb. 154.3).

2. Planung
Bildung von Arbeitsgruppen und Verteilen der Aufgaben:
- Welche Informationen benötigen wir?
- In welchen Arbeitsschritten gehen wir vor?
- Mit welchen Arbeitstechniken können wir die gewünschten Informationen zusammentragen?
- Welche Ausrüstung brauchen wir dazu?
- Welche Arbeitsgruppe bearbeitet welchen Themenbereich?
- Wer übernimmt welche Aufgabe?
- Welche Regeln sind für eine erfolgreiche Zusammenarbeit wichtig?
- Wann müssen die ersten Ergebnisse vorliegen?
- Wann bereiten wir die Präsentation vor?

3. Durchführung
Projektarbeit in den Arbeitsgruppen:
- Werden Projekt- und Zeitplan eingehalten?
- Wie können neue Ideen durch Zwischenergebnisse in den Plan eingearbeitet werden?
- Wie stellen wir die Einzelergebnisse zusammen und wie gestalten wir unsere Präsentation?

4. Präsentation
Vorstellung der Ergebnisse aller Arbeitsgruppen:
- Werden die Ergebnisse gut geklärt?
- Ist die Darstellungsform geeignet?

5. Beurteilung
Erfahrungsaustausch und Bewertung der Projektarbeit:
- Was ist gut gelungen und was hätten wir besser machen können?
- Erklären die Arbeitsergebnisse die Projektidee?
- Waren die Arbeitsatmosphäre gut und die Arbeitsmethoden richtig?

155.1: Fünf Phasen der Projektarbeit (A–E)

- Textauswertung
- Interview
- Internetrecherche
- Untersuchung „vor Ort"

155.2: Arbeitstechniken

- Notizblock
- Schreibzeug
- Fragebogen
- Stadtplan
- Kassettenrekorder mit Mikrofon
- Fotoapparat

155.3: Ausrüstung

- Plakat
- Wandzeitung
- Ausstellung
- Aktion, z. B. Führung, Besuch beim Stadtplanungsamt

155.4: Präsentationsformen

GEO Projekt | Freiburg KULTOUR – der Stadtgeschichte auf der Sp

1. Vnſ: Frawen Münſter.
2. S. Nicolai Pfarkirch.
3. S. Peters Pfarkirch.
4. Der Spital.
5. Augüſtiner Cloſter.
6. S. Anthonius.
7. Barfüßer Cloſter.
8. Prediger Cloſter.
9. Alle Heyligen.
10. S. Johannes.
11. Das Daütſche hauß.
12. Der Arm Spital.
13. S. Michael.
14. Zün Reweren.
15. S. Clara.
16. S. Agneſen.
17. Zur Oberriettern.
18. S. Catharina.
19. Adelhaüſen Cloſter.
20. Adelhaüſen Dorff.
21. Das Rathaüſe.
22. Collegium Vniverſ:
23. Der Baſler Hofe.
24. Die Bürſſ.
25. Burghalden Schloß.
26. S. Peters Hofe.

156.1: Bauwerke im Mittelalter (s. Abb. 156.3)

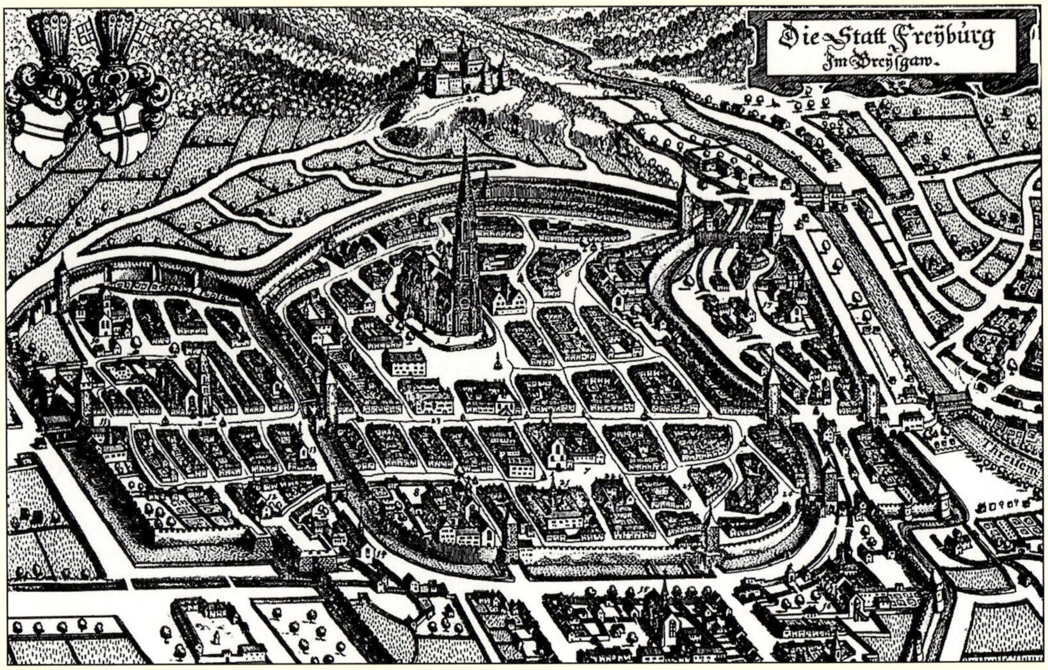

156.3: Freiburg im 15. Jahrhundert

156.2: Bächle

Aus der Geschichte von Freiburg

1120: Herzöge von Zähringen erheben Freiburg am Fuße ihres Burghaldenschlosses zur Stadt und lassen diese befestigen
1200–1513: Bau des Münsters
1258: Silber aus dem „Erzkasten" am Schauinsland wird zum Prägen der Münzen verwendet
1368: Herrschaft der Habsburger (österr.) beginnt
1457: Erzherzog Albrecht VI. stiftet die Universität
16./17. Jh.: Großteil der Bevölkerung stirbt an Pest oder im Dreißigjährigen Krieg
1677: französische Truppen erobern die Stadt und Vauban baut sie zur Festung um
1821: Freiburg wird Bischofssitz
1845: Bahnlinie Freiburg–Offenburg wird eröffnet
nach 1850: Stadterweiterung um die Stadtteile Stühlinger und Wiehre
1944: Zerstörungen durch Bombenangriffe
heute: bedeutendste Handels-, Verwaltungs- und Universitätsstadt Südbadens, attraktiver Wirtschaftsstandort sowie Sitz des Erzbischofs

156.4: Aus dem Stadtarchiv

Ausgangspunkt unserer Stadterkundung ist der Bertoldsbrunnen, der an die Stadtgründer erinnert. Sein Standort markiert den Mittelpunkt der Zähringer-Gründung: Ein Achsenkreuz im Grundriss. Seine Nord-Süd-Achse (1) diente als Markt und ist heute noch Hauptgeschäftsstraße. Senkrecht zu ihr wurden die Nebenstraßen im „Rippensystem" angelegt. Die West-Ost-Achse (2) verbindet heute einerseits die Bahnhofsachse (3) mit dem Stadtzentrum und deutet andererseits auf den Fernhandel der Stadt mit Salz (4) hin.

Die Straßenränder werden überall von so genannten „Bächle" gesäumt. In der mittelalterlichen Stadt waren sie für die Versorgung mit Brauchwasser und als Schmutzwasserkanäle gedacht. Heute sorgen die Wasserläufe für ein angenehmes Klima und sind bei Groß und Klein beliebt.

Den heutigen Marktplatz (5) überragt eine gewaltige gotische Kirche aus Buntsandstein (6). Wer sich nicht scheut, alle 328 Stufen im „schönsten Turm der Christenheit" hochzusteigen, wird mit einem prächtigen Ausblick belohnt. Von der Aussichtsplattform des 116 m hohen Turmes erkennt man die **Altstadt** als ein unregelmäßiges Oval, eng an den Schlossberg angelehnt.

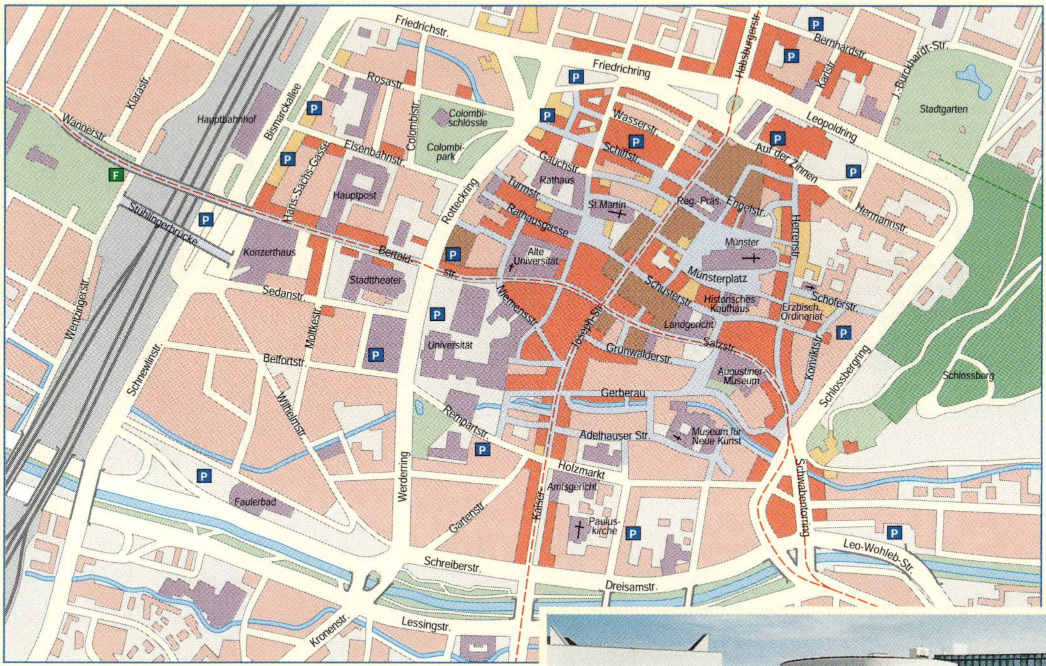

157.1: Innenstadt von Freiburg

157.2: Konzerthaus

Beim Wiederaufbau nach den Zerstörungen des Zweiten Weltkrieges hat man sich bemüht, das mittelalterliche Stadtbild zu bewahren. Vom ehemaligen Mauerring sind nur im Süden (7) und Osten (8) noch zwei Tortürme gut erkennbar. Kleine Abschnitte der Stadtmauer sind südwestlich des Augustinermuseums zu sehen. Wie in vielen Städten verlaufen heute anstelle von Wall und Graben mehrspurige Ringstraßen um die Altstadt.

Vom Kirchturm blickt man herunter auf zahlreiche alte Domherrenhäuser und ein mittelalterliches Handelshaus (9), das früher der Sitz der städtischen Markt-, Zoll- und Finanzverwaltung war, heute für Empfänge, Konzerte und Ausstellungen genutzt wird.

Beim zentralen Gebäude der Stadtverwaltung (10) lauschen wir dem Glockenspiel und erkennen plötzlich beim Anblick der vielen Menschen, die mit Einkäufen beladen sind oder mit Handy an uns vorbeihuschen, dass unsere Zeitreise in die Vergangenheit beendet ist.

In Bahnhofsnähe schließlich zeigt uns eine moderne Kulturhalle (11) an, dass Freiburg bereits auf dem Weg in die Zukunft ist.

1. Ordne die Stadtansicht von Freiburg aus dem 15. Jh. in den heutigen Stadtplan ein (Abb. 156.3 und Abb. 157.1).
2. Bestimme die Orte der Stadtrallye (1–11).
3. Nenne Straßennamen und alte Gebäude, die heute noch an die Geschichte der Stadt Freiburg erinnern.
4. Untersuche Gebäude der Altstadt im Hinblick auf Alter, Geschichte, Höhe und Anzahl der Geschosse, Baustil, Baumaterial und Nutzung.
5. Versuche mithilfe des Stadtplans (Abb. 157.1) den ungefähren Verlauf des einstigen Mauerringes um die Altstadt festzustellen.
6. Suche nach Spuren der Stadtgeschichte in deinem Schulort.

157.3: Münster

GEO Projekt

Freiburg - Zusammenleben in verschiedenen

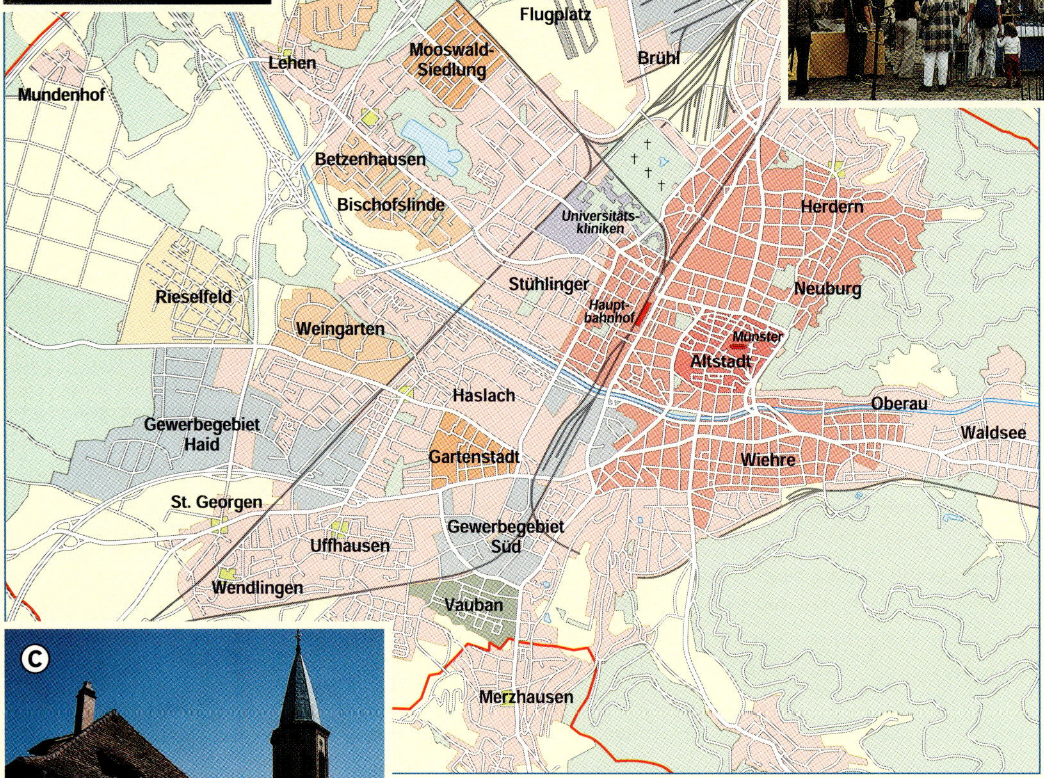

- Altstadt, Stadtzentrum
- Stadterweiterung der Kaiserzeit (1871 – 1915)
- Siedlungen der 1920er und 1930er Jahre (Gartenstadt, Kleinsiedlerhäuser)
- Stadterweiterung der 1960er Jahre (Großsiedlungen)
- Neuer Stadtteil Rieselfeld (seit 1993, im Bau bis 2010)
- Quartier Vauban – Umbau einer Kaserne in ein Wohngebiet (seit 1993, im Bau bis 2006)
- Universitätskliniken
- Industrie- und Gewerbegebiet
- Sonstiges Siedlungsgebiet
- Alter Dorfkern
- Wald, Park, Friedhof
- Stadtgrenze

0 500 1000 m

158.2: Flächennutzung in Freiburg
(A: Landwasser, B: Altstadt, C: St. Georgen)

Altstadt	620–1020
Neuburg	360– 770
Herdern	360– 520
Brühl	310– 360
Mooswald	290– 360
Landwasser	290– 330
Rieselfeld	310– 380
Stühlinger	280– 410
Waldsee	280– 410
St. Georgen	280– 460
Vauban	440

158.1: Grundstückspreise verschiedener Wohnviertel in €/m²

Jahr	Einwohner	Jahr	Einwohner
1840	13700	1970	174377
1939	110000	1980	174540
1945	62000	1990	178343
1950	116731	2000	203351
1961	154219	2003	210358

158.4: Bevölkerungsentwicklung in Freiburg

Stadtteilen

Die Bürger unserer Städte wohnen in ganz verschiedenen Stadtteilen. Je nach Alter oder der überwiegenden Flächennutzung werden diese **Stadtviertel** als Wohn- oder Mischviertel bezeichnet.
Der jeweils herrschende Zeitgeschmack und die wirtschaftliche Notwendigkeit haben auch in Freiburg das Wohnen auf unterschiedliche Art möglich gemacht. Alte und neue Villenviertel sind besonders bevorzugte Wohngebiete.
Da die Bevölkerung Freiburgs stetig wächst, steigt der Bedarf an Wohnraum. Außerdem nimmt seit Jahrzehnten der Wohnflächenbedarf pro Einwohner jährlich um einen halben Quadratmeter zu. Anhaltender Wohlstand und die wachsende Zahl an Ein-Personen-Haushalten steigerte die Fläche von 15 m^2 (1950) auf 40 m^2 im Jahr 2000. Wohnraum ist also kostbar, denn die Fläche dafür steht nur in begrenztem Raum zur Verfügung.
Der Bau von Hochhaussiedlungen ist eine mögliche Lösung des Problems. Die Bewohner dieser „Schlafstädte" wohnen Tür an Tür, bleiben sich jedoch oft dennoch fremd. Viele von ihnen sind aus dem Ausland zugezogen, sprechen eine andere Sprache und haben eine andere Kultur.
Der heutige Trend im Städtebau richtet sich nach den Bedürfnissen der Menschen: kurze Wege und hohe Lebensqualität. Das Angebot an preiswerten und teuren Wohnungen ist dabei ebenso wichtig wie die Nähe zum Arbeitsplatz, zu Läden, Schulen, Arztpraxen, öffentlichen Verkehrsmitteln und Freizeiteinrichtungen. Die Bürger selbst können durch eigene Ideen die Entwicklung ihrer Stadt mit beeinflussen.

1. Beschreibe die Wohnviertel der Bürger (159.1).
2. „Alt oder neu", „Villa oder Wolkenkratzer"? Formuliere die Vor- und Nachteile des Wohnens.
3. Nenne Stadtviertel unterschiedlicher Wohnqualität in Freiburg und begründe deine Entscheidung.
4. Untersuche, ob du in einem Wohn- oder Mischviertel lebst. Liste vorhandene Versorgungseinrichtungen auf und beurteile deine Wohnqualität.
5. Vergleiche das Wachstum der Stadt (Abb. 158.1) mit der Bevölkerungsentwicklung in Abb. 158.4. Was kannst du feststellen?

Prof. Dietz, Hochschullehrer: „Meine Frau und ich bewohnen unser Haus hier in Herdern inzwischen allein. Neben dem Wohn-, Ess- und Musikzimmer ist ausreichend Platz für ein großes Büro und zwei Gästezimmer. Wir genießen unseren schönen Garten und dass wir so stadtnah wohnen."

Daniel, Student: „Ich wohne seit zwei Jahren in einer WG im alten Mannschaftsgebäude einer ehemaligen Kaserne. Das „Quartier Vauban" ist wohl das kulturell bunteste Viertel der Stadt. Wer sich zum ‚Wohnen ohne Auto' bekennt oder Boule-Turniere liebt, der ist hier richtig."

Familie Domke: „Wir fühlen uns im neuen Stadtteil Rieselfeld sehr wohl. Unsere Kinder haben in der Nachbarschaft viele Freunde. Der Kindergarten und das Gymnasium sind auch nur um die Ecke. Am Waldrand und in der Nähe der Stadtbahn leben wir in unserem Energiesparhaus hier sehr umweltfreundlich."

159.1: Wohnviertel Freiburger Bürger

GEO Projekt

Arbeiten im Stadtzentrum ...

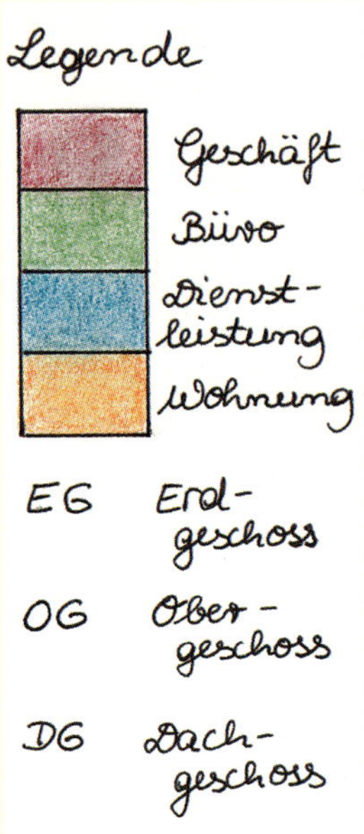

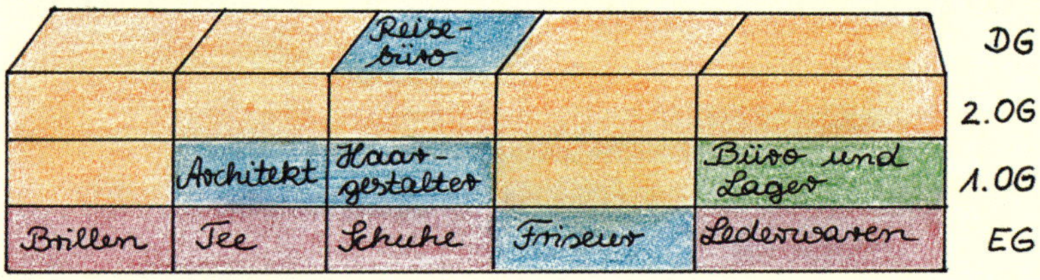

160.2: Kartierung der Gebäudenutzung

Arbeiten ist notwendig um den Lebensunterhalt zu verdienen. Mit dem Geld können wir unsere Bedürfnisse und zuweilen unsere Wünsche erfüllen. Je nach Beruf erhalten Verkäufer, Büroangestellte oder Künstler für ihre Arbeit Lohn, Gehalt oder Honorar.

Täglich strömen Tausende von Menschen vom Stadtrand oder aus den benachbarten Umlandgemeinden zum Arbeiten in die Zentren unserer Städte. In den dicht bebauten **Innenstädten** konzentrieren sich die großen Kaufhäuser, Fachgeschäfte, Behörden, Banken und Versicherungen sowie die Praxen von Ärzten und Rechtsanwälten. Auch in Freiburg hat sich eine **City** als Einkaufs-, Dienstleistungs- und Verwaltungszentrum herausgebildet. Zu den **Dienstleistungen** gehören alle wirtschaftlichen Tätigkeiten, die der Versorgung der Bevölkerung dienen, auch Hotels und Gaststätten, Bildungseinrichtungen sowie Theater, Kinos und Museen.

Klingelschilder an Hauseingängen zeigen, dass Geschäftsräume, Praxen und Büros bis in die obersten Stockwerke vorgedrungen sind. Somit ist es verständlich, dass die Wohnbevölkerung in der Freiburger Altstadt seit 1960 von 12 000 auf heute etwa 3700 gesunken ist.

Die jüngsten Entwicklungen deuten an, dass viele Innenstädte sich erneut im Umbruch befinden. Alteingesessene Familienbetriebe geben auf und Ladenketten treten an ihre Stelle. Mit diesem Nutzungswandel bekommt die City wieder ein neues Gesicht.

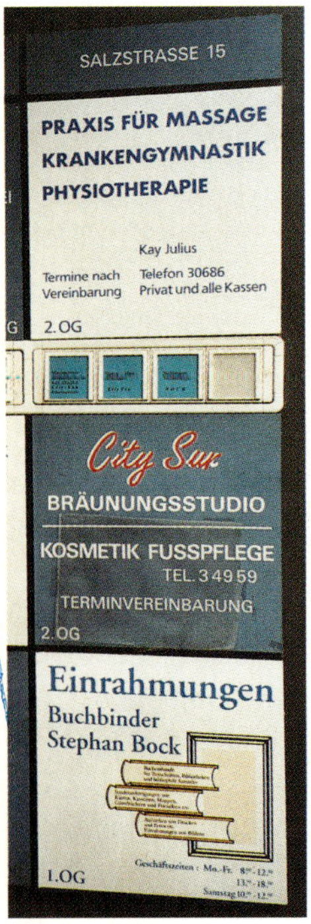

160.1: Hinweisschilder

160.3: Arbeitsplatz im Stadtzentrum

... und am Stadtrand

161.1: Messe Freiburg

161.3: Logo Messe Freiburg

161.4: Event-Säule

Immer mehr Menschen arbeiten heute in den Gewerbe- und Industriegebieten am Stadtrand. Diese schießen meist wie Pilze aus dem Boden und bilden oft ein eigenes Stadtviertel. Die Beschäftigten kommen aus der Stadt und aus den Umlandgemeinden.

Freie Flächen, bezahlbare Grundstückspreise und eine gute Verkehrsanbindung sind die Hauptgründe für die Entwicklungen auf der „grünen Wiese“. Auch Dienstleistungsbetriebe und Freizeiteinrichtungen siedeln sich zunehmend am Stadtrand an. Dieser Trend ist nur deshalb so erfolgreich, weil sich die Menschen in unserer mobilen Gesellschaft schnell und jederzeit überall hinbewegen können.

Auch in Freiburg sind in der jüngsten Vergangenheit neue Gewerbegebiete am Stadtrand entstanden. Die Nähe zu zahlreichen Forschungseinrichtungen und das hohe Umweltbewusstsein der Region ermöglichten die Gründung neuer Firmen auf dem Sektor der Biotechnologie und der Anwendungen von Solarenergie. Das neue Messezentrum als „Schaufenster der Wirtschaftsregion“ unterstützt dabei ebenso die Sicherung des Zukunftsmarktes wie die internationale Zusammenarbeit in der deutsch-französisch-schweizerischen ‚RegioTriRhena‘.

1. Vergleiche die Bedeutung der Innenstädte früher und heute.
2. Fotografiere und skizziere eine Gebäudezeile in der Innenstadt deines Schulortes. Kartiere die Nutzung der Stockwerke wie in Abb. 160.2.
3. Zähle die Anzahl der Gebäude auf einer Straßenseite deines Schulortes und notiere dabei die Art und Anzahl der Geschäfte.
4. Nenne Vor- und Nachteile für einen Arbeitsplatz im Stadtzentrum oder am Stadtrand.
5. Untersuche den Wirtschaftsstandort deines Schulortes. Informiere dich dazu über die Unternehmen, deren Branchen, Größe und Entwicklung.

161.2: Arbeitsplatz am Stadtrand

161.5: Unternehmen aus Freiburg

GEO Projekt | Mobil unterwegs

162.1: Fahrradstraße

162.2: Kiss & Rail

162.3: Park & Ride

162.4: Rad-Kultur in Freiburg

„Wenn wir gewaltig in die Pedalen treten, schaffen wir es noch pünktlich“, sagt Julian zu seinem Freund. Auf dem Radweg strampeln eilige Schüler- und Studentenpulks, Hausfrauen mit Einkaufskörben, vornehm gekleidete Büroangestellte und schlammbespritze Mountainbiker ihren Zielen entgegen. Es ist nicht zu übersehen: Die Freiburger fahren Rad.

Ein Freiburger Verkehrspolitiker berichtet: *„Umsteigen, Umdenken – der Umwelt zuliebe‘* lautet unser Motto. Um die Stadt vor dem drohenden Verkehrsinfarkt zu bewahren, haben wir schon 1973 die Altstadt zur Fußgängerzone erklärt. Ein leistungsfähiges, preiswertes Bus- und Stadtbahnsystem und ein über 160 km langes Radwegenetz schlossen sich an. Anschließend wurde dieses Erfolgsmodell der Stadt auf das Umland übertragen und der **öffentliche Personennahverkehr (ÖPNV)** in der gesamten Region zum Regio-Verkehrsverbund Freiburg (RVF) zusammengeschlossen. Mit der Regio-Karte, einer übertragbaren Monatsnetzkarte, ist auf etwa 3000 km grenzenloses Fahren auf allen Bus-, Straßen-, Eisenbahn- und Breisgau-S-Bahnlinien erlaubt (Abb. 163.3).

Trotzdem zählen wir an mittleren Werktagen ca. 550 000 Kfz-Fahrten im Stadtgebiet. Den Durch-

162.5: Radweg im Stadtzentrum

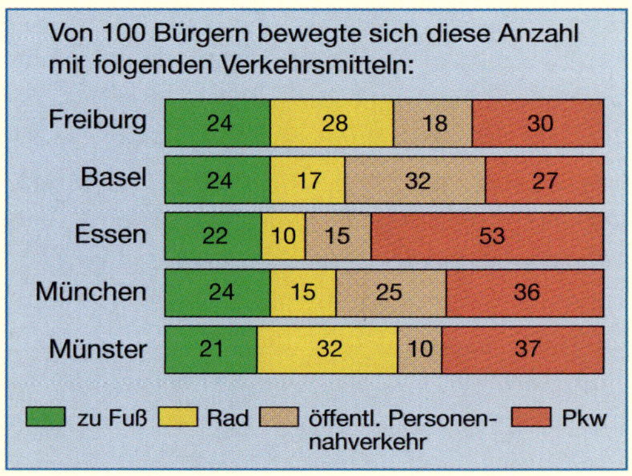

162.6: Wie sich Bürger in ihrer Stadt bewegen

163.1: Öffentlicher Personennahverkehr in Freiburg

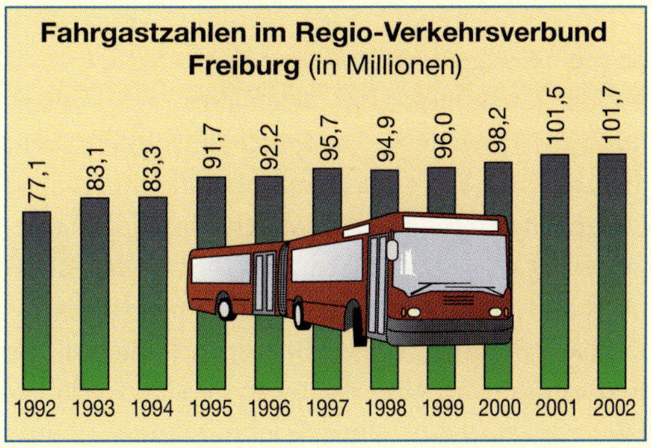

163.2: Fahrgastzahlen im RVF

163.5: Logo RVF

gangsverkehr bündeln wir durch den Stadttunnel und die Umgehungsstraßen auf großen Verkehrsachsen. Den Stadtverkehr steuern wir durch großflächige ‚Tempo-30-Zonen' und ein Parkleitsystem. Zum Glück nutzen die Mitglieder der Freiburger Autogemeinschaft ihre ‚weiße Flotte' als Gemeinschaftsautos. Denn bei einer Parkdauer von 22 Stunden pro Tag verdienen unsere geliebten Fahrzeuge wohl eher den Namen ‚Stehzeug'. Übrigens lebt man in unseren neuen Stadtteilen beim ‚Wohnen ohne Auto' fast wie auf Ökoinseln."

163.3: Die Regio-Karte des RVF

1. Vergleiche die Verkehrsmittelnutzung in Abb. 162.6 und erkläre die unterschiedlichen Folgen.
2. Die Freiburger sind mit und ohne Auto mobil. Nenne alle Maßnahmen des vorbildlichen Verkehrskonzepts.
3. Beschreibe die Untersuchung der Freiburger Verkehrsströme an der B 31 Ost und erkläre die Ergebnisse (Abb. 163.4).
4. Untersucht in Gruppen die Verkehrssituation in den Haupt- und Nebenstraßen eures Schulortes. Führt mit Strichlisten eine Verkehrszählung der Fußgänger, Radfahrer, Lkw, Pkw und sonstigen Verkehrsmittel durch. Wählt dabei verschiedene Tageszeiten und wertet die Ergebnisse aus.
5. Viele Menschen fahren täglich in die Stadt. Sie sind Pendler. Befragt Passanten im Stadtzentrum, warum und woher sie kommen und welches Verkehrsmittel sie benutzt haben.
6. In der Stadt oder auf dem Land – entscheidet, wo ihr lieber wohnen würdet. Stellt die jeweiligen Vor- und Nachteile einander gegenüber.

VERKEHRSZÄHLUNG

Fahrzeuge pro Tag in Tausend	vor Eröffnung der B31 Ost neu	nach Eröffnung der B31 Ost neu	Prognose für 2010
Schwarzwaldstraße Ebnet	26,5	5,6	1,7
Schwarzwaldstraße östl. Abzweigung Hansjakobstraße	28,4	7,5	14,6
Schwarzwaldstraße Höhe Flaunserstraße	46,5	19,4	22,9
Schwarzwaldstraße Höhe Ganter	52,0	52,0	67,8
Kirchzarter Straße	8,3	3,0	2,0
Kappler Straße östlich der Lindenmattenstraße	13,6	7,0	6,8
Hansjakobstraße	17,4	7,2	12,1
Kartäuserstraße	11,0	9,0	12,6
Möslestraße	7,2	4,2	3,1
B31 Ost Neu		33,0	40,5

163.4: Verkehrszählung zu den Auswirkungen der neuen B31 Ost

163.6: Die neue B31 Ost

GEO Projekt | Dreamtown 2020 – Science-Fiction oder

„Jeder strebt eine Wohnung an, die vorn an den Münsterplatz, an der Gartenseite an den Schwarzwald grenzt und den Blick auf die Alpen freigibt."

Vorausschau bis 2010

- Bevölkerungszunahme: 1500 Einwohner
- Flächenbedarf:
  - 158 ha Wohnfläche
  - 80 ha Sonderfläche
  - 25 ha Gewerbeflächen

164.1: Zukunftsvisionen

Städte sind lebendig. Sie haben eine Vergangenheit, eine Gegenwart und eine Zukunft.
Auf die Stadtentwicklung haben viele Faktoren Einfluss: die Einwohner, die wirtschaftliche Situation, die Lage der Stadt, das Verkehrsaufkommen, die Umgebung sowie gesellschaftliche Trends. Die Bevölkerung wächst, also ist auch das Stadtwachstum nicht aufzuhalten – Stadtlandschaften entstehen.
Politiker, Stadtplaner und Bürger formulieren ihre Bedürfnisse und Anforderungen an eine zukunftsfähige Stadt und bestimmen somit deren Lebensqualität. Ob Großstadtflair oder ländliche Idylle hängt von den Ideen und Phantasien zur attraktiven Traumstadt ab.
Ein zukunftsorientierter **Flächennutzungsplan** ist das Planungsinstrument. Er bildet den roten Faden aller Diskussionen um die Zukunftsvisionen. Seit dem Umweltgipfel von Rio de Janeiro 1992 sind dabei die Gesichtspunkte der Nachhaltigkeit, wie wirtschaftliche Leistungsfähigkeit, soziale Gerechtigkeit und der Erhalt der ökologischen Lebensgrundlagen für nachkommende Generationen, eine wichtige Grundlage.
Auch die Stadt Freiburg wird weiter wachsen und der Flächenbedarf wird weiter zunehmen. Schon jetzt leben mehr als die Hälfte der Bewohner in Ein-Personen-Haushalten – Tendenz steigend. Wichtige Ziele der weiteren **Stadtplanung** sind: kurze Wege, lebendiges Zentrum und neue Stadtteile.

1. „Bewahren oder Erneuern". Nenne jeweilige Vor- und Nachteile unterschiedlicher Stadtplanungskonzepte.
2. Liste Merkmale einer nachhaltigen Stadtentwicklung auf.
3. Gestaltet eine Zukunftswerkstatt für euren Schulort in folgenden Arbeitsschritten:
   a) Kritikphase: Sammelt Kritik am Jetztzustand.
   b) Phantasiephase: Formuliert und skizziert Wünsche an die zukunftsfähige Stadt.
   c) Verwirklichungsphase: Informiert euch beim Stadtplanungsamt, bei Experten bzw. im Internet und diskutiert Umsetzungsstrategien für erfolgversprechende Phantasien.

164.1: Leben in der Stadt von morgen

Plätze z
Spiel-, K
Traump
lung ur
Treffpu

Wohnen im Heliotrop?
Im Solarhaus stets mit der Sonne um die eigene Achse.

Wirklichkeit?

xen überall?
Natur- oder
r die Erho-
it oder als

Kurze Wege zum Job?
Zurück zum Wohnen und Arbeiten „unter einem Dach“.

Überdachte Shopping malls?
Erlebniscenter zum Bummeln, Einkaufen und Aktivsein.

Fahren oder Stehen?
ÖPNV oder Ökomobil als 1-Liter-Spar-modell mit perfekter Hochtechnologie.

Zukunft Freiburg

Dialog zur Stadtentwicklung

Unser Bundesland Baden-Württemberg

166.1: Landeswappen von Baden-Württemberg

Steckbrief Baden-Württemberg (Stand 2002)

Einwohner: 10661320
Fläche: 35752 km²
Höchster Punkt: Feldberg (Schwarzwald) 1493 m
Tiefster Punkt: Rheinpegel (Mannheim) 85 m

Flüsse: Rhein, Neckar, Donau, Jagst, Kocher, Enz
Seen: Bodensee (540 km²), Schluchsee (1,5 km²), Federsee (1,5 km²), Titisee (1,1 km²)

Landschaften: Oberrheinisches Tiefland, Schwarzwald, Neckarland, Albvorland, Schwäbische Alb, Oberschwaben, Kraichgau, Hohenloher Ebene, Bauland

Bodennutzung: landwirtschaftlich genutzte Fläche: 42,2 %, Wald: 36,5 %, Sonstige (Siedlung, Verkehr): 21,3 %

Städte: Landeshauptstadt Stuttgart (585 540 Ew.), Mannheim (312 216 Ew.), Karlsruhe (277 191 Ew.), Freiburg (200 393 Ew.), Heidelberg (138 869 Ew.), Heilbronn (121 556 Ew.), Pforzheim (118 703 Ew.), Ulm (116 021 Ew.)
Die 1111 Gemeinden und großen Kreisstädte sind 35 Landkreisen zugeordnet. Daneben gibt es neun Stadtkreise.

Wirtschaft: Erwerbstätige

in der Land- und Forstwirtschaft	5,0 %
in Industrie und Handwerk	47,4 %
im Dienstleistungsbereich	47,6 %

Wichtigste Industriebranchen: Machinenbau, Fahrzeugbau, Elektrotechnik

Das Landeswappen spiegelt die wechselvolle Geschichte unseres Landes wider, das aus mehreren Territorien zusammengewachsen ist: Die drei Löwen im Schild stehen für die Einheit des Landes. Es ist das Wappen der Staufer, deren Herzogtum Schwaben vor rund 1000 Jahren bestand. Es umfasste damals den größten Teil der späteren badischen, württembergischen und hohenzollerschen Gebiete. Der Schild wird von einem Hirsch, der Württemberg symbolisiert, und einem Greif, der für Baden steht, gehalten. Über dem Schild befinden sich die Wappen von sechs ehemaligen Territorien, die von der einstigen Vielfalt Baden-Württembergs Zeugnis geben. Es sind die Wappen von Franken, Hohenzollern, des Großherzogtums Baden, des Königreichs Württemberg, der Kurpfalz und von Vorderösterreich.

1951, sechs Jahre nach dem Zweiten Weltkrieg, sprach sich die Mehrheit der Bevölkerung für einen neu zu bildenden Südweststaat Baden-Württemberg aus. Am 25. April 1952 schlug dann die Geburtsstunde unseres **Bundeslandes**. Es folgte ein rascher wirtschaftlicher, politischer und kultureller Aufschwung. Baden-Württemberg wurde zum Vorbild für andere Länder und erhielt den Beinamen „Musterländle".
Um die Verwaltung besser organisieren zu können, wurde das Land in vier **Regierungsbezirke** gegliedert: Stuttgart, Karlsruhe, Freiburg und Tübingen. Diese wiederum werden weiter in **Landkreise** und **Stadtkreise** unterteilt.

AUFGABEN

1. *Suche auf der Karte 167.2 deinen Heimatlandkreis oder die kreisfreie Stadt, in der du wohnst. Welche Landkreise sind benachbart?*
2. *Finde heraus, wie viele Landkreise es in deinem Regierungsbezirk gibt (Abb. 167.2)?*
3. *Erkundige dich, was auf dem Wappen deines Landkreises/deiner Gemeinde dargestellt ist.*
4. *Nenne einige Behörden in deiner Gemeinde beziehungsweise Stadt. Frage dort nach, welche Aufgaben sie ausführen.*
5. *Welche bekannten Landschaften, Flüsse, Berge, Seen und Städte gibt es in deinem Landkreis?*

Nach dem Aufstehen gehst du ins Bad.

- Das Wasser dazu liefert die **Gemeinde**.
- Das Abwasser nimmt die Gemeinde „zurück“.

Bevor du zur Schule fährst, wirfst du noch eine Bananenschale in die Komposttonne.

- Wöchentlich wird der Abfall vom Landkreis abgeholt.

Mit dem Fahrrad erreichst du die nächste Bushaltestelle.

- Radweg, Bushaltestelle und der Stellplatz für die Fahrräder sind von der Gemeinde angelegt worden und werden von ihr auch gepflegt.

Mit dem Bus fährst du zur Schule.

- Für die Buslinie ist die Gemeinde verantwortlich,
- auch für den ordnungsgemäßen Zustand der Gemeindestraßen, im Sommer wie im Winter,
- Den Kindergarten betreibt meist die Gemeinde.
- für alle Gebäude der Grund- und Hauptschule (Bau, Unterhalt) sowie für die Unterrichtsmittel (Bücher, Material, Turngeräte) ist die Gemeinde zuständig.
- Für die Realschule und das Gymnasium muss der Landkreis den Unterhalt finanzieren.

Plötzlich hörst du die schrillen Töne eines vorbeisausenden Feuerwehrfahrzeuges, gefolgt von einem Sanitätsfahrzeug.

- Das Feuerwehrwesen ist überwiegend Sache der Gemeinde, mitunter aber auch des Landkreises,
- der Unfallrettungsdienst und auch der Unterhalt des Krankenhauses fällt in die Zuständigkeit des Landkreises.

In der ersten Stunde hast du Sport.

- Sportanlagen, Bäder und auch Spielplätze werden von der Gemeinde unterhalten.

167.1: Aufgabenverteilung von Gemeinden und Landkreisen

167.2: Die Verwaltungsgliederung Baden-Württembergs

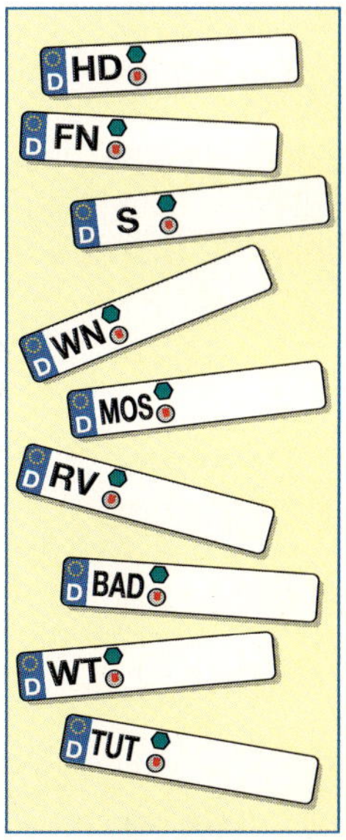

167.3: Autokennzeichen verraten dir, woher das Fahrzeug stammt

Baden-Württemberg

Bayern

Berlin

Brandenburg

Bremen

Hamburg

Hessen

Mecklenburg-Vorpommern

Verwaltungsgliederung der Bundesrepublik Deutschland

Die Verwaltungsgliederung stellt die politische Struktur eines Landes dar.
Die Bundesrepublik Deutschland ist ein Bundesstaat, denn unser Heimatland ist in 16 **Bundesländer** aufgeteilt (Abb. 168.1).

Während 13 Bundesländer eine recht große Fläche haben (Flächenstaaten), bestehen drei nur jeweils aus Städten. Man nennt sie deshalb Stadtstaaten. Auch Berlin ist ein Stadtstaat, zugleich aber die Hauptstadt der Bundesrepublik Deutschland.

168.1: Verwaltungsgliederung der Bundesrepublik Deutschland

Bundesland	Fläche in km²	Einwohner in Mio.	Hauptstadt	weitere große Städte (mindestens 100000 Einwohner)
Flächenstaaten				
Baden-Württemberg	35752	10661000	Stuttgart	Mannheim, Karlsruhe, Freiburg
Bayern	70548	12387000	München	Nürnberg, Augsburg, Würzburg
Brandenburg	29476	2582000	Potsdam	Cottbus
Hessen	21115	6092000	Wiesbaden	Frankfurt am Main, Kassel, Darmstadt
Mecklenburg-Vorpommern	23171	1744000	Schwerin	Rostock
Niedersachsen	47614	7980000	Hannover	Braunschweig, Osnabrück, Oldenburg
Nordrhein-Westfalen	34080	18076000	Düsseldorf	Köln, Essen, Dortmund, Duisburg
Rheinland-Pfalz	19847	4057000	Mainz	Ludwigshafen, Koblenz, Trier
Saarland	2570	1065000	Saarbrücken	–
Sachsen	18412	4349000	Dresden	Leipzig, Chemnitz, Zwickau
Sachsen-Anhalt	20447	2549000	Magdeburg	Halle
Schleswig-Holstein	15769	2817000	Kiel	Lübeck
Thüringen	16172	2392000	Erfurt	Gera, Jena
Stadtstaaten				
Berlin	890	3392000		–
Bremen	404	662000		Bremerhaven
Hamburg	755	1729000		–
Deutschland	357022	82537000	Berlin	

169.1: Die 16 Länder der Bundesrepublik Deutschland (2002)

AUFGABEN

1. *Beantworte mithilfe der Abb. 168.1:*
   a) Welche Bundesländer grenzen an Baden-Württemberg?
   b) Welches Bundesland hat mit den meisten Bundesländern gemeinsame Grenzen?
   c) Welcher Flächenstaat hat nur mit einem Bundesland gemeinsame Grenzen?
   d) Welche Bundesländer grenzen an die Nordsee und welche an die Ostsee?
   e) Durch welche Bundesländer fließt der Rhein?
2. *Beantworte mithilfe der Abb. 169.1:*
   a) Welches ist das flächengrößte und welches ist das flächenkleinste Bundesland?
   b) Welches Bundesland hat die meisten und welches die wenigsten Einwohner?
3. *Informiere dich über den Verlauf der ehemaligen Grenze zur DDR. Benenne die neuen Bundesländer.*
4. *Ordne die Bundesländer nach Flächengröße und Einwohnerzahl (Abb. 169.1).*

169.2: Im deutschen Bundestag

Nordrhein-Westfalen

Niedersachsen

Rheinland-Pfalz

Sachsen

Saarland

Sachsen-Anhalt

Schleswig-Holstein

Thüringen

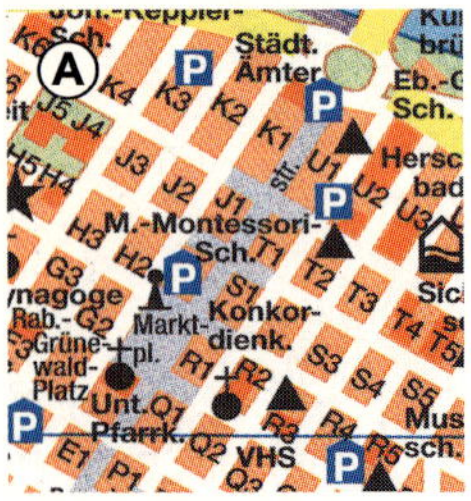

GEO Wissen — Wirtschaftsräume in Deutschland

Die Karte zeigt, wo sich in Baden-Württemberg besonders viele Menschen auf engem Raum drängen (Abb. 170.1). Für die Herausbildung solcher **Verdichtungs- oder Ballungsräume** ist in erster Linie die Ansiedlung von Industrien verantwortlich. Baden-Württemberg ist ein bedeutendes Industrieland in Deutschland.

1. Um welche Ballungszentren (1–4) handelt es sich in Abbildung 170.1? Nenne die dazugehörigen Städte. Welche dieser Städte haben über 100 000 Einwohner (Atlas)?
2. Suche für jeden Ballungsraum die wichtigsten Industrien, die in der Legende (Abb. 170.1) vorgegeben sind. Erstelle dazu eine Liste.
3. Auch im ländlichen Bereich gibt es Verdichtungsräume. Welche Industrien haben sich dort angesiedelt (Atlas)?
4. Die Abbildungen A–E auf dieser Seite zeigen dir Städte aus Baden-Württemberg und Deutschland, die du in diesem Kapitel kennen gelernt hast. Um welche Städte handelt es sich? Suche für jede Stadt eine typische Überschrift.

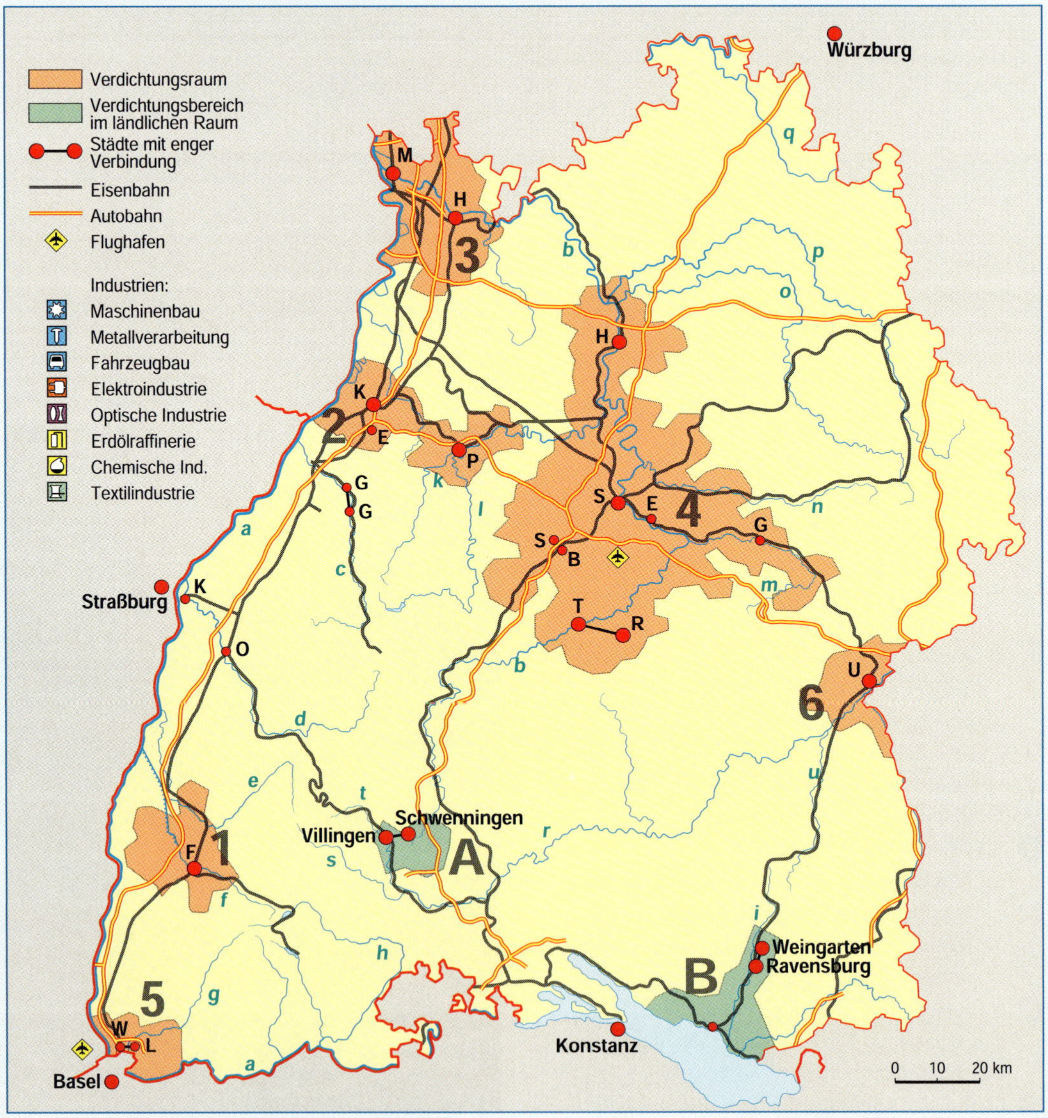

170.1: Verdichtungsräume in Baden-Württemberg

In ganz Deutschland ist die Bevölkerung nicht gleichmäßig über das Land verteilt. Von den rund 82 Millionen Menschen leben vier von zehn in Städten mit über 500 000 Einwohnern.

Die Karte in Abbildung 171.1 zeigt die Lage der **Verdichtungsräume** und Großstädte in Deutschland. Einige dieser Ballungsräume wirst du im nächsten Schuljahr genauer kennen lernen.

171.1: Verdichtungsräume in Deutschland

Albhochfläche (S. 111)

Albtrauf (S. 111)

Altmoränengebiet (S. 70)
Landschaft, die aus → *Moränen* und anderen Ablagerungen der vorletzten → *Eiszeit* oder noch älterer Eiszeiten aufgebaut ist.

Altstadt (S. 156)
Der in geschichtlicher Zeit entstandene, meist dicht bebaute Stadtkern mit alten Häusern und schmalen, verwinkelten Gassen.

Äquator (S. 18)
Der längste → *Breitenkreis* der Erdkugel (40 077 km). Er teilt die Erde in eine Nord- und eine Südhalbkugel.

Atmosphäre (S. 14, S. 42)
Die Lufthülle der Erde. Sie besteht aus verschiedenen Gasen und schützt uns vor zu viel schädlicher Sonneneinstrahlung.

Ausgleichsküste (S. 127)
Eine buchtenarme „gerade“ Küste, die durch Verlagerung von Sand parallel zur Küste entsteht.

Barometer (S. 45)
Messgerät für den → *Luftdruck*. Gemessen wird in Hektopascal (hPa). Der Normaldruck auf Höhe des → *Meeresspiegels* beträgt 1013 hPa, das entspricht dem Druck einer 10,13 m hohen Wassersäule.

Bewölkung (S. 42)
Die Bedeckung des Himmels mit Wolken.

Boddenküste (S. 126)
Buchtenreicher Küstentyp, der aus der nacheiszeitlichen Überflutung einer flachwelligen Grundmoränenlandschaft entstanden ist.

Boden (S. 48)
Gemisch aus zersetztem Gestein, abgestorbenen und lebenden Pflanzen und Tieren, sowie Wasser und Luft.

Börde (S. 120)
Die niederdeutsche Bezeichnung für die mit Löss bedeckten fruchtbaren Ebenen am Nordrand der deutschen → *Mittelgebirge*.

Breitenkreise (S. 18)
Teil des → *Gradnetzes* der Erde. Zwischen dem → *Äquator* und dem Nord- bzw. Südpol zählt man jeweils 90 Breitenkreise.

Bundesland (S. 166, S. 168)

City (S. 138, S. 160)
Der durch Kaufhäuser und Fachgeschäfte, Dienstleistungsbetriebe wie Banken, Fachärzte und Behörden sowie kulturelle Einrichtungen geprägte Stadtkern größerer Städte.

Deckgebirge (S. 85)
Sedimentgesteine, die auf dem älteren Gesteinsgrund (→ *Grundgebirge*) auflagern.

Deich (S. 129)
Mehrere Meter hohe Erdwälle, die bei → *Sturmflut* die Küstenbewohner vor Überschwemmungen schützen.

Delta (S. 51)
Aufgeschütteter Schwemmfächer eines Flusses bei der Mündung in einen See oder ins Meer.

Dienstleistungen (S. 160)
Wirtschaftliche Tätigkeiten, die der Versorgung der Bevölkerung dienen.

Dienstleistungszentrum (S. 140)
Ort, an dem viele Dienstleistungen wie Handel, Verkehr, Nachrichtenwesen, Bildungseinrichtungen, kulturelle Einrichtungen, medizinische Versorgung sowie Behörden vorhanden sind.

Doline (S. 112)

Ebbe (S. 128)

Einzugsgebiet (S. 83)
Das gesamte von einem Fluss mit allen seinen Nebenflüssen entwässerte Gebiet.

Eiszeiten (S. 69, S. 122)

Endmoräne (S. 69, S. 122)

Erdrotation (S. 16)
Die Drehung der Erde um sich selbst. Eine Drehung dauert ca. 24 Stunden.

Erosion (S. 50)
Abtragung von Verwitterungsprodukten.

Erosionswaffen (S. 79)
Steine in einem Fluss, die die Abtragung des fließenden Wassers verstärken, indem sie am Flussbett – wie ein Radiergummi auf einem Blatt – arbeiten.

Findling (S. 68, S. 122)

Flächenalb (S. 111)

Flächennutzungsplan (S. 164)
Ein Entwicklungsplan für die gesamte → *Gemeinde*, der die beste Art der Nutuzung für bestimmte Gebiete sicherstellen soll, z. B. wird festgelegt, wo Wohnhäuser gebaut werden dürfen und wo sich Industrie ansiedeln darf.

Flachküste (S. 126)
Sich allmählich zum Meer absenkendes Land.

Flur (S. 65)
Landwirtschaftliche Nutzfläche einer → *Gemeinde*.

Flurbereinigung (S. 65)
Freiwillige oder angeordnete Neuordnung der → *Flur*, wobei die Felder um- oder zusammengelegt werden, um die Bewirtschaftung zu erleichtern.

Flut (S. 128)
Förde (S. 126)
Meist schlauchartig-langgestreckte Meeresbucht.
Fossilien (S. 39, S. 40, S. 108)
Versteinerte Tier- und Pflanzenreste.
Fruchtfolge (S. 65)
Eine geregelte mehrjährige Anbaufolge verschiedener Ackerfrüchte zum Erhalt der Bodenqualität.
Gemeinde (S. 167)
Die unterste Stufe des staatlichen Verwaltungsaufbaus.
Genossenschaft (S. 76)
Selbsthilfeorganisation, die durch Zusammenschluss mehrerer Betriebe viele Aufgaben gemeinsam und damit kostengünstig lösen kann. Teilweise vermarkten sie auch die landwirtschaftlichen Erzeugnisse ihrer Mitglieder.
Gestein (S. 38, S. 40, S. 48)
Das Baumaterial der Erdkruste. Gestein besteht aus verschiedenen → *Mineralen.*
Gezeiten (Tide) (S. 128)
Ständig wiederkehrende Wasserstandsschwankungen des Meeres (→ *Ebbe* und → *Flut*), die durch die Anziehungskraft des Mondes und die Fliehkraft der Erde hervorgerufen werden.
glaziale Serie (S. 69, S. 123)
Vom Eis und vom Schmelzwasser geschaffener Formenschatz: → *Grundmoräne,* → *Endmoräne,* → *Sander,* → *Urstromtal.*
Globus (S. 10, S. 15, S. 17, S. 18)
Grabenbruch (S. 85)
Talförmiger, lang gestreckter Einbruch, der durch Bewegungen in der Erdkruste entstanden ist. Die Ränder eines Grabenbruchs bilden Gebirge, wie z. B. am Oberrheingraben mit Schwarzwald und Vogesen.
Gradnetz (S. 18)
Ein Netz aus (gedachten) → *Längen-* und → *Breitenkreisen,* das den Globus überzieht. Es dient der Orientierung und der genauen Bestimmung der Lage von Orten auf der Erdkugel.
Grundgebirge (S. 84)
Aus Granit und Gneis bestehende Gesteinsschichten. Sie bilden den Kern der → *Mittelgebirge,* wie z. B. des Schwarzwalds.
Grundmoräne (S. 69, S. 122)
Grundriss (S. 138)
Verlauf der Straßen und Plätze, Anordnung der Gebäude sowie deren Form aus der senkrechten Vogelperspektive betrachtet.
Grünland (S. 60, S. 95)
Dazu zählen Weiden (Grünland, auf dem das Vieh weidet) und Wiesen (Grünland, das nicht als Weide dient, sondern zur Gewinnung von Heu und Silage benutzt wird).
Hackfrucht (S. 120)
Nutzpflanzen, die während des Wachstums mehrmaliges Hacken brauchen. Durch das Hacken wird der → *Boden* gelockert und die Wildkräuter gejätet. Zu den Hackfrüchten zählen vor allem Kartoffeln, Zucker- und Futterrüben.
Hallig (S. 129)
Sehr kleine Inseln im → *Wattenmeer* an der nordfriesischen Küste.
Hauptstadt (S. 150)
Stadt, in der die Regierung bzw. das Parlament eines Staates oder Bundeslandes ihren Sitz hat.
Hektarertrag (S. 120)
Der Hektarertrag ist ein Maß für die Produktivität (Ergiebigkeit) einer landwirtschaftlich genutzten Fläche und wird in Dezitonnen (= 100 kg) pro Hektar angegeben. Ein Hektar (ha) entspricht einem Quadrat von 100 x 100 Metern, also 10 000 Quadratmetern oder 100 Ar (a).
Himmelsrichtung (S. 12)
Hochtechnologie (Hightech) (S. 147)
Hochwasser (S. 128)
Höhenlinien (Isohypsen) (S. 26)
Sie verbinden auf einer Karte alle Punkte gleicher Höhe über dem → *Meeresspiegel.*
Höhle (S. 114)
Horizont (S. 12)
Sichtbare Grenzlinie, an der sich Himmel und Erde scheinbar berühren.
Innenstadt (S. 160)
Zentraler und baulicher Kernbereich einer Stadt, der in der Regel heute als → *City* ausgebildet ist und die → *Altstadt* einschließt.
Isohypsen (S. 26)
→ *Höhenlinien*
Jungmoränengebiet (S. 70, S. 122)
Landschaft, die aus Moränen und anderen Ablagerungen der letzten → *Eiszeit* aufgebaut ist.
Karsterscheinungen (S. 113)
Klima (S. 46, S. 48)
Der durchschnittliche Verlauf des Wettergeschehens gemessen über einen Zeitraum von mindestens 30 Jahren.
Klimadiagramm (S. 46)
Klimatabelle (S. 46)
Kolumbus (S. 8)

Kompass (S. 12)
Kontinent (S. 10)
Bezeichnung für die großen Festlandsmassen. Es gibt sieben Kontinente (Erdteile).
Kuppenalb (S. 111)
Landeshauptstadt (S. 138)
Hauptstadt eines Bundeslandes.
Landkreise (S. 166)
Teil des staatlichen Verwaltungsaufbaus.
Legende (S. 24)
Teil einer Karte, in der die Kartenzeichen erklärt werden.
Löss (S. 120)
Luftdruck (S. 42, S. 45)
Lufthülle (S. 14)
→ *Atmosphäre*
Mäander (S. 51)
Fluss- oder Talschlingen in „Schlangenlinien“, die vor allem im → *Unterlauf* eines Flusses auftreten.
Maare (S. 118)
Magellan (S. 9)
magmatische Gesteine (S. 38)
Maßstab (S. 24, S. 28)
Zeigt in welchem Verhältnis die Karte gegenüber der Wirklichkeit verkleinert wurde.
Meeresspiegel (S. 128)
Durchschnittlicher Wasserstand des Meeres.
Meridiane (S. 18)
Teil des → *Gradnetzes.* Die Linien verbinden Nord- und Südpol miteinander. Es gibt insgesamt 360 Meridiane.
metamorphe Gesteine (S. 39, S. 40)
Minerale (S. 38)
Minerale sind die Grundbausteine des → *Gesteins.*
Mittelgebirge (S. 56)
Gebirge, die in Deutschland bis zu 1500 m hoch sind. Die Oberflächen sind stark abgerundet und meist bis zu den Gipfeln bewaldet.
Mittellauf (S. 50)
Der mittlere Abschnitt eines Flusses.
Moräne (S. 69, S. 122)
Von Gletschern mitgeführter und abgelagerter Gesteinsschutt. Sie entstanden am Grund der Gletscher und an ihren Rändern. Man unterscheidet daher → *Grund-* und → *Endmoränen.*
Naherholungsgebiet (S. 106)
Gebiet meistens in der Nähe von → *Verdichtungsräumen*, das der Naherholung dient, d.h. der Freizeitgestaltung außer Haus, die sich zeitlich von der mehrstündigen Erholung bis zum Wochenendausflug erstreckt.
Nationalpark (S. 133)
Nationalparks werden von Menschen nur wenig beeinflusst und dienen zum Schutz der natürlichen Lebensräume für die Pflanzen und Tiere.
Niederschlag (S. 42, S. 45)
Wasser, das aus der → *Atmosphäre* die Erdoberfläche erreicht (z.B. Regen, Niesel, Tau, Schnee, Hagel, Reif).
Niedrigwasser (S. 128)
Nordpol (S. 18)
Oberlauf (S. 50)
Der obere Abschnitt eines Flusses.
öffentlicher Personennahverkehr (S. 162)
Beförderung von Personen innerhalb der Stadt oder zwischen Städten und ihrem Umland mit Bus, S-Bahn, U-Bahn, Straßenbahn und Nahverkehrszügen. Der ÖPNV dient hauptsächlich dem Pendlerverkehr.
Ozeane (S. 10)
Pachtland (S. 65)
Ein Pächter nutzt eine land- oder forstwirtschaftliche Nutzfläche für eine vertraglich festgelegte Zeit, muss dafür aber einen Pachtzins (z.B. Miete, Ernteabgabe) entrichten.
physische Karte (S. 25)
Die Höhenlage durch unterschiedliche Farbgebung deutlich gemacht. Die Karte enthält Gebirge, Gewässer, Städte und Grenzen.
Planet (S. 6, S. 14)
Himmelskörper, der sich auf einer festen Bahn um die Sonne bewegt. In unserem Sonnensystem gibt es neun Planeten. Einer davon ist unsere Erde.
Produktionsverbund (S. 144)
Mehrere Werke einer Firma an verschiedenen Orten teilen sich die Arbeit, wobei jedes Werk auf die Fertigung ganz bestimmter Teile spezialisiert ist.
Profil (S. 26, S. 59)
Regierungsbezirke (S. 166)
Die mittlere Ebene in der staatlichen Verwaltung.
Rheinkorrektur (S. 78)
Sander (S. 122)
Schlüsselindustrie (S. 144)
Industrie, die für die wirtschaftliche Entwicklung einer Region oder eines Landes von entscheidender Bedeutung ist.
Schwarzwaldhaus (S. 93)
Traditionelle Hausform im Schwarzwald, die optimal an die Landschaft und das Klima angepasst ist. Es ist ein Eindachhaus, in dem Mensch und

Tier nebeneinander leben und Wärme und Schutz finden. Das Schwarzwaldhaus liegt typischerweise in Mulden oder an steilen, sonnenbeschienenen Hängen und hat ein großes Walmdach.

Sedimentation (S. 50)
Ablagerung von Verwitterungsprodukten.

Sedimentgesteine (S. 39, S. 40)

Selbstversorgung (S. 94)
Bei der Selbstversorgung wird (fast) alles, was zum Leben benötigt wird, selbst hergestellt und nicht gekauft.

Sonderkultur (S. 76, S. 87)

Stadtplanung (S. 164)
Die Stadtplanung hat die Aufgabe mithilfe des → *Flächennutzungsplanes* und genauerer Planungen die bauliche Entwicklung einer Stadt zu steuern.

Stadtviertel (S. 159)
Teilraum einer Stadt, der eine oder mehrere Aufgaben (Funktionen) wahrnimmt und sich durch eine entsprechende Bebauung auszeichnet, wie z. B. Wohn-, Industrie- oder Mischviertel.

Steigungsniederschlag (S. 61)
Niederschläge an Gebirgen, die durch aufsteigende feuchte Luftmassen verursacht werden. Die im Luv von Gebirgen zum Aufsteigen gezwungenen Luftmassen kühlen ab, der Wasserdampf kondensiert und geht als Regen oder Schnee nieder.

Steilküste (S. 126)
Steiler Anstieg des Landes aus dem Meer.

Strukturwandel (S. 95)
Längerfristige und meistens nicht mehr umkehrbare Veränderung der Wirtschaftsstruktur.

Sturmflut (S. 129)
Ein ungewöhnlich hohes Ansteigen des Wassers an der Küste aufgrund von bestimmten Wetterlagen.

Südpol (S. 18)

Temperatur (S. 42, S. 45, S. 46)

thematische Karte (S. 25)
Sie stellt ein Thema oder mehrere Themen dar, z. B. Klimakarten oder Wirtschaftskarten.

Thermometer (S. 45)

Tide (S. 128)
→ *Gezeiten*

topographische Karte (S. 24)
Sie zeigt neben der Geländeform auch Verkehrswege wie Straßen und Eisenbahnlinien sowie Siedlungen, Gewässer und die Bodenbedeckung. Die unterschiedlichen Höhenlagen werden durch Höhenlinien verdeutlicht.

Transport (S. 50)
Hier: Beförderung von Verwitterungsprodukten.

Trockental (S. 112)

Tropfsteine (S. 112)

Unterlauf (S. 51)
Der unterste Abschnitt eines Flusses.

Urstromtal (S. 122)

Verdichtungsraum (S. 148)
Ein Gebiet, in dem Arbeitsstätten, Siedlungen und Verkehrswege dicht beieinander liegen und in dem viele Menschen auf engem Raum zusammenleben.

Verdunstung (S. 44)
Langsamer Übergang eines Stoffes vom flüssigen in den gasförmigen Zustand. So verdunstet Wasser zu unsichtbarem Wasserdampf. Die Verdunstung wird durch Erwärmung beschleunigt.

Veredlungsindustrie (S. 143)

Verkehrsknoten (S. 140)
Ort, an dem sich Verkehrsströme kreuzen und Umsteige- bzw. Umladebeziehungen bestehen.

Verwitterung (S. 39, S. 40, S. 48)
Zerstörung und Umwandlung von → *Gesteinen* und → *Mineralen* an der Erdoberfläche.

Vollerwerbsbetrieb (S. 65)
Betrieb eines Vollerwerbslandwirts, der sein Geld fast ausschließlich in der Landwirtschaft verdient. Ein Nebenerwerbslandwirt dagegen verdient sein Einkommen überwiegend in einem anderen Beruf.

Vulkan (S. 117)

Warft (S. 129)

Wasserscheide (S. 83)
Trennungslinie zwischen den → *Einzugsgebieten* von zwei Flusssystemen.

Wattenmeer/-küste (S. 126, S. 130)
Der Teil des Meeres, der nur bei Flut von Wasser bedeckt ist.

Wetter (S. 42)
Das Wetter bezeichnet den augenblicklichen Zustand der → *Atmosphäre*. Es entsteht durch das Zusammenwirken der verschiedenen → *Wetterelemente*.

Wetterelemente (S. 42)

Wind (S. 42, 45)
Bewegung von Luftmassen als Folge von Luftdruckunterschieden.

Windrose (S. 12)

Zeitzone (S. 16)

Zeugenberge (S. 111)

Zulieferbetriebe (S. 144)

Karten- und Grafikenverzeichnis

Artothek: 78.1 (Hans Hinz); Böld, München: 110.1 Mitte; Computerkartografie, Computergrafik Heidolph, Kottgeisering: 6/7, 8.2, 12.3, 13.1, 13.2, 13.3, 15.1, 17.1, 18.2, 26.1b, 27.1, 27.2, 27.3, 28.1, 28.2, 31.3, 33.1, 34.links, 34.3, 35.4, 35.5, 45.1, 46.2, 47.1, 49.1, 50.1, 51.2, 52.2, 53.1, 61.1, 62.2, 64.2, 73.2, 77.2b, 80.1, 80.2b, 84.1, 90.4, 91.1, 106.1, 106/107, 108.2a, 109.3, 113.1, 113.2, 114.1, 118.2, 121.2, 123.1, 127.1, 127.2a, 127.2b, 128.3, 129.1, 134.1h, 142.2, 144.2, 151.2, 162.6, 163.2; Friedrich Verlag: 48.1 (R. Hoffmann); Freier Redaktions-Dienst, Berlin: 10.2, 10.3, 10.4, 11.2, 11.3, 11.4, 17.3, 19.1, 21.1, 22.1, 24.1, 25.1, 43.3, 56.4, 59.1, 59.2, 60.1, 60.3, 71.1, 72.1a, 73.1, 76.1, 78.2, 82.3, 86.1, 87.2, 91.2, 99.1, 116.1, 119.2, 120.2, 122.2, 124.2, 125.3, 126.2, 129.4, 132.2, 133.4, 134.1, 135.1, 142.3, 150.1, 150.3, 157.1, 158.2, 167.1, 168.1, 168/169, 153.1; Generallandesarchiv Karlsruhe, Karlsruhe: 79.3; GLOBE, Deutschland: 52.3; Götzl, Hannover: 68.3, 69.2, 134.1a; Hebel, Freiburg: 29.1, 38.2, 39.1, 40.1, 48.2 oben, 79.4, 83.2, 84.2, 85.1, 86.2, 88.oben links, 89.3, 92.3, 92.4, 92.5, 111.3, 134.1e, 138.1, 154.3; Kohl, B., Sasbach: 162.4; Landesvermessungsamt Baden-Württemberg, Stuttgart: 70.2b (Ausschnitt aus der topographischen Karte 1:50000, Blatt L 6920), 70.2c (Ausschnitt aus der topographischen Karte 1:50000, Blatt L 8324), 79.1 (Ausschnitt aus der topographischen Karte 1:50000, Blatt L 6716), 102.1 (Ausschnitt aus der topographischen Karte 1:35000, Blatt Feldberg-Hinterzarten-Titisee-Neustadt); Lange, Karlsfeld: 122.3; Les Éditions Albert René: 104.2; Regio-Verkehrsverbund Freiburg: 163.3, 163.5; Röhr, Friedberg: 84.3; Schmidt, Teningen: 66.3, 160.2b; Schwäbische Alb Tourismusverband, Bad Urach: 106.2, 107.1; Stadt Freiburg i. Br., Vermessungsamt: Kartengrundlage: Amtlicher Stadtplan, Ausgabe 2001/2002: 31.1; Stadtvermessungsamt Stuttgart: 139.1 (Genehmigungsnummer S45); Verkehrsclub Deutschland: 164.1; Vulkanologische Karte West- und Hocheifel 1:50000, G. Büchel, Institut für Geowissenschaften, Universität Mainz, Mainz: 116.5

Bildquellenverzeichnis

Actionpress, Hamburg: 122.1 (Auge); akg-images, Berlin: 94.1; Amtsfeld, Umkirch: 90.1, 90.2, 105.2, 134.1f; Astrofoto, Leichlingen: 16.2, 16.3., 57.1; BASF, Ludwigshafen: 149.1, 149.2, 149.3, 149.4, 161.2; Bauer, Breisach: 38.1C; Bavaria, Gauting: 100.1a, 100.1e, 100.1i; Bayerisches Landesvermessungsamt, München: 12.2; Böttcher, Hamburg: 21.T; Brode, Sasbach: 101.1; Bundesbaugesellschaft Berlin: 150.2; Bütow, Kemnitz: 126.1c; CMA-Fotoservice, Bonn: 63.1a, 63.1c, 63.1e; Columbus-Verlag, Krauchenwies: 10.1, 17.2, 18.1; Corbis: 8.1 (Gianni Dagli Orti), 9.2 (Bettmann), 82.1 (Martin Sasse/Sygma); DaimlerChrysler AG, Stuttgart: 144.1a, 144.1b, 145.1; Deutsche Forschungsanstalt für Luft- und Raumfahrt, Oberpfaffenhofen: 14.2, 43.2; Deutsche Luftbild, Hamburg: 54/55, 57.3, 126.1a; Dittlmann, Feuerwehr Passau: 83.3; dpa, Frankfurt: 22.B, 84.4a, 142.1(Harry Melchert), 151.3, 164.1c; Eckinger, Vilshofen: 49.2; Edmund v. König Verlag & Mediadesign, Dielheim/Heidelberg: 104.1; Englert, Freiburg: 26.1a, 50.1b, 50.1d, 69.3, 87.1; Federseemuseum, Bad Buchau: 71.2a, 71.2b, 71.2c, 71.3; Focus, Hamburg: 11.1; Fotodesign Erich Gutberlet, Großenlüder: 100.1b; Gehrke, Mahlberg: 76.3, 84.4b, 110.1b, 124.2b; Gewässerdirektion Südlicher Oberrhein/Hochrhein, Lahr: 81.1; Hagaplast, Deutschland: 12.1; Härle, Wangen: 23.E, 23.F, 38.1D, 70.2a, 70.2d; Hasenmayer, Birkenfeld: 114.1b; Hebel, Freiburg: 36/37, 40.2, 41.1, 44.2, 44.3a, 44.3b, 44.4, 44.5, 45.3, 49.3, 51.1, 52.4, 100.1d, 100.1h; Herzig, Wiesenburg: 152.H, 152.H Mitte, 152.E, 153.T; Hof, Harbach: 38.1B; I.M.A., Bonn: 74.a, 77.1, 77.2a, 77.3; Junge, Hannover: 128.1, 128.2; Knecht, Freiburg: 21.Y; Knigge, Hannover: 20.S; Kommunalverband Ruhrgebiet, Essen: 56.2; Kreisverband Südsauerland, Olpe: 113.1b; Kreisverwaltung Daun, Eifel-Vulkanmuseum: 117.1; Kröner/Lufthansa, Köln: 20/21; Krzemien, Hannover: 140.b, 152.oben links; Laif, Köln: 22.C, 169.2 (Boening/Zenit); Landesarchiv Karlsruhe: 97.1 (W. Roux); Landesarchiv Stuttgart: 97.2 (Blumenthal); Landesbildstelle Baden, Karlsruhe: 56.3, 86.3, 100.1c; Landesbildstelle Baden-Württemberg, Stuttgart: 113.1c, 139.2; Landesbildstelle, Berlin: 153.S; Landesmedienzentrum Baden-Württemberg, Stuttgart: 136/137, 140.c; Landesmedienzentrum Rheinland-Pfalz: 117.2 (Gustav Rittstieg); Luftbild Bertram, München-Haar: 56.1; Luftbild Thorbecke, Bodolz: : 60.2, 68.1, 74.1, 76.2, 135.1d; LMZ-BW, Stuttgart (Albrecht Brugger): 80.2a, 110.1 oben, 138.1, 170.D; Lutz Hennig, Pirna: 83.1; Mager: 16.1, 23.D, 106.a, 108.1a, 108.1b, 108.1c, 108.1d, 108.1e, 108.1f, 109.2a, 109.2b, 110.1a, 112.4, 114.0, 134.1d; Magnum/Agentur Focus: 151.1a (Ian Berry); Marth, Berlin: 151.1c; Mauritius, Mittenwald: 21.Z; Meier, Dresden: 50.1c; Meyer, E., Hasel: 163.6; Miller, Leutkirch: 61.2; Mohr, Freiburg: 92.1, 94.3, 95.1, 95.3; Mühlberger, Ermerkingen: 42.2, 42.3; Muuß, Kiel: 129.2b; Presse- und Informationsamt des Landes Berlin: 153.R (G. Schneider), 153.U (Thie), 170.B (G. Schneider), ; Raach, Merzhausen : 22.A; Regierungspräsidium Freiburg (freigegeben: 10/07/84 P-22379): 30.3 (Peter Apian-Bennewitz); Rieke, Hannover: 50.1a, 57.2, 132.2a, 125.1, 125.2, 131.4, 133.3, 135.1e, 152.T, 152.C, 153.A; Robel, Bad Dürkheim: 20.D; Schmidt, Teningen: 3.1a, 3.1b, 3.1c, 3.1e, 30.1, 31.3A, 31.3B, 33.1A, 33.1B, 33.1E, 33.1F, 38.1A, 62.1, 64.1, 64.4, 65.2, 65.3, 65.4, 66.1, 66.4, 66.5, 67.2, 84.4c, 110.1c, 118.1, 118.3, 119.1, 119.3a, 119.3b, 119.5, 135.1a, 155.1a, 155.1b, 155.1c, 155.1d, 155.1e, 156.2, 157.2, 157.3, 158.2a, 158.2b, 158.2c, 159.1a (2 Fotos) , 159.1b (2 Fotos), 159.1c (2 Fotos), 160.1, 160.2a, 160.3, 161.1, 161.4, 162.1, 162.2, 162.3, 162.5, 163.1, 164.1a, 164.1b, 164.1d, 164.1e; Schmidtke, Melsdorf: 63.1b, 63.1d, 68.2, 69.1, 124.1, 124.2a, 124.3, 126.1b, 129.2a, 130.1, 131.1, 131.2, 132.2b, 132.2d, 133.1, 134.1b; Schmincke, Ascheberg: 119.4; Schuchardt, Berlin: 21.I; Schutzbach, Waldstetten: 15.2, 15.3, 15.4, 108.2, 108.3; Schwäbische Alb Tourismusverband, Bad Urach: 106.e, 107.i, 107.j, 107.k, 111.1a, 112.2, 112.3, 114.2; Schwarzwälder Tourismusverband, Freiburg: 100.1g; Siemens AG, München: 96.3; Silvestris, FLPA: 81.1a; Stadt Mannheim, Mannheim: 148.1; Staudenmaier, Donzdorf: 106.b, 107.g, 111.1b, 111.1c; Studio B, Bremen: 126.1d; Stuttgart Marketing, Stuttgart: 140.a, 140.d, 141.e, 141.f; Sutor, Karlsruhe: 58.1; Terrascience medien: 116.4 (Szczepanski); Tobias, Landshut: 45.4; Tönnies, Hannover: 132.2c, 131.3, 134.1c, 152.Z; Ullstein Bilderdienst, Berlin: 151.1b; Universität Basel: 48.2 unten (J. Zettel); Verkehrs- und Tarifverbund Stuttgart GmbH: 141.1; Werb, Freiburg: 3.1d, 79.2, 88.1, 88.2, 98.2, 103.1, 135.1b; Wetzel, Freiburg: 20.E, 21.L, 74.b, 75.c; WWF-Auen-Institut, Rastatt: 81.1b; Zeitenspiegel: 114.1a (Andreas Lobe), 115.1 (Andreas Lobe); Zweckverband Bodensee-Wasserversorgung, Stuttgart: 72.1b

Nordsee
Ostsee
Westfriesische Inseln
Ostfriesische Inseln
Nordfriesische Inseln
Helgoland
Sylt
Dänische Geest
Schleswig-Holsteinische Geest
Fünen
Odense
Seeland
Lolland
Fehmarn
Bornholm
Rügen
Kieler Bucht
Kiel
Lübecker Bucht
Mecklenburger Bucht
Pommersche Bucht
Stettiner Haff
Stettin
Rostock
Schwerin
NÖRDLICHER LANDRÜCKEN
Mecklenburgische Seenplatte
Elbe-Urstromtal
Hamburg
Stader Geest
Bremerhaven
Bremen
Oldenburg
Ostfriesisch-Oldenburgische Geest
Groningen
Drenter Geest
IJsselmeer
Amsterdam
Niedersächsisches Tiefland
Meppen-Nienburger Geest
Bremen-Magdeburger-Urstromtal
Lüneburger Heide
SÜDLICHER LANDRÜCKEN
Warschau-Berliner-Urstromtal
Thorn-Eberswalder Urstromtal
Glogau-Baruther-Urstromtal
Breslau-Magdeburger Urstromtal
Berlin
Potsdam
Frankfurt
Cottbus
Magdeburg
Dessau
Hannover
Braunschweig
Hildesheimer Börde
Magdeburger Börde
Deister
Wiehengebirge
Teutoburger Wald
WESERBERGLAND
Göttingen
Harz
Leipziger Bucht
Leipzig
Niederländisches Tiefland
Arnheim
Enschede
Westfälische Bucht
Münster
Paderborn
Dortmund
Soester Börde
Niederrheinisches Tiefland
Duisburg
Essen
Düsseldorf
Niederrheinische Bucht
Köln
Bonn
Aachen
Lüttich
Wuppertal
Sauerland
Rothaargebirge
Siegen
Westerwald
RHEINISCHES SCHIEFERGEBIRGE
Vogelsberg
HESSISCHES BERGLAND
Kassel
Fulda
Rhön
Thüringer Becken
Erfurt
Jena
Thüringer Wald
Frankenwald
Hof
Zwickau
Chemnitz
Erzgebirge
Dresden
Sudeten
Böhmisches Becken
Elbe
Weser
Ems
Rhein
Maas
IJssel
Aller
Havel
Spree
Oder
Warthe
Neiße
Saale
Werra
Fulda
Ruhr
Eger